シリーズ Useful R ②

金 明哲 編

データ分析プロセス

福島真太朗 著

共立出版

本シリーズの編集にあたって

　R言語が急速に普及しているその主な理由としては，オープンソースであることや膨大なパッケージが自由に利用できること，世界最高峰の統計専門家やデータサイエンティストなどがもっぱらRを使うようになっていることなどがあげられる．RはSPSSやSASを王座から引きずり下ろす勢いで，統計分析のスタンダードなツールになりつつあるといわれている．このようなニーズを見据えて2009年から「Rで学ぶデータサイエンス」全20巻の刊行を開始した．その後，朝倉書店からはシリーズ「統計科学のプラクティス」が刊行された．このようなシリーズを含めRに関する和書・訳書は100冊を超えている．多くの執筆者や出版業界の努力により，Rが統計科学とデータサイエンスの教育，研究および応用に浸透しつつある．

　昨今，ビッグデータという言葉をよく耳にするようになった．また，西内 啓著「統計学が最強の学問である」（ダイヤモンド社）をはじめ統計科学やデータサイエンスに関する啓蒙的な書物のおかげで，統計学とデータサイエンスが今までにないちょっとしたブームになっている．大量のデータをすばやく解析するためには，時代に適したツールが必要である．

　近年，ビッグデータ処理に関するシステムが続々公開されているが，その多くのシステムの内部の統計的データ処理や機械学習はRを用いている．たとえば，データベースシステムの大手メーカーオラクルはOracle R Enterpriseを公開している．Oracle R EnterpriseはRを使ってオラクルのデータベース内のビッグデータをRの機能を用いて統計処理を行う環境である．また，ヨーロッパ最大級のデータベース会社SAPは，インメモリーデータベース製品「SAP HANA」の新バージョン SP3 にRICEを用いてビッグデータ解析の環境を提供し，自社のデータウェアハウス構築ソフト SAP BW にもRICEを利用可能にすることを目指している．RICEはHANAが提供するインメモリーDB技術を生かして，ビッグデータを扱うアプリケーションをRで開発・実行できるようにしている．なお，PCサーバを多数つなげた大規模のデータを分散処理するHadoopでもデータの統計処理はRに託している．したがって，Rを利用しているユーザは，なじみのインタフェースを使い，大規模のデータの統計解析を行うことができる．

このようなことから，Rはビッグデータ時代にますます利用者が増えると予測される．Rは奥が深く，さまざまな分野での応用が予想される．R言語の構造，Rを用いた情報の発信，Rを用いたツールの作成のようなRに関する内容やデータ分析プロセスから，金融データ解析やトランスクリプトーム解析のようなデータ解析に関する広範囲の内容を柔軟に預かるため，シリーズ「Rで学ぶデータサイエンス」の姉妹編として，シリーズ「Useful R」を刊行する．

本シリーズの刊行が統計科学やデータサイエンスにかかわる諸分野の振興に少しでも寄与できれば幸いである．

編者　金　明哲

まえがき

　本書は，Rやデータ分析の初歩を学んだ読者を対象として，データ分析を実行するプロセスで必要となる知識や方法について習得するための書籍である．

　通常，データ分析といえば，多変量解析（重回帰分析，判別分析，主成分分析，クラスター分析等），機械学習（決定木，サポートベクタマシン，ランダムフォレスト等），時系列解析（ARモデル，ARMAモデル，ARIMAモデル，ARCHモデル，GARCHモデル等）などの手法が上げられることが多い．しかし，実際にデータを分析して有用な知見を得るためには，適切な目標に基づいて分析計画を立案したうえで，データを収集・蓄積し，適宜，加工や変換を行った後に分析手法を適切に適用する必要がある．

　本書では，このようなデータ分析プロセスを実現できるようになることを目指して，収集・蓄積したデータに対して加工や変換を行い，データから相関やパターンなどの知見を抽出するための基本的な考え方や処理について，Rの実装方法を交えて説明する．統計解析や機械学習の分析手法をRで実行する方法についてはすでに良書が多数出版されているため，本書では著者の経験に基づいて，機械学習のアルゴリズムのチューニング方法やクラスのデータ数に偏りのあるデータへの対処など，実際にデータを分析するにあたって必要となる事項について重点的に扱う方針とする．

　本書の最後には，実際のデータ分析の例を取り上げる．データ分析はどのような手順で進んでいくのか，知見を発見するためにどのような分析を行うのかについて，Rでの実行方法も含めて説明する．公開されているデータを用いるため，現場の生々しいデータ分析からは少し遠いように感じられるかもしれないが，それでもデータ分析の実際について理解を深めていただけるのではないかと思っている．

　本書の構成は以下のとおりである．

　第2章では，データ分析プロセス全般にわたり必要になるRのデータ操作について説明する．dplyrパッケージやtidyrパッケージ，readrパッケージなど，比較的新しい話題についても取り上げる．

　第3章では，分析手法が適用できるようにデータを加工・変換する処理について取り上げる．欠

損値の対処，外れ値の検出，連続値の離散化，属性選択について説明する．これらの処理はデータのクレンジングとも呼ばれ，データ分析の8割から9割を占めるともいわれており，非常に重要である．

第4章では，加工・変換済みのデータから知見を発見するための方法論について説明する．予測モデルの構築とその評価，頻出するパターンの抽出について取り上げる．特に予測モデルについては，どのようなプロセスで予測する問題を設定し，モデルを構築していくかについて，著者の経験を踏まえて重点的に説明する．

第5章では，データ分析プロセスの例を取り上げる．実際のデータに対して，本書のこれまでの章で説明した手法を用いた分析の例について説明する．

また，本書ではRを用いたデータ分析のプロセスについて説明を行うが，特に前処理やデータの変換についてはデータの規模が大きいほどRは最適なツールとはいえなくなる．そこで，本書ではRの実装例を示すが，サポートページではPythonのプログラムも提供する．Pythonは汎用的なスクリプト言語であり，近年注目を集めている．

本書の執筆にあたり，非常に多くの方々のご協力，ご支援をいただいた．同志社大学の金 明哲氏には執筆の機会をいただき，ことあるごとに原稿に目を通して有益なアドバイスをいただいた．共立出版編集部の横田穂波氏には，なかなか筆が進まない状況にも辛抱強く便宜を図っていただいた．また，より良い内容を目指して直前まで加筆修正を繰り返す著者に対しても，忍耐強くご尽力いただいた．横田氏の並々ならぬご理解とご尽力がなければ，本書が世に出ることは決してなかったと断言できる．

本書では，可能な範囲で実データを使用した分析例を例示しようと心がけたつもりである．Craig K.Enders氏，ならびにGuilford Press社のMandy Sparber氏，C.Deborah Laughton氏には3.2節で欠損値への対応について理解するために用いる従業員の知能指数と業務成果の関係を表すデータの使用および配布を許諾いただいた．Clopinet社のIsabelle Guyon氏とOrange社のVincent Lemaire氏には，4.1.11項で使用するKDD Cup 2009のデータセットの使用を許諾いただいた．Chun-Nan Hsu氏には，4.1.12項，4.2.2項，4.2.4項で使用する食料品店のPOSデータ (Point of Sales) であるTafengデータセットの使用を許諾いただいた．Andrew T.Campbell氏をはじめとするダートマス大学のStudentLife Studyプロジェクトの方々には，第5章で使用するStudentLifeデータセットと関連する文献の図の使用を許諾いただいた．

さらに，株式会社金融エンジニアリング・グループの黒柳敬一氏，DATUM STUDIO株式会社の里 洋平氏，市川太祐氏には執筆中に有益なコメント，アドバイスをいただいた．以上の方々に深くお礼を申し上げる．また，本来であれば，より多くの識者に完成した原稿を見ていただく予定であったが，著者の時間管理の問題に帰して，その機会を逸してしまったことは非常に残念であったことを付記しておく．

そして，本書の完成を見ることなく2014年12月に他界した父・哲弘と，いつも温かく見守って

くれる母・延子に特に本書を捧げたい．

　本書が読者のデータ分析に対する理解を深め，日々の分析において少しでも役に立つならば，著者としてこれに勝る喜びはない．

2015 年 5 月

福島　真太朗

目　　次

第1章　データ分析のプロセス　　1
  1.1　データ分析で直面する課題 ･････････････････････････････　1
    1.1.1　ビジネス目標実現に必要なデータ分析の定義 ･･････････　1
    1.1.2　データ加工の煩雑さ ････････････････････････････　1
    1.1.3　欠損値や外れ値への対処 ････････････････････････　2
    1.1.4　不均衡データの扱い ････････････････････････････　4
  1.2　データ分析のフレームワーク ････････････････････････････　5
  1.3　CRISP-DM ･･　5
  1.4　KDD プロセス ･･････････････････････････････････････　7
  1.5　本書におけるデータやパッケージの利用方針 ･･････････････　8

第2章　基本的なデータ操作　　10
  2.1　データの入出力 ･･････････････････････････････････････　10
    2.1.1　テキストファイルの入出力 ･･････････････････････　10
    2.1.2　Excel 形式のデータの入出力 ････････････････････　13
    2.1.3　リレーショナルデータベースとの入出力 ･･････････　14
  2.2　データフレームのハンドリング ････････････････････････　17
    2.2.1　データの加工・集計 ･･････････････････････････　17
    2.2.2　テーブルの結合 ･･････････････････････････････　25
    2.2.3　テーブルの形式の変換 ････････････････････････　26
  2.3　データテーブルのハンドリング ････････････････････････　29
    2.3.1　データの読み込み ････････････････････････････　29
    2.3.2　要素の抽出 ･･････････････････････････････････　30

第3章　前処理・変換　　34
  3.1　データの記述・要約 ･･････････････････････････････････　35
    3.1.1　要約統計量の算出 ････････････････････････････　35
    3.1.2　データ項目間の関係の理解 ･･････････････････････　36

目次

- 3.2 欠損値への対応 40
  - 3.2.1 欠損値が発生するメカニズム 40
  - 3.2.2 欠損値への対応のフロー 45
  - 3.2.3 欠損値の発生パターンの可視化 46
  - 3.2.4 リストワイズ法 50
  - 3.2.5 ペアワイズ法 51
  - 3.2.6 平均値代入法 52
  - 3.2.7 回帰代入法 55
  - 3.2.8 確率的回帰代入法 56
  - 3.2.9 完全情報最尤推定法 57
  - 3.2.10 多重代入法 59
- 3.3 外れ値の検出 61
  - 3.3.1 外れ値とは 61
  - 3.3.2 外れ値検出のアプローチ 63
  - 3.3.3 統計モデル 64
  - 3.3.4 データの空間的な近さに基づくモデル 67
  - 3.3.5 高次元の外れ値 71
- 3.4 連続データの離散化 76
  - 3.4.1 等間隔区間による離散化 78
  - 3.4.2 等頻度区間による離散化 78
  - 3.4.3 カイマージ 79
  - 3.4.4 情報エントロピーを用いた離散化 80
  - 3.4.5 最小記述長原理を用いた離散化 81
- 3.5 属性選択 81
  - 3.5.1 属性選択の手法の分類 82
  - 3.5.2 フィルタ法のアルゴリズム 82
  - 3.5.3 相関に基づく属性選択 83
  - 3.5.4 情報量に基づく属性選択 83
  - 3.5.5 データの近さに基づく属性選択 84

第4章 パターンの発見 86
- 4.1 予測モデルの構築 86
  - 4.1.1 機械学習による予測モデル構築 87
  - 4.1.2 予測モデル構築のプロセス 94
  - 4.1.3 予測問題の設定 95
  - 4.1.4 特徴量の構築 97
  - 4.1.5 ハイパーパラメータの最適化 97
  - 4.1.6 予測モデルの構築 105
  - 4.1.7 予測モデル構築・評価における属性選択 110

	4.1.8	不均衡データへの対応	111
	4.1.9	並列計算による高速化	118
	4.1.10	複数の予測モデルの結合	120
	4.1.11	実データに対する分析：顧客の解約予測	124
	4.1.12	実データに対する分析：顧客の購買予測	140
4.2	頻出パターンの抽出		145
	4.2.1	頻出パターンマイニング	145
	4.2.2	実データに対する分析：POSデータの頻出パターンマイニング	151
	4.2.3	冗長性の低いパターンの抽出	156
	4.2.4	系列パターンマイニング	161
	4.2.5	実データに対する分析：POSデータの系列パターンマイニング	166

第5章 データ分析の例　　169

5.1　StudentLife Study の概要　　169
5.2　データの理解　　170
5.2.1　データの取得　　170
5.2.2　データの概要　　171
5.2.3　センサーデータ　　171
5.2.4　購買履歴データ　　172
5.3　分析計画の立案　　172
5.3.1　予測問題の設定　　172
5.3.2　飲食品の購買を予測するために使用する特徴量の検討　　173
5.3.3　構築した予測モデルの活用方法の検討　　174
5.4　データの加工　　175
5.4.1　入退館時刻の推定　　177
5.4.2　建物内での購買有無の判定　　179
5.4.3　建物内の会話時間・回数の算出　　181
5.4.4　建物内のアクティブ割合の算出　　181
5.5　予測モデルの構築・評価　　182
5.5.1　特徴量の作成　　182
5.5.2　訓練期間とテスト期間の定義　　185
5.5.3　予測モデルの構築　　186

付録A　主な予測アルゴリズムの概要　　188

A.1　決定木　　188
A.1.1　アルゴリズムの概要　　188
A.1.2　Rでの実行　　188
A.2　ランダムフォレスト　　191
A.2.1　不均衡データ　　192

		A.2.2 Rでの実行 · 192
	A.3	サポートベクタマシン · 192
		A.3.1 アルゴリズムの定式化 · 192
		A.3.2 クラスウェイトの調整 · 194
		A.3.3 クラス確率の推定 · 195
		A.3.4 Rでの実行 · 196

付録 B　caret パッケージで利用できるアルゴリズム　　197

付録 C　ELKI の使用方法　　204

参考文献　　210

索　引　　215

第1章

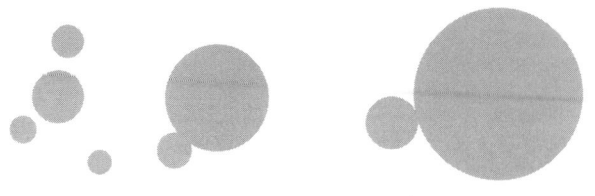
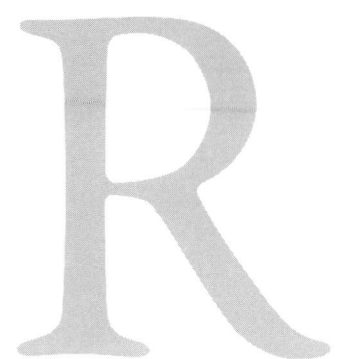

データ分析のプロセス

1.1 データ分析で直面する課題

　昨今は，いわゆる「ビッグデータ」ブームが起きており，ビジネスにおいても企業内に蓄積されたデータやSNSなどの外部データを活用したデータ分析が注目を集めている．これらのデータを用いて分析することにより，経営や業務の改善や新規ビジネスの創出につながる知見を発掘できるのではないかという期待がもたれている．一口にデータ分析といっても，応用分野は多岐に渡る．ビジネスにおいても，金融，製造，流通，医療，Webなど非常にさまざまな業界，業務を対象にデータ分析が行われている．実際に適切なビジネス目標を設定して，そのために必要なデータを選定して分析を実行するプロセスでは非常に多くの問題点が発生する．データ分析を実施するうえで，どのようなことが問題になるかについて一例を取り上げてみよう．

1.1.1 ビジネス目標実現に必要なデータ分析の定義

　経営や業務の視点から現状の課題を正しく認識し，あるべき姿が描かれている．このようなビジネス上の目標が決まっていて，現状とあるべき姿のFit & Gapをうめていくためにデータの活用が重要だという認識がもたれていたとしても，ビジネス課題を解決するためにデータ分析を活用することはそれほどたやすいことではない．データ分析のアウトプットとして何を出せば目標が実現するかがわからず，どのようなデータに対してどのような分析を実施してどのようなアウトプットを出せばよいかがわからないというケースは非常に多いのではないだろうか．

1.1.2 データ加工の煩雑さ

　次のデータは，米国のダートマス大学で2013年に実施されたStudentLife Studyと呼ばれる実証実験で収集されたログデータである．このデータは，学生に手渡したスマートフォンのセンサーデータから取得したWi-Fiの接続情報を記録している．

```
time,location
1364357009,near[north-main; cutter-north; kemeny; ],
1364358209,in[kemeny],
1364359102,in[kemeny],
1364359163,in[kemeny],
```

```
1364359223,in[kemeny],
1364359409,in[kemeny],
1364359508,near[kemeny; cutter-north; north-main; ],
1364359793,near[kemeny; cutter-north; north-main; ],
1364360078,near[kemeny; cutter-north; north-main; ],
```

このデータは2列からなり，1列目の time が時刻をエポック秒で，2列目の location が位置情報を示している．位置情報は，建物の内部 (in) と周辺 (near) を区別するための文字列とともに，カッコ内に建物の名称が記入されている．たとえば，このデータから学生が建物に入館した時点で当該建物内で飲食品の購入を行うかどうかについて予測して，不摂生な食生活を行わないようにスマートフォンの画面に忠告を出すことを施策として考えるケースを想定してみよう．この場合，データ分析で実現しなければならないことは，上記の Wi-Fi の位置情報データから学生が建物に入館した時刻，建物から退館した時刻を同定し，学生の飲食品の購入履歴と組み合わせて分析することである．このように時間の前後関係を考慮して複数のデータを横断した処理は一般的に煩雑であるが，どのような手順で行えばよいだろうか．

StudentLife Study を題材として，分析計画の立案，データの理解から，データを加工したのちに予測モデルを構築し，その評価を実施するデータ分析の一連のプロセスについては，第5章で取り上げる．

1.1.3 欠損値や外れ値への対処

次は，ある企業が提供しているサービスからの顧客の解約を予測するために使用するデータの先頭の10行および10列を抽出したものである．

Var1	Var2	Var3	Var4	Var5	Var6	Var7	Var8	Var9	Var10
NA	NA	NA	NA	NA	1526	7	NA	NA	NA
NA	NA	NA	NA	NA	525	0	NA	NA	NA
NA	NA	NA	NA	NA	5236	7	NA	NA	NA
NA	NA	NA	NA	NA	NA	0	NA	NA	NA
NA	NA	NA	NA	NA	1029	7	NA	NA	NA
NA	NA	NA	NA	NA	658	7	NA	NA	NA
NA	NA	NA	NA	NA	1680	7	NA	NA	NA
NA	NA	NA	NA	NA	77	0	NA	NA	NA
NA	NA	NA	NA	NA	1176	7	NA	NA	NA
NA	NA	NA	NA	NA	1141	7	NA	NA	NA

このデータは，KDD Cup 2009[4] というデータマイニングコンテストで提供されたデータである．行方向に 50,000 人の顧客が，列方向に顧客の特徴を表す項目（特徴量と呼ばれる）が 230 個並んでいる．このデータを用いて，それぞれの顧客が解約するかどうかについて予測して精度を競うのが KDD Cup 2009 のコンテストの内容である．

このデータを見ると，6列目の Var6 と 7 列目の Var7 は先頭の 10 行のほとんどで入力されているのに対し，他の特徴量はまったく入力されていないことがわかる．このように，欠損しているデータを欠損値 (missing data, missing value) と呼ぶ．欠損値が発生する理由は，データの未観測，未入力などさまざまな理由が考えられるが，データを分析する際に頻繁に遭遇する．多変量解析や機械学習などの多くの分析手法は欠損値が存在していないことを前提としており，欠損値が存在するとその行を削除して扱う．欠損値が存在しているデータをどのように扱えばよいのだろうか．本書

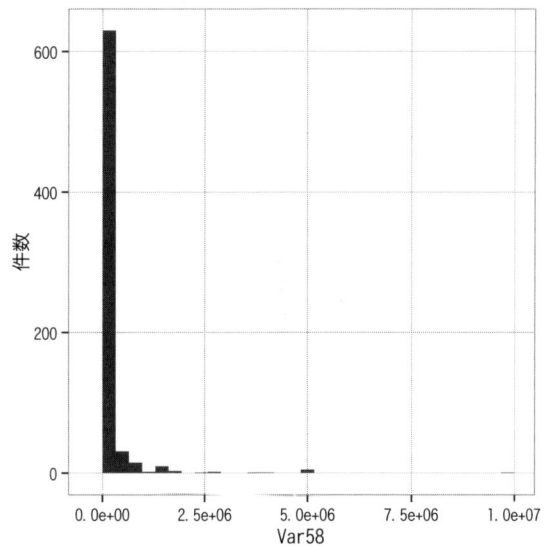

図 1.1　Var58 のヒストグラム（KDD Cup 2009 提供データ）[4]

では，欠損値について 3.2 節で扱う．3.2 節で説明する手法では欠損値がデータに存在したときにデータの平均値や相関係数などの統計量をバイアスを極力減らして推定することに重きが置かれるが，上記の KDD Cup 2009 のように機械学習の予測モデルを用いる場合などにも欠損値の扱いは重要になる．予測モデルでの欠損値の扱いについては，4.1.11 項で KDD Cup 2009 のデータを対象とした分析の中で触れる．

また，欠損値とならんで外れ値もデータ分析を進めるうえで悩みの種になる．たとえば，さきほどの KDD Cup 2009 のデータにおいて，Var58 と呼ばれる 58 列目の項目に対して，横軸に Var58 の値，縦軸に件数としてヒストグラムを図 1.1 にプロットしている．

図 1.1 を見ると，大半の値は 0 付近に密集している一方で，図の右側には 10^7 程度の大きな値が存在していることを確認できる．このように他のデータと比べて著しくかけ離れたデータを外れ値 (outlier) と呼ぶ．外れ値が存在したままデータを分析すると，分析結果がデータの性質とはかけ離れたものになる可能性があるため，外れ値の検出や対応は重要である．本書では 3.3 節で外れ値の検出方法について説明する．

また，欠損値と同様に，機械学習を用いた予測モデルを構築する際などにおいても特徴量に外れ値が存在したままモデルを構築すると，思ったように予測モデルの精度が上がらないなどの問題が生じる．そこで，4.1.11 項では KDD Cup 2009 の顧客の解約予測を題材として，予測モデルの構築における外れ値の対処方法についても説明する．

なお，図 1.1 にプロットした Var58 は，欠損値ではないデータのうち約 63% が値が 0 となっている．このように，大半の値が 0 付近にあり，値が大きくなるにつれてデータ数が激減していくいわゆる「ロングテール型」の分布は，マーケティング分野などの分析でも頻繁に遭遇する．たとえば，あるサービスで会員となっている顧客が利用した金額の分布などはこのような分布にしたがうかもしれない．図 1.1 にプロットした分布は一例にすぎないが，外れ値の扱いについて十分に検討する必要がある．

1.1.4 不均衡データの扱い

次のデータセットは，保険会社の保険契約に関するユーザのデータである．データマイニングコンペティションである Coil 2000 の題材として使用されたデータであり，R では ISLR パッケージに収録されている．ISLR は，本書執筆時点では CRAN からインストールできる．

```
> # ISLRパッケージのインストール
> install.packages("ISLR", quiet = TRUE)
> # Caravanデータセット
> library(ISLR)
> dim(Caravan)
[1] 5822   86
> head(Caravan, 3)
  MOSTYPE MAANTHUI MGEMOMV MGEMLEEF MOSHOOFD MGODRK MGODPR MGODOV
1      33        1       3        2        8      0      5      1
2      37        1       2        2        8      1      4      1
3      37        1       2        2        8      0      4      2
  MGODGE MRELGE MRELSA MRELOV MFALLEEN MFGEKIND MFWEKIND MOPLHOOG
1      3      7      0      2        1        2        6        1
2      4      6      2      2        0        4        5        0
3      4      3      2      4        4        4        2        0
  MOPLMIDD MOPLLAAG MBERHOOG MBERZELF MBERBOER MBERMIDD MBERARBG
1        2        7        1        0        1        2        5
2        5        4        0        0        0        5        0
3        5        4        0        0        0        7        0
  MBERARBO MSKA MSKB1 MSKB2 MSKC MSKD MHHUUR MHKOOP MAUT1 MAUT2 MAUTO
1        2    1     1     2    6    1      1      8     8     0     1
2        4    0     2     3    5    0      2      7     7     1     2
3        2    0     5     0    4    0      7      2     7     0     2
  MZFONDS MZPART MINKM30 MINK3045 MINK4575 MINK7512 MINK123M MINKGEM
1       8      1       0        4        5        0        0       4
2       6      3       2        0        5        2        0       5
3       9      0       4        5        0        0        0       3
  MKOOPKLA PWAPART PWABEDR PWALAND PPERSAUT PBESAUT PMOTSCO PVRAAUT
1        3       0       0       0        6       0       0       0
2        4       2       0       0        0       0       0       0
3        4       2       0       0        6       0       0       0
  PAANHANG PTRACTOR PWERKT PBROM PLEVEN PPERSONG PGEZONG PWAOREG
1        0        0      0     0      0        0       0       0
2        0        0      0     0      0        0       0       0
3        0        0      0     0      0        0       0       0
  PBRAND PZEILPL PPLEZIER PFIETS PINBOED PBYSTAND AWAPART AWABEDR
1      5       0        0      0       0        0       0       0
2      2       0        0      0       0        0       2       0
3      2       0        0      0       0        0       1       0
  AWALAND APERSAUT ABESAUT AMOTSCO AVRAAUT AAANHANG ATRACTOR AWERKT
1       0        1       0       0       0        0        0      0
2       0        0       0       0       0        0        0      0
3       0        1       0       0       0        0        0      0
  ABROM ALEVEN APERSONG AGEZONG AWAOREG ABRAND AZEILPL APLEZIER
1     0      0        0       0       0      1       0        0
2     0      0        0       0       0      1       0        0
3     0      0        0       0       0      1       0        0
  AFIETS AINBOED ABYSTAND Purchase
1      0       0        0       No
2      0       0        0       No
3      0       0        0       No
```

このデータセットは 86 項目からなり，86 列目の "Purchase" が実際に購入されたかどうかを表している．"Yes" の場合は購入，"No" の場合は購入していないことを表している．このデータから，どのようなユーザが購入するかを予測するモデルを構築して，その精度について検証するシー

ンを考えてみよう．ここで問題になるのが，正例（購入した顧客）と負例（購入していない顧客）の比率である．

```
> # Caravanデータセットのクラスのデータ数
> table(Caravan$Purchase)

  No  Yes
5474  348
> # Caravanデータセットのクラスのデータ数の割合
> prop.table(table(Caravan$Purchase))

        No        Yes
0.94022673 0.05977327
```

この結果を見ると，クラスサンプルの比率は正例が約6に対して負例が約94となっており，負例に大きく偏っていることがわかる．このようなデータを不均衡データ (imbalanced data) と呼ぶ．著者の経験でも，重大な病気に罹患した患者の割合，故障実績のある機械の割合，サービスから退会するユーザの割合など，実際に遭遇するデータの多くは不均衡である．そのため，単純に機械学習のアルゴリズムを適用してもこの不均衡の影響を受けて，関心のある事象をほとんど予測できなくなるなどの影響が出る．このようなデータに対する適切な分析方法を検討することは大きな課題の1つである．本書では，不均衡データについて4.1.8項で重点的に扱う．

なお，Caravanデータセットは，機械学習やデータマイニングに関するデータのレポジトリである UCI Machine Learning Repository[6] で提供されている．

以上で見てきたように，実際のデータ分析においては以下のような問題に直面する．

- ビジネス目標を解決するために，使用するデータや分析方法がわからない．
- データの加工に多大な手間を要する．
- 欠損値が存在すると，多くの分析手法がそのままでは適用できない．
- 外れ値によって，分析結果が大きく影響を受けてしまう．
- 実務で直面するデータの多くは不均衡データであり，単純に多変量解析や機械学習のアルゴリズムを適用しただけでは満足のいく結果が得られない．

1.2 データ分析のフレームワーク

以上で指摘したデータ分析を実施するうえでの問題点は，ビジネスにかかわるものからデータの処理にかかわるものまで多岐に渡っていた．このような問題点を解決してデータ分析を実施するためには，どのような手順でどのような処理を行えばよいだろうか．データ分析のフレームワークとして，これまでに CRISP-DM[25]，KDD[97]，SEMMA など，いくつかが提唱されている．ここでは，CRISP-DM と KDD について取り上げてみよう．フレームワークの比較については，Kurgan ら [59] や Azevedo ら [9] が詳しいので，興味のある読者は参照してほしい．

1.3 CRISP-DM

CRISP-DM(CRoss Industry Standard Process for Data Mining) は，SPSS, NCR, ダイムラー

クライスラー，OHRAがメンバーのコンソーシアムで開発されたデータ分析の標準的なフレームワークとして知られている [25].

CRISP-DMは，「ビジネス理解」，「データ理解」，「データ準備」，「モデリング」，「評価」，「共有・展開」の6つのステップから構成される.

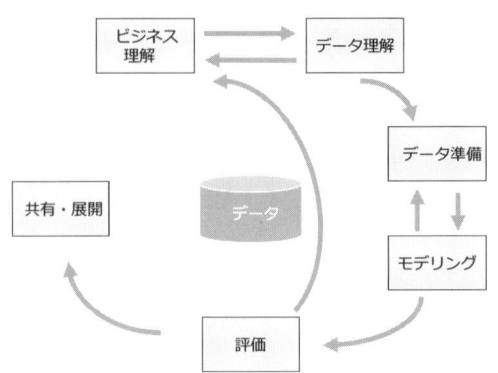

図1.2　CRISP-DMのプロセス [25]

1. **ビジネス理解** (Business Understanding)
   企業内の課題を明確にして，データマイニングプロジェクト全体を計画する．サービスの退会者の低減，優良顧客の特定など，ビジネス上の目的を明確化して，KPI(Key Performance Indicator)の設定やプロジェクトの計画（スケジュール，体制等）を行う．

2. **データ理解** (Data Understanding)
   「ビジネス理解」フェーズで策定したビジネス課題を解決するために必要なデータを列挙し，これらのデータが実施したい分析を実行するために十分であるかどうかを吟味する．たとえば，必要なデータ項目が取得できているか，データの量は十分にあるか，などである．

    たとえば，ある顧客管理系のデータで顧客がサービスを利用するたびに顧客の利用履歴データを上書きするような記録方法をとっているとしよう．このようなデータは，最も新しい顧客のサービス利用しか記録が残っていないため，顧客の履歴をたどることが不可能である．そのため，過去のユーザの行動履歴に基づいて退会しそうなユーザを特定したり，クロスセルに結びつく施策を講じることが非常に困難になる．

    また，このフェーズでは単にデータの統計的な性質だけを調べればよいのではない．データがビジネスのどのような過程で発生して，入力，蓄積されたのかについても理解しなければならない．たとえば，IT(Information Technology)システムにより自動的に入力されるのか，それとも人手で入力されるのかによってデータの信頼性が大きく異なってくる．また，データに記録されている時刻がユーザのサービス利用などのイベントが発生したときに即座に入力されたものなのか，それとも時間をおいてあるタイミングで入力されたものなのかによっても現実の事象とデータの対応関係が異なってくる．そのため，たとえばビジネスプロセスについては業務フローやBPMN(Business Process Modeling Notation)[2]などのモデリング手法を用いながら，データについてはデータベースの定義書などをもとに，データ分析の担当者と業務やITの担当者の間で密にコミュニケーションを行うことが重要である．

このデータ理解の結果を踏まえて，現状取得されているデータがビジネス目標を達成するために十分なものであるかどうかについて検討する．もし，不十分である場合は，現状のデータではビジネス目標を達成することができないため，新たに取得するデータについて検討し，取得のために必要な取組みを実施しなければならない．

3. **データ準備** (Data Preparation)
   データを分析に適するように整形する工程である．データクレンジング（洗浄）とも呼ばれ，欠損値や外れ値の処理，データの離散化，規格化などの処理が含まれる．
   「2. データ理解」と「3. データ準備」はデータ分析の工程の8割から9割を占めるともいわれており，たいへん重要な工程である．

4. **モデリング** (Modeling)
   多変量解析や機械学習の手法などを用いて，モデルを作成する．モデルを構築するために使用する手法にはさまざまなものがあるが，タスクで分類すると，セグメンテーション（分類），予測，データの意味内容の明確化などがある．

5. **評価** (Evaluation)
   フェーズ4で作成したモデルが，フェーズ1で定義したビジネス目標を達成するために十分であるかどうかをビジネスの観点から評価する．そのために実証実験などを実施して，実際のビジネスで役立つかどうかを検証することもある．

6. **共有・展開** (Deploy)
   データ分析で得られた結果をビジネスに適用するために具体的な計画を立案し，実施する．たとえば，顧客がサービスから離反することを防止するためにダイレクトメールを送付したり，レコメンドサービスを実施して商品の購入を促すなどの施策を講じる．また，こうした施策を実現するために必要な組織・人員体制やITシステムなどの構想，構築を行う．

以上がCRISP-DMの概略であるが，これらのプロセスはウォーターフォールのように一方向に進んでいくのではなく，データの品質や分析結果などを確認しながら必要に応じて前の工程に戻る必要があることについては改めて強調しておきたい．そのため，ビジネスのデータ分析プロジェクトにおいては，当初から仕様が決められている分析結果を出力するだけではすまないことが多い．したがって，予算や期限等に制約が課せられたなかで，データ分析プロジェクトを円滑に運営するために，プロジェクトのマネジメントやメンバー組成などは今後より一層重要性を帯びてくると思われる．

CRISP-DMについては，[34]や[114]が詳しいので参照してほしい．また著者の経験では，データ分析の実施にあたり計画を立案する際や，データ分析の実施後にプロジェクトを振り返る際に，CRISP-DMの工程と対応づけて取り組む内容，得られた結果，残った課題等を整理すると，有益であることが多い．

1.4 KDDプロセス

CRISP-DMがビジネス課題に始まり，データ分析により得られた知見をビジネス価値の向上に結びつけていくという発想でフレームワークが定義されているのに対して，Fayyadら[97]が提唱

した KDD(Knowledge Discovery in Databases) はデータ分析部分に特化して定義されたフレームワークである．KDD では，一般的に以下のプロセスによって行われるとされている [104]．

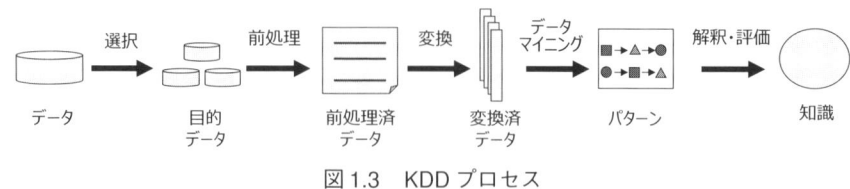

図 1.3　KDD プロセス

- データ獲得
  対象領域の性質を理解し，事前知識と必要なデータ，ならびにデータマイニングの目標を設定する．データマイニングのタスクを成功に導くために重要なステップである．
- データ選択 (Selection)
  データからマイニングに必要なものを選択する．
- 前処理 (Preprocessing)
  データからノイズや異常値を除去し，意図した分析が実施可能なデータにする．前処理には，連続データの離散化，離散データの連続化，欠損データの補完などの処理がある．適用する知識発見アルゴリズムの性質に依存して，前処理を検討，実施しなければならない場合も多い．
- 変換 (Transformation)
  知識発見アルゴリズムを適用できるように，データを変換する．属性生成や属性選択などの処理が含まれる．多くの知識発見アルゴリズムは表形式のデータを対象としているため，この形式のデータに変換する必要がある．
- データマイニング (Data Mining)
  統計解析や機械学習などの分析手法を用いて，データから知見を発見する．
- 解釈・評価 (Interpretation/Evaluation)
  抽出したパターンの解釈や評価を行って知識を得る．

KDD プロセスについても，CRISP-DM と同様にウォーターフォールで進行するのではなく，分析結果に応じて前工程に戻る必要がある点について強調しておきたい．本書では，どちらかといえば KDD プロセスが対象とする分析プロセスについて，考え方や方法を説明する．

1.5　本書におけるデータやパッケージの利用方針

本書は，データ分析のプロセスで必要となる考え方や方法を習得することを目的としている．そのため，使用するデータについても R で提供されているものや疑似的に生成するものだけではなく，必要に応じて外部のデータも積極的に活用する方針である．取得したデータを格納するディレクトリ（フォルダ）については随時説明する．基本的な方針としては，R で作業を行うディレクトリ（フォルダ）の配下に data ディレクトリ（フォルダ）を作成し，その下でさらにデータごとにサブディレクトリ（フォルダ）を作成する．

また，本書ではRのパッケージも積極的に利用する．特に断りのない限り，CRAN(Comprehensive R Archive Network, http://cran.r-project.org/) で提供されているパッケージはCRANからインストールする．その際，`install.packages`関数を使用する．

本書のサポートページ(http://www.kyoritsu-pub.co.jp/bookdetail/9784320123656) では，プログラムやデータを提供しているので必要に応じて適宜活用してほしい．

第2章

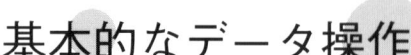

基本的なデータ操作

Rでデータを分析，処理するために必要となる基本的なデータの操作方法について説明する．これらの操作は，Rを用いたデータ分析全般にわたり必要となる重要な内容である．

2.1 データの入出力

分析に使用するデータは，データ分析の目的を達成するために必要なものを選択する必要がある．選択するデータを決定しても，データが分析者の手元にはなく，データベースなどから取得する必要がある場合も多々存在するだろう．また，Microsoft Excelなどの他のツールで作成されたデータをRで読み込む必要があるかもしれない．このようなケースに対応できるように，本節では分析対象とするデータが決まったときにデータを抽出するために必要となる方法について説明する．

Rのデータの入出力については，さまざまな文献で説明されているが，たとえば，Spector[78]，青木[117]，市川[113]などがある．

2.1.1 テキストファイルの入出力

テキストファイルの入出力を行う関数として，`read.table`/`write.table`，`read.csv`/`write.csv`，`scan`/`write`などがある．

`read.table`関数，`read.csv`関数は，テキストファイルを読み込むために使用する．次の例では以下の内容のCSVファイル "iris_head.csv" を読み込む．このデータは，作業ディレクトリ配下のdata/irisディレクトリに置かれているものとする．

このデータは，機械学習のアルゴリズムなどのベンチマークとして使用されるirisデータセットの先頭10行を記録したものであり，1行目はヘッダとなっている．

data/iris/iris_head.csv

```
"Sepal.Length","Sepal.Width","Petal.Length","Petal.Width","Species"
5.1,3.5,1.4,0.2,"setosa"
4.9,3,1.4,0.2,"setosa"
4.7,3.2,1.3,0.2,"setosa"
4.6,3.1,1.5,0.2,"setosa"
5,3.6,1.4,0.2,"setosa"
```

```
5.4,3.9,1.7,0.4,"setosa"
4.6,3.4,1.4,0.3,"setosa"
5,3.4,1.5,0.2,"setosa"
4.4,2.9,1.4,0.2,"setosa"
4.9,3.1,1.5,0.1,"setosa"
```

`read.table` 関数や `read.csv` 関数を用いてこのデータを読み込んでみよう.

```
> # データの読み込み(1列目を行名とする)
> iris.head <- read.table("data/iris/iris_head.csv", sep = ",", header = TRUE)
> # 先頭3行の表示
> head(iris.head, 3)
  Sepal.Length Sepal.Width Petal.Length Petal.Width Species
1          5.1         3.5          1.4         0.2  setosa
2          4.9         3.0          1.4         0.2  setosa
3          4.7         3.2          1.3         0.2  setosa
> # セパレータがカンマの場合はread.csv関数を使用すればセパレータの指定が不要
> iris.head <- read.csv("data/iris/iris_head.csv")
> head(iris.head, 3)
  Sepal.Length Sepal.Width Petal.Length Petal.Width Species
1          5.1         3.5          1.4         0.2  setosa
2          4.9         3.0          1.4         0.2  setosa
3          4.7         3.2          1.3         0.2  setosa
```

`write.table` 関数, `write.csv` 関数は, データフレームをテキストファイルに出力するために使用する. 次の例は, 上記の iris.head オブジェクトを "iris_head_out.csv" という名前のCSVファイルに出力している.

```
> # データの出力
> write.table(iris.head, "data/iris/iris_head_out.csv", sep = ",")
> # セパレータがカンマの場合, write.table関数を使用すればセパレータの指定が不要
> write.csv(iris.head, "data/iris/iris_head_out.csv")
```

以上のように, `read.table`, `read.csv` 関数はデータを読み込む際に重宝するが, データのサイズが大きくなると多大な時間がかかってしまうという問題点がある. たとえば, Rで処理するには少し規模の大きいデータである2008年の米国のフライトデータを扱ってみよう. これはデータマイニングのコンペティションである Data Expo 2009[3] で使用されたデータで, データのサイズは約658MBである. 以下のように, 2008年における米国の航空機の発着に関する情報を収録した29項目から構成される.

```
Year,Month,DayofMonth,DayOfWeek,DepTime,CRSDepTime,ArrTime,CRSArrTime,UniqueCarrier,FlightNum,
TailNum,ActualElapsedTime,CRSElapsedTime,AirTime,ArrDelay,DepDelay,Origin,Dest,Distance,TaxiIn,
TaxiOut,Cancelled,CancellationCode,Diverted,CarrierDelay,WeatherDelay,NASDelay,SecurityDelay,
LateAircraftDelay
2008,1,3,4,2003,1955,2211,2225,WN,335,N712SW,128,150,116,-14,8,IAD,TPA,810,4,8,0,,0,NA,NA,NA,NA,NA
2008,1,3,4,754,735,1002,1000,WN,3231,N772SW,128,145,113,2,19,IAD,TPA,810,5,10,0,,0,NA,NA,NA,NA,NA
2008,1,3,4,628,620,804,750,WN,448,N428WN,96,90,76,14,8,IND,BWI,515,3,17,0,,0,NA,NA,NA,NA,NA
2008,1,3,4,926,930,1054,1100,WN,1746,N612SW,88,90,78,-6,-4,IND,BWI,515,3,7,0,,0,NA,NA,NA,NA,NA
2008,1,3,4,1829,1755,1959,1925,WN,3920,N464WN,90,90,77,34,34,IND,BWI,515,3,10,0,,0,2,0,0,0,32
```

データを Data Expo 2009[3] のサイトからダウンロードし, `read.csv` 関数で読み込む. 元のデータはbzip2形式で圧縮されているため, 解凍には R.utils パッケージの `bunzip2` 関数を使用している.

```
> install.packages("R.utils", quiet = TRUE)
> library(R.utils)
> # データのダウンロード
> dir.create("data/DataExpo2009")
> download.file("http://stat-computing.org/dataexpo/2009/2008.csv.bz2",
+ "data/DataExpo2009/2008.csv.bz2")
> # データの解凍
> bunzip2("data/DataExpo2009/2008.csv.bz2")
> # データの読み込み
> system.time(al.2008.df <- read.csv("data/DataExpo2009/2008.csv", as.is = TRUE))
   user  system elapsed
 89.042   6.956  96.536
```

以上のように，read.csv 関数を用いた場合は，データの読み込みに約 96.5 秒要している．こうした read.table，read.csv 関数の読み込みが遅いという問題点を解決するためには，Hadley Wickham により開発されている readr パッケージを使用することが 1 つの手である．readr パッケージは，本書の執筆時点で CRAN からインストールできる．

```
> # readr パッケージのインストール
> install.packages("readr", quiet = TRUE)
```

readr パッケージの read_csv 関数を用いて，2008 年のフライトデータを読み込んでみよう．

```
> library(readr)
> # 2008年のフライトデータの読み込み
> system.time(al.2008.readr <- read_csv("data/DataExpo2009/2008.csv"))

|==================================================================| 100%  657 MB
   user  system elapsed
 15.554   0.654  16.238
> # 先頭3行
> head(al.2008.readr, 3)
  Year Month DayofMonth DayOfWeek DepTime CRSDepTime ArrTime
1 2008     1          3         4    2003       1955    2211
2 2008     1          3         4     754        735    1002
3 2008     1          3         4     628        620     804
  CRSArrTime UniqueCarrier FlightNum TailNum ActualElapsedTime
1       2225            WN       335  N712SW               128
2       1000            WN      3231  N772SW               128
3        750            WN       448  N428WN                96
  CRSElapsedTime AirTime ArrDelay DepDelay Origin Dest Distance
1            150     116      -14        8    IAD  TPA      810
2            145     113        2       19    IAD  TPA      810
3             90      76       14        8    IND  BWI      515
  TaxiIn TaxiOut Cancelled CancellationCode Diverted CarrierDelay
1      4       8         0               NA        0           NA
2      5      10         0               NA        0           NA
3      3      17         0               NA        0           NA
  WeatherDelay NASDelay SecurityDelay LateAircraftDelay
1           NA       NA            NA                NA
2           NA       NA            NA                NA
3           NA       NA            NA                NA
> # オブジェクトのクラスの確認
> class(al.2008.readr)
[1] "tbl_df"    "tbl"       "data.frame"
> # 各列のデータ型の確認
> sapply(al.2008.readr, class)
           Year            Month       DayofMonth
```

```
                 "integer"          "integer"          "integer"
              DayOfWeek            DepTime         CRSDepTime
                 "integer"          "integer"          "integer"
                ArrTime         CRSArrTime      UniqueCarrier
                 "integer"          "integer"        "character"
              FlightNum            TailNum  ActualElapsedTime
                 "integer"        "character"          "integer"
        CRSElapsedTime            AirTime           ArrDelay
                 "integer"          "integer"          "integer"
               DepDelay             Origin               Dest
                 "integer"        "character"        "character"
               Distance             TaxiIn            TaxiOut
                 "integer"          "integer"          "integer"
              Cancelled   CancellationCode           Diverted
                 "integer"          "logical"          "integer"
           CarrierDelay       WeatherDelay           NASDelay
                 "integer"          "integer"          "integer"
          SecurityDelay  LateAircraftDelay
                 "integer"          "integer"
```

上記の結果を見るとデータの読み込みが16.238秒に短縮できていることがわかる．また，通常の read.table や read.csv 関数では as.is 引数を TRUE に指定したり stringsAsFactors 引数を FALSE に指定しなければ文字列は因子 (factor) に変換される．しかし，read_csv 関数を使用した結果を見ると，文字列型 (character) で読み込まれていることを確認できる．

各列のデータの型を明示的に指定する場合は，col_types 引数に文字列で指定する．論理値は "l"，整数は "i"，倍精度浮動小数点は "d"，ユーロスタイルの浮動小数点は "e"，日付（Y-m-d 形式）は "D"，日時（ISO8601 の data times）は "T"，文字列は "c" で与える．たとえば，1列目が文字列，2列目が浮動小数点，3列目が整数，4列目が論理値，5列目が文字列であるデータの場合，"cdilc" と指定する．

その他，主要な引数として，na 引数には欠損値を表す文字列，col_names 引数には列名，skip 引数には先頭からスキップする行数，n_max 引数は読み込む最大行数，progress 引数にはプログレスバーを表示するかどうかを指定する．

また，標準の R で提供される関数と対応する形で read_table 関数，read_tsv 関数，read_delim 関数，read_fwf 関数，なども提供されている．本書では，4.1.11 項で顧客の解約予測モデルを構築する際にタブをセパレータとしたファイルで read_tsv 関数を使用している．本書の執筆時点では，readr パッケージのバージョンは 0.1.0 であるが，今後の進展に大いに期待が寄せられるパッケージである．

2.1.2 Excel 形式のデータの入出力

R で Excel 形式のデータを入出力するには，いくつかの方法がある．ここでは，XLConnect パッケージ，xlsx パッケージを使用する方法について説明する．

XLConnect パッケージを用いると，Excel がインストールされていない環境でも Excel ファイルの操作が可能になる．XLConnect パッケージを使用するためには Java および rJava パッケージがインストールされている必要がある．

Excel ファイルのシートからデータを読むには，以下のように loadWorkbook 関数によりワークブックをロードし，続いて readWorksheet 関数でワークシートを読み込む．

```
> library(XLConnect)
> # ワークブックの読み込み
> wb <- loadWorkbook("test.xlsx")
> # ワークシートの読み込み
> dat <- readWorksheet(wb, "シート1", header = FALSE)
```

readWorksheetFromFile関数を用いることにより，ワークブックおよびワークシートの読み込みを同時に実行できる．

```
> # readWorksheetFromFile関数を用いたデータの読み込み
> dat <- readWorksheetFromFile("test.xlsx", "シート1")
```

ワークシートへのデータの出力はwriteWorksheet関数，writeWorksheetToFile関数により実行できる．

```
> # ワークブックの読み込み（新規作成）
> wb <- loadWorkbook("test.xlsx", create = TRUE)
> # シートの作成
> createSheet(wb, name = "シート1")
> # データの出力
> writeWorksheet(wb, iris, sheet = "シート1", startRow = 1, startCol = 1)
> # ワークブックの保存
> saveWorkbook(wb)
> # writeWorksheetToFile関数によるデータの出力
> writeWorksheetToFile(iris, "test.xlsx", "シート1", startRow = 1, startCol = 1)
```

xlsxパッケージが提供するExcelのワークシートからデータを読み込む関数として，read.xlsx，read.xlsx2の2つがある．xlsxパッケージもJavaに依存しているため，使用にあたってはJavaを使用できる環境を整えておかなければならない．

```
> library(xlsx)
> # シート番号によるワークシートの読み込み
> dat <- read.xlsx("test.xlsx", 1)
> dat <- read.xlsx2("test.xlsx", 1)
> # シート名によるワークシートの読み込み
> dat <- read.xlsx("test.xlsx", "シート1")
> dat <- read.xlsx2("test.xlsx", "シート1")
```

Excelのワークシートにデータを出力する関数として，write.xlsx，write.xlsx2の2つがある．これらの関数では，シート名によりワークシートを指定する．

```
> # シート名によるワークシートへの出力
> write.xlsx(dat, "test.xlsx", "シート1")
> write.xlsx2(dat, "test.xlsx", "シート1")
```

2.1.3 リレーショナルデータベースとの入出力

分析対象とするデータがリレーショナルデータベースに格納されているケースも多々あるのではないだろうか．このような場合，Rから直接リレーショナルデータベースにアクセスできると便利

である．Rでリレーショナルデータベースと接続するには2つの方法がある．

- ODBC(Open DataBase Connectivity)
  ODBCを用いることにより，さまざまなデータベースへのアクセスが可能になる．Rで直接サポートされていないデータベースを用いる場合は，RODBCパッケージを使用するとよい．RODBCパッケージは，以下のようにしてインストールする．

  ```
  > # RODBCパッケージのインストール
  > install.packages("RODBC", quiet = TRUE)
  ```

- DBIパッケージ
  DBIパッケージは，異なるデータベース間で共通のインタフェースを提供する．DBIパッケージは，以下のようにしてインストールする．

  ```
  > # DBIパッケージのインストール
  > install.packages("DBI", quiet = TRUE)
  ```

以下では，代表的なリレーショナルデータベースであるMySQL，PostgreSQLとRを連携する方法について説明する．

MySQLとの連携

RとMySQLを連携させるためには，RMySQLパッケージを使用するとよい．RMySQLパッケージは，本書執筆時点ではCRANからインストールできる．

```
> # RMySQLパッケージのインストール
> install.packages("RMySQL", quiet = TRUE)
```

dbDriver関数を使用してMySQL用のドライバを読み込む．

```
> library(RMySQL)
> # MySQL用のドライバの読み込み
> drv <- dbDriver("MySQL")
```

MySQLにすでにあるデータベースに接続するためには，dbConnect関数を使用する．dbname引数にはデータベース名，user引数にはユーザ名，password引数にはパスワード，host引数にはホスト名を入力する．

```
> # データベースとのコネクションの確立
> con <- dbConnect(drv, dbname = "データベース名", user = "ユーザ名",
+     password = "パスワード", host = "ホスト名")
```

データベースに対してクエリを実行するには，dbGetQuery関数を使用する．次の例は，2.1.1項でread.csv関数がデータを読み込む速度の遅さを指摘するために使用した，2008年の米国のフライトデータがairlineのデータベースのal2008テーブルに格納されているという前提の下，このテーブルからすべてのデータを抽出している．

```
> # クエリの実行
> al.2008 <- dbGetQuery(con, "SELECT * FROM al2008")
> head(al.2008, 3)
  Year Month DayofMonth DayOfWeek DepTime CRSDepTime ArrTime
1 2008     1          3         4    2003       1955    2211
2 2008     1          3         4     754        735    1002
3 2008     1          3         4     628        620     804
  CRSArrTime UniqueCarrier FlightNum TailNum ActualElapsedTime
1       2225            WN       335  N712SW               128
2       1000            WN      3231  N772SW               128
3        750            WN       448  N428WN                96
  CRSElapsedTime AirTime ArrDelay DepDelay Origin Dest Distance
1            150     116      -14        8    IAD  TPA      810
2            145     113        2       19    IAD  TPA      810
3             90      76       14        8    IND  BWI      515
  TaxiIn TaxiOut Cancelled CancellationCode Diverted CarrierDelay
1      4       8         0                         0            0
2      5      10         0                         0            0
3      3      17         0                         0            0
  WeatherDelay NASDelay SecurityDelay LateAircraftDelay
1            0        0             0                 0
2            0        0             0                 0
3            0        0             0                 0
```

PostgreSQLとの連携

RとPostgreSQLを連携させるためにはRPostgreSQLパッケージを使用するとよい．RPostgreSQLパッケージは，本書執筆時点ではCRANからインストールできる．事前にDBIパッケージをインストールしておく必要がある．

```
> # RPostgreSQLパッケージのインストール
> install.packages("RPostgreSQL", quiet = TRUE)
```

dbDriver関数を使用してPostgreSQL用のドライバを読み込む．

```
> library(RPostgreSQL)
> # PostgreSQL用のドライバの読み込み
> drv <- dbDriver("PostgreSQL")
```

PostgreSQLにすでにあるデータベースに接続するためには，dbConnect関数を使用する．dbname引数にはデータベース名，user引数にはユーザ名，password引数にはパスワード，host引数にはホスト名を入力する．

```
> # コネクションの作成
> con <- dbConnect(drv, dbname = "データベース名", user = "ユーザ名",
+     password = "パスワード", host = "ホスト名")
```

データベースに対してクエリを実行するには，dbSendQuery関数を使用する．

```
> # クエリの実行
> rs <- dbSendQuery(con, "SELECT * FROM al2008")
> # フェッチ
> fetch(rs, 3)
  year month dayofmonth dayofweek deptime crsdeptime arrtime
1 2008     1          3         4    2003       1955    2211
```

```
2 2008         1         3         4     754         735      1002
3 2008         1         3         4     628         620       804
  crsarrtime uniquecarrier flightnum tailnum actualelapsedtime
1       2225            WN       335  N712SW               128
2       1000            WN      3231  N772SW               128
3        750            WN       448  N428WN                96
  crselapsedtime airtime arrdelay depdelay origin dest distance
1            150     116      -14        8    IAD  TPA      810
2            145     113        2       19    IAD  TPA      810
3             90      76       14        8    IND  BWI      515
  taxiin taxiout cancelled cancellationcode diverted carrierdelay
1      4       8         0                         0           NA
2      5      10         0                         0           NA
3      3      17         0                         0           NA
  weatherdelay nasdelay securitydelay lateaircraftdelay
1           NA       NA            NA                NA
2           NA       NA            NA                NA
3           NA       NA            NA                NA
> dbClearResult(dbListResults(con)[[1]])
[1] TRUE
> # クエリの実行
> rs <- dbSendQuery(con, "SELECT origin, avg(arrdelay) FROM al2008 GROUP BY origin")
> fetch(rs, 3)
  origin       avg
1    PMD 13.660537
2    ANC  3.427592
3    ELP  4.067132
> dbClearResult(dbListResults(con)[[1]])
[1] TRUE
> # セッションの終了
> dbDisconnect(con)
[1] TRUE
```

リレーショナルデータベースからのデータの抽出や集計は，データ分析者には日常茶飯事の作業であろう．巣山らによる書籍 [105] は，データ分析や集計のために SQL をどのように使用するかについて詳しく説明している．興味のある読者は参照してほしい．

以上で，R とリレーショナルデータベースの連携について説明した．昨今では，非構造データを扱う NoSQL と総称されるデータベースも複数開発されている [112]．R と NoSQL との連携についても複数のパッケージが開発されている．たとえば，ドキュメント指向型のデータベースである MongoDB と連携するために rmongodb パッケージが提供されている．また，列指向型のデータベースであり，整合性や拡張性，永続性などに優れている HBase と連携するために rhbase パッケージが開発されている．

2.2 データフレームのハンドリング

2.2.1 データの加工・集計

データを加工して分析できる形に変換する過程においては，特定の条件を満たす行や列の抽出，グループごとの集計など，多くの処理が共通している．Hadley Wickham により開発されている dplyr パッケージは，このような処理を高速に実行するための機能を提供している．

以下では nycflights13 パッケージの flights データセットを用いて，dplyr パッケージの使用方法について説明する．flights データセットは，2013 年に米国のニューヨークの空港を飛び立った

飛行機のフライトデータを格納している．なお，dplyr パッケージや2.3節で説明する data.table パッケージについては，市川による解説記事 [113] が詳しい．また，Hadley Wickham が解説しているdplyr パッケージのVignette(http://cran.rstudio.com/web/packages/dplyr/vignettes/) には，dplyr パッケージの入門的な説明から，データベースとの連携，ウィンドウ関数，Non-standard evaluation など発展的な話題まで，さまざまな情報が含まれている．是非参照してほしい．

本書執筆時点ではdplyr パッケージ，nycflights13 パッケージともにCRAN からインストールできる．

```
> # dplyr, nycflights13のインストール
> install.packages("dplyr", quiet = TRUE)
> install.packages("nycflights13", quiet = TRUE)
```

次の例は，flights データセットのクラスと先頭を確認している．

```
> library(dplyr)
> library(nycflights13)
> class(flights)
[1] "tbl_df"     "tbl"        "data.frame"
> flights
Source: local data frame [336,776 x 16]

   year month day dep_time dep_delay arr_time arr_delay carrier
1  2013     1   1      517         2      830        11      UA
2  2013     1   1      533         4      850        20      UA
3  2013     1   1      542         2      923        33      AA
4  2013     1   1      544        -1     1004       -18      B6
5  2013     1   1      554        -6      812       -25      DL
6  2013     1   1      554        -4      740        12      UA
7  2013     1   1      555        -5      913        19      B6
8  2013     1   1      557        -3      709       -14      EV
9  2013     1   1      557        -3      838        -8      B6
10 2013     1   1      558        -2      753         8      AA
..  ...   ... ...      ...       ...      ...       ...     ...
Variables not shown: tailnum (chr), flight (int), origin (chr), dest
  (chr), air_time (dbl), distance (dbl), hour (dbl), minute (dbl)
```

flights データセットはデータフレームではあるものの，"tbl_df" や "tbl" という見慣れないクラスにも属していることがわかる．これらのクラスに属するオブジェクトは，コンソール上でオブジェクトの内容を確認する際に全体が表示されず先頭だけが表示されるため便利である．通常のデータフレームからこれらのクラスへの変換は，以下のように tbl_df を用いて行う．

```
> # データフレームからtbl形式のデータへの変換
> x.tbl <- tbl_df(x)
```

以下ではdplyr パッケージの機能を使用して，データの加工・集計を行っていこう．dplyr パッケージが提供する機能は大きく分けて以下の6つに大別できる．

- 行の抽出
  filter 関数を使用して，特定の条件を満たす行を抽出する．標準のR では，subset 関数のsubset 引数に条件を指定することにより実現する機能である．
- 列の抽出

select 関数を使用して，特定の列を抽出する．標準の R では，subset 関数の select 引数に列名を指定することにより実現する機能である．

- 列の追加
  mutate 関数を使用して，列を追加する．標準の R では，transform 関数を使用して実現する機能である．
- 行の並び替え
  arrange 関数を使用して，行を並び替える．標準の R では，order 関数を使用して実現する機能である．
- データの集約
  summarise 関数を使用して，データの集約を行う．標準の R では，aggregate 関数を使用して実現する機能である．
- グループ化処理
  group_by 関数を使用して，グループごとに処理を実行する．標準の R では，tapply 関数や by 関数などを使用して実現する機能である．

また，dplyr パッケージには，データを結合したり，各種データベースと接続したりする機能などもある．

条件を満たす行を抽出するためには，filter 関数を使用する．AND 条件で抽出する場合は条件をカンマまたは & 演算子で区切り，OR 条件で抽出する場合は条件を | で区切る．

```
> # 12月31日のレコードの抽出(AND条件で抽出)
> filter(flights, month == 12, day == 31)
Source: local data frame [776 x 16]

   year month day dep_time dep_delay arr_time arr_delay carrier
1  2013    12  31       13        14      439         2      B6
2  2013    12  31       18        19      449         5      DL
3  2013    12  31       26       101      129        96      B6
4  2013    12  31      459        -1      655         4      US
5  2013    12  31      514        -1      814         2      UA
6  2013    12  31      549        -2      925        25      UA
7  2013    12  31      550       -10      725       -20      AA
8  2013    12  31      552        -8      811       -15      EV
9  2013    12  31      553        -7      741       -13      DL
10 2013    12  31      554         4     1024        -3      B6
..  ...   ... ...      ...       ...      ...       ...     ...
Variables not shown: tailnum (chr), flight (int), origin (chr), dest
  (chr), air_time (dbl), distance (dbl), hour (dbl), minute (dbl)
> # 1月または31日のレコードの抽出(OR条件で抽出)
> filter(flights, month == 1 | day == 31)
Source: local data frame [32,266 x 16]

  year month day dep_time dep_delay arr_time arr_delay carrier
1 2013     1   1      517         2      830        11      UA
2 2013     1   1      533         4      850        20      UA
3 2013     1   1      542         2      923        33      AA
4 2013     1   1      544        -1     1004       -18      B6
5 2013     1   1      554        -6      812       -25      DL
6 2013     1   1      554        -4      740        12      UA
7 2013     1   1      555        -5      913        19      B6
8 2013     1   1      557        -3      709       -14      EV
```

```
9   2013    1   1       557     -3      838     -8      B6
10  2013    1   1       558     -2      753     8       AA
..  ...   ... ...       ...     ...     ...    ...      ...
Variables not shown: tailnum (chr), flight (int), origin (chr), dest
  (chr), air_time (dbl), distance (dbl), hour (dbl), minute (dbl)
```

指定した列を抽出するためには，select 関数を使用する．

```
> # 年, 月, 日の抽出
> select(flights, year, month, day)
Source: local data frame [336,776 x 3]

   year month day
1  2013     1   1
2  2013     1   1
3  2013     1   1
4  2013     1   1
5  2013     1   1
6  2013     1   1
7  2013     1   1
8  2013     1   1
9  2013     1   1
10 2013     1   1
..  ...   ... ...
```

連続する列の集合であれば，先頭の列名と末尾の列名をコロン (:) で区切ることにより抽出できる．

```
> # 年, 月, 日の抽出
> select(flights, year:day)
Source: local data frame [336,776 x 3]

   year month day
1  2013     1   1
2  2013     1   1
3  2013     1   1
4  2013     1   1
5  2013     1   1
6  2013     1   1
7  2013     1   1
8  2013     1   1
9  2013     1   1
10 2013     1   1
..  ...   ... ...
```

特定の列を削除するには，-演算子を列名につけて行う．

```
> # 年, 月, 日以外の列の抽出
> select(flights, -(year:day))
Source: local data frame [336,776 x 13]

   dep_time dep_delay arr_time arr_delay carrier tailnum flight
1       517         2      830        11      UA  N14228   1545
2       533         4      850        20      UA  N24211   1714
3       542         2      923        33      AA  N619AA   1141
4       544        -1     1004       -18      B6  N804JB    725
5       554        -6      812       -25      DL  N668DN    461
6       554        -4      740        12      UA  N39463   1696
7       555        -5      913        19      B6  N516JB    507
8       557        -3      709       -14      EV  N829AS   5708
9       557        -3      838        -8      B6  N593JB     79
```

```
10    558    -2    753      8     AA   N3ALAA   301
..    ...    ...   ...     ...    ...    ...    ...
Variables not shown: origin (chr), dest (chr), air_time (dbl),
  distance (dbl), hour (dbl), minute (dbl)
```

列を追加するためには，mutate 関数を使用する．飛行機の正味の遅延時間と時間あたりの遅延時間を算出してみよう．正味の遅延時間は，到着の遅れ時間 (ArrDelay) から出発の遅れ時間 (DepDelay) を引くことにより算出し，"gain" という列名を付与する．また，時間あたりの遅延時間は算出した遅延時間を飛行時間で割ることにより算出し，"gain_per_hour" という列名を付与する．以下の例では，列の末尾に gain, gain_per_hour が追加されていることを確認できる．

```
> # 列の追加
> mutate(flights, gain = arr_delay - dep_delay, gain_per_hour = gain/(air_time/60))
Source: local data frame [336,776 x 18]

   year month day dep_time dep_delay arr_time arr_delay carrier
1  2013     1   1      517         2      830        11      UA
2  2013     1   1      533         4      850        20      UA
3  2013     1   1      542         2      923        33      AA
4  2013     1   1      544        -1     1004       -18      B6
5  2013     1   1      554        -6      812       -25      DL
6  2013     1   1      554        -4      740        12      UA
7  2013     1   1      555        -5      913        19      B6
8  2013     1   1      557        -3      709       -14      EV
9  2013     1   1      557        -3      838        -8      B6
10 2013     1   1      558        -2      753         8      AA
..  ...   ...  ..      ...       ...      ...       ...     ...
Variables not shown: tailnum (chr), flight (int), origin (chr), dest
  (chr), air_time (dbl), distance (dbl), hour (dbl), minute (dbl),
  gain (dbl), gain_per_hour (dbl)
```

行の順番を並び替えるためには，arrange 関数を使用する．次の例は，month（月），arr_delay（出発の遅延時間）の昇順により行の順番を並び替えている．

```
> # 行の順番の並び替え
> arrange(flights, month, arr_delay)
Source: local data frame [336,776 x 16]

   year month day dep_time dep_delay arr_time arr_delay carrier
1  2013     1   4     1026        -4     1305       -70      VX
2  2013     1   3      941        -4     1153       -65      B6
3  2013     1  14     1840        -5     2117       -64      DL
4  2013     1   3     1153        -7     1442       -63      VX
5  2013     1   3     1228        -7     1503       -63      DL
6  2013     1  27     1845        -5     2110       -62      DL
7  2013     1   3     1605        -5     1816       -61      DL
8  2013     1   3     1857        -3     2200       -61      DL
9  2013     1   4     1219        -2     1454       -61      UA
10 2013     1   6      812        -7     1102       -61      UA
..  ...   ...  ..      ...       ...      ...       ...     ...
Variables not shown: tailnum (chr), flight (int), origin (chr), dest
  (chr), air_time (dbl), distance (dbl), hour (dbl), minute (dbl)
```

また，desc 関数を用いると行の降順で並べられる．

```
> # 行の降順による並び替え
> arrange(flights, desc(arr_delay))
```

```
Source: local data frame [336,776 x 16]

   year month day dep_time dep_delay arr_time arr_delay carrier
1  2013     1   9      641      1301     1242      1272      HA
2  2013     6  15     1432      1137     1607      1127      MQ
3  2013     1  10     1121      1126     1239      1109      MQ
4  2013     9  20     1139      1014     1457      1007      AA
5  2013     7  22      845      1005     1044       989      MQ
6  2013     4  10     1100       960     1342       931      DL
7  2013     3  17     2321       911      135       915      DL
8  2013     7  22     2257       898      121       895      DL
9  2013    12   5      756       896     1058       878      AA
10 2013     5   3     1133       878     1250       875      MQ
..  ...   ... ...      ...       ...      ...       ...     ...
Variables not shown: tailnum (chr), flight (int), origin (chr), dest
  (chr), air_time (dbl), distance (dbl), hour (dbl), minute (dbl)
```

summarise関数により，集約した結果が得られる．次の例は，出発遅延時間および到着遅延時間の平均値を算出している．

```
> # 年月ごとの出発遅延時間の平均値の算出
> summarise(flights, DepDelay = mean(dep_delay, na.rm = TRUE), ArrDelay = mean(arr_delay,
+     na.rm = TRUE))
Source: local data frame [1 x 2]

  DepDelay ArrDelay
1 12.63907 6.895377
```

group_by関数によりグループごとに処理を実行できる．次の例は，機体番号ごとに平均距離，平均出発遅延時間，平均到着遅延時間を算出している．

```
> # 機体番号ごとの平均距離・平均出発遅延時間・平均到着遅延時間の算出
> planes <- group_by(flights, tailnum)
> delay <- summarise(planes, Dist = mean(distance, na.rm = TRUE),
+     DepDelay = mean(dep_delay, na.rm = TRUE), ArrDelay = mean(arr_delay, na.rm = TRUE))
> delay
Source: local data frame [4,044 x 4]

   tailnum     Dist   DepDelay    ArrDelay
1           710.2576        NaN         NaN
2    D942DN 854.5000 31.5000000  31.5000000
3    N0EGMQ 676.1887  8.4915254   9.9829545
4    N10156 757.9477 17.8150685  12.7172414
5    N102UW 535.8750  8.0000000   2.9375000
6    N103US 535.1957 -3.1956522  -6.9347826
7    N104UW 535.2553  9.9361702   1.8043478
8    N10575 519.7024 22.6507353  20.6914498
9    N105UW 524.8444  2.5777778  -0.2666667
10   N107US 528.7073 -0.4634146  -5.7317073
..      ...      ...        ...         ...
```

チェイン関数 %>% を用いると，dplyrパッケージの各関数の処理をパイプでつなげることができる．たとえば，次のように，年，月，日ごとに到着遅延時間と出発遅延時間の平均値を算出し，それぞれ50分以上遅延した行を抽出する処理を考えてみよう．

```
> # 年，月，日を集計軸に設定
> a1 <- group_by(flights, year, month, day)
> # 年から日まで，および到着の遅延時間，出発の遅延時間を抽出
```

```
> a2 <- select(a1, year:day, arr_delay, dep_delay)
> # 年ごと月ごと日ごとに到着の遅延時間の平均と出発の遅延時間の平均を算出
> a3 <- summarise(a2, arr = mean(arr_delay, na.rm = TRUE), dep = mean(dep_delay, na.rm = TRUE))
> # 到着の遅延時間が50分以上かつ出発の遅延時間が50分以上の行の抽出
> a4 <- filter(a3, arr >= 50 | dep >= 50)
```

この処理は，次のように関数をネストさせて書きなおすことができる．

```
> # 関数のネストによる処理の連結
> filter(summarise(select(group_by(flights, year, month, day), year:day,
+     arr_delay, dep_delay), arr = mean(arr_delay, na.rm = TRUE), dep = mean(dep_delay,
+     na.rm = TRUE)), arr >= 50 | dep >= 50)
Source: local data frame [12 x 5]
Groups: year, month

   year month day      arr      dep
1  2013     3   8 85.86216 83.53692
2  2013     5  23 61.97090 51.14472
3  2013     6  13 63.75369 45.79083
4  2013     6  24 51.17681 47.15742
5  2013     7   1 58.28050 56.23383
6  2013     7  10 59.62648 52.86070
7  2013     7  22 62.76340 46.66705
8  2013     8   8 55.48116 43.34995
9  2013     9   2 45.51843 53.02955
10 2013     9  12 58.91242 49.95875
11 2013    12   5 51.66625 52.32799
12 2013    12  17 55.87186 40.70560
```

以上のように，関数をネストさせた処理は複雑である．dplyrパッケージが提供するチェイン関数を使用すると，パイプでつなぐことにより人間の思考に近い形で処理を簡潔に記述できる．

```
> # チェイン関数を用いたパイプ処理
> flights %>% group_by(year, month, day) %>% select(year:day, arr_delay, dep_delay) %>%
+     summarise(arr = mean(arr_delay, na.rm = TRUE), dep = mean(dep_delay, na.rm = TRUE)) %>%
+     filter(arr >= 50 | dep >= 50)
Source: local data frame [12 x 5]
Groups: year, month

   year month day      arr      dep
1  2013     3   8 85.86216 83.53692
2  2013     5  23 61.97090 51.14472
3  2013     6  13 63.75369 45.79083
4  2013     6  24 51.17681 47.15742
5  2013     7   1 58.28050 56.23383
6  2013     7  10 59.62648 52.86070
7  2013     7  22 62.76340 46.66705
8  2013     8   8 55.48116 43.34995
9  2013     9   2 45.51843 53.02955
10 2013     9  12 58.91242 49.95875
11 2013    12   5 51.66625 52.32799
12 2013    12  17 55.87186 40.70560
```

本書ではチェイン関数を多用するので，十分に習熟してほしい．

以上がdplyrパッケージの基本的な機能であるが，他にもさまざまな関数が提供されている．summarise_each関数やmutate_each関数は，複数の列に対してそれぞれsummarise関数，mutate関数を実行する．たとえば，flightsデータセットに対して，飛行機の出発の遅延時間(dep_delay)，

到着の遅延時間 (arr_delay) の平均値，中央値，標準偏差を求める場合，summarise_each 関数を用いて以下のように記述する．

```
> library(dplyr)
> data(flights)
> # 出発・到着の遅延時間の平均値，中央値，標準偏差を求める
> summarise_each(select(flights, dep_delay, arr_delay), funs(mean = mean(., na.rm = TRUE),
+     median = median(., na.rm = TRUE), sd = sd(., na.rm = TRUE)))
Source: local data frame [1 x 6]

  dep_delay_mean arr_delay_mean dep_delay_median arr_delay_median
1       12.63907       6.895377               -2               -5
Variables not shown: dep_delay_sd (dbl), arr_delay_sd (dbl)
> # summarise_each関数のmatchesを使用すればselect関数は不要
> summarise_each(flights, funs(mean = mean(., na.rm = TRUE), median = median(., na.rm = TRUE),
+     sd = sd(., na.rm = TRUE)), matches("_delay"))
Source: local data frame [1 x 6]

  dep_delay_mean arr_delay_mean dep_delay_median arr_delay_median
1       12.63907       6.895377               -2               -5
Variables not shown: dep_delay_sd (dbl), arr_delay_sd (dbl)
> # チェイン関数を用いたパイプ処理
> flights %>% summarise_each(funs(mean = mean(., na.rm = TRUE), median = median(., na.rm = TRUE),
+     sd = sd(., na.rm = TRUE)), matches("_delay"))
Source: local data frame [1 x 6]

  dep_delay_mean arr_delay_mean dep_delay_median arr_delay_median
1       12.63907       6.895377               -2               -5
Variables not shown: dep_delay_sd (dbl), arr_delay_sd (dbl)
```

summarise_each 関数の funs 引数の中に集約関数を指定する．"." で各列の値を抽出できるため，上記の例では，欠損値を除去してから平均値，中央値，標準偏差を算出するように指定している．また，matches 引数の中に文字列を記述すると，列名が部分一致する列のみに対して集約処理が行われるように指定できる．最後の例に示したように，summarise_each 関数は，チェイン関数と組み合わせてパイプ処理を行うことも可能である．

mutate_each 関数は，複数の列に対して mutate 関数を実行する．たとえば，飛行機の出発の遅延時間 (dep_delay)，到着の遅延時間 (arr_delay) に対して，正規化する処理について考えてみよう．正規化とは，それぞれの値を平均値で引いた後に標準偏差で割る処理である．これは，Rで標準で提供される base パッケージの scale 関数を用いて実行できる．mutate_each 関数の funs 引数に scale 関数を指定して，正規化する処理を記述すると次のようになる．

```
> # 出発・到着の遅延時間を正規化する
> mutate_each(flights, funs(scale), matches("_delay"))
Source: local data frame [336,776 x 16]

  year month day dep_time  dep_delay arr_time   arr_delay carrier
1 2013     1   1      517 -0.2645873      830  0.09196327      UA
2 2013     1   1      533 -0.2148485      850  0.29360647      UA
3 2013     1   1      542 -0.2645873      923  0.58486888      AA
4 2013     1   1      544 -0.3391955     1004 -0.55777595      B6
5 2013     1   1      554 -0.4635425      812 -0.71460956      DL
6 2013     1   1      554 -0.4138037      740  0.11436807      UA
7 2013     1   1      555 -0.4386731      913  0.27120167      B6
```

```
 8  2013    1   1      557  -0.3889343       709 -0.46815675      EV
 9  2013    1   1      557  -0.3889343       838 -0.33372795      B6
10  2013    1   1      558  -0.3640649       753  0.02474886      AA
..   ...  ...  ...     ...         ...       ...         ...     ...
Variables not shown: tailnum (chr), flight (int), origin (chr), dest
  (chr), air_time (dbl), distance (dbl), hour (dbl), minute (dbl)
> # チェイン関数を用いたパイプ処理も可能
> flights %>% mutate_each(funs(scale), matches("_delay"))
Source: local data frame [336,776 x 16]

   year month day dep_time  dep_delay  arr_time   arr_delay carrier
1  2013    1   1      517  -0.2645873       830  0.09196327      UA
2  2013    1   1      533  -0.2148485       850  0.29360647      UA
3  2013    1   1      542  -0.2645873       923  0.58486888      AA
4  2013    1   1      544  -0.3391955      1004 -0.55777595      B6
5  2013    1   1      554  -0.4635425       812 -0.71460956      DL
6  2013    1   1      554  -0.4138037       740  0.11436807      UA
7  2013    1   1      555  -0.4386731       913  0.27120167      B6
8  2013    1   1      557  -0.3889343       709 -0.46815675      EV
9  2013    1   1      557  -0.3889343       838 -0.33372795      B6
10 2013    1   1      558  -0.3640649       753  0.02474886      AA
..  ...  ...  ...     ...         ...       ...         ...      ...
Variables not shown: tailnum (chr), flight (int), origin (chr), dest
  (chr), air_time (dbl), distance (dbl), hour (dbl), minute (dbl)
```

summarise_each関数のときと同様にして，matches引数にマッチさせたい列名の部分文字列を指定することにより，dep_delay, arr_delayのみに対して正規化処理が行われていることを確認できる．

dplyrパッケージには，データベースと連携するための関数も用意されている．詳細については，市川の解説記事[113]が参考になる．

2.2.2 テーブルの結合

データフレームを結合するためには，標準のRではmerge関数を使用する．また，2.2.1項で取り上げたdplyrパッケージのjoin関数群を用いて高速に結合することもできる．ここでは，nycflights13パッケージのflightsデータセットおよびairportsデータセットを結合する実行例を示そう．

まず，airportsデータセットは以下に示すように，各空港の空港のコード(faa)，空港名(name)，緯度(lat)，経度(lon)，標高(alt)，タイムゾーン(tz)，サマータイムの種別(dst)を収録している．

```
> library(dplyr)
> # airportsデータセット
> data(airports)
> airports
Source: local data frame [1,397 x 7]

  faa                           name      lat       lon  alt tz dst
1 04G               Lansdowne Airport 41.13047 -80.61958 1044 -5   A
2 06A     Moton Field Municipal Airport 32.46057 -85.68003  264 -5   A
3 06C              Schaumburg Regional 41.98934 -88.10124  801 -6   A
4 06N                 Randall Airport 41.43191 -74.39156  523 -5   A
5 09J            Jekyll Island Airport 31.07447 -81.42778   11 -4   A
6 0A9 Elizabethton Municipal Airport 36.37122 -82.17342 1593 -4   A
7 0G6           Williams County Airport 41.46731 -84.50678  730 -5   A
```

```
8   0G7   Finger Lakes Regional Airport 42.88356  -76.78123   492 -5  A
9   0P2   Shoestring Aviation Airfield  39.79482  -76.64719  1000 -5  U
10  0S9            Jefferson County Intl 48.05381 -122.81064   108 -8  A
..  ...                             ...      ...       ...   ... ... ...
```

出発地の空港のコードをキーとして，flightsデータセットとairportsデータセットをジョインしてみよう．使用するflightsデータセットの項目はorigin，airportsデータセットの項目はfaaである．内部結合はinner_join関数，外部結合はleft_join関数を用いて実行する．それぞれの関数のby引数に結合させる項目名の文字列を"="で結びつける式を記述する．

```
> # 内部結合
> inner_join(flights, airports, by = c(origin = "faa"))
Source: local data frame [336,776 x 22]

   year month day dep_time dep_delay arr_time arr_delay carrier
1  2013     1   1      517         2      830        11      UA
2  2013     1   1      533         4      850        20      UA
3  2013     1   1      542         2      923        33      AA
4  2013     1   1      544        -1     1004       -18      B6
5  2013     1   1      554        -6      812       -25      DL
6  2013     1   1      554        -4      740        12      UA
7  2013     1   1      555        -5      913        19      B6
8  2013     1   1      557        -3      709       -14      EV
9  2013     1   1      557        -3      838        -8      B6
10 2013     1   1      558        -2      753         8      AA
.. ...   ... ...      ...       ...      ...       ...     ...
Variables not shown: tailnum (chr), flight (int), origin (chr), dest
  (chr), air_time (dbl), distance (dbl), hour (dbl), minute (dbl),
  name (chr), lat (dbl), lon (dbl), alt (int), tz (dbl), dst (chr)
> # 外部結合
> left_join(flights, airports, by = c(origin = "faa"))
Source: local data frame [336,776 x 22]

   year month day dep_time dep_delay arr_time arr_delay carrier
1  2013     1   1      517         2      830        11      UA
2  2013     1   1      533         4      850        20      UA
3  2013     1   1      542         2      923        33      AA
4  2013     1   1      544        -1     1004       -18      B6
5  2013     1   1      554        -6      812       -25      DL
6  2013     1   1      554        -4      740        12      UA
7  2013     1   1      555        -5      913        19      B6
8  2013     1   1      557        -3      709       -14      EV
9  2013     1   1      557        -3      838        -8      B6
10 2013     1   1      558        -2      753         8      AA
.. ...   ... ...      ...       ...      ...       ...     ...
Variables not shown: tailnum (chr), flight (int), origin (chr), dest
  (chr), air_time (dbl), distance (dbl), hour (dbl), minute (dbl),
  name (chr), lat (dbl), lon (dbl), alt (int), tz (dbl), dst (chr)
```

2.2.3 テーブルの形式の変換

データフレームは行列の形をしたRに特有のデータ形式である．データフレームで表現するデータの形式は，大別するとwide形式（横持ち形式）とlong形式（縦持ち形式）の2つがあるが，これらはreshapeパッケージを用いると互いに変換できる[43]．wide形式とは，端的にいうとデータ項目が横に並んだ形式であり，long形式とは項目名とその値の組合せが縦に並んだ形式である．reshapeの機能をさらに拡張したreshape2パッケージが提供されている．ここではこのパッケージ

の使い方について説明する．reshape2パッケージは，本書執筆時点ではCRANからインストールできる．

```
> # reshape2パッケージのインストール
> install.packages("reshape2", quiet = TRUE)
```

wide形式からlong形式に変換するためには，reshape2パッケージのmelt関数を使用する．ここでは，reshape2パッケージのsmithsデータセットに対してwide形式からlong形式に変換してみよう．

```
> library(reshape2)
> data(smiths)
> smiths
    subject time age weight height
1 John Smith    1  33     90   1.87
2 Mary Smith    1  NA     NA   1.54
> # wide形式からlong形式への変換
> melt(smiths)
    subject variable  value
1 John Smith     time   1.00
2 Mary Smith     time   1.00
3 John Smith      age  33.00
4 Mary Smith      age     NA
5 John Smith   weight  90.00
6 Mary Smith   weight     NA
7 John Smith   height   1.87
8 Mary Smith   height   1.54
> melt(smiths, id = c("subject", "time"), measured = c("age", "weight", "height"))
    subject time variable  value
1 John Smith    1      age  33.00
2 Mary Smith    1      age     NA
3 John Smith    1   weight  90.00
4 Mary Smith    1   weight     NA
5 John Smith    1   height   1.87
6 Mary Smith    1   height   1.54
```

以上では，wide形式からlong形式に変換したときに欠損値が残っている．melt関数のna.rm引数をTRUEに指定することによって，欠損値のレコードを削除できる．

```
> # 欠損値のレコードの削除
> melt(smiths, na.rm = TRUE)
    subject variable  value
1 John Smith     time   1.00
2 Mary Smith     time   1.00
3 John Smith      age  33.00
5 John Smith   weight  90.00
7 John Smith   height   1.87
8 Mary Smith   height   1.54
```

long形式をwide形式に変換するためには，同じくreshape2パッケージのdcast関数を使用する．

```
> # long形式からwide形式への変換
> smithsm <- melt(smiths)
> smithsm
    subject variable  value
1 John Smith     time   1.00
2 Mary Smith     time   1.00
3 John Smith      age  33.00
```

```
4 Mary Smith        age      NA
5 John Smith     weight   90.00
6 Mary Smith     weight      NA
7 John Smith     height    1.87
8 Mary Smith     height    1.54
> dcast(smithsm, ... ~ variable)
     subject time age weight height
1 John Smith    1  33     90   1.87
2 Mary Smith    1  NA     NA   1.54
> dcast(smithsm, ... ~ subject)
  variable John Smith Mary Smith
1     time       1.00       1.00
2      age      33.00         NA
3   weight      90.00         NA
4   height       1.87       1.54
```

最近，Hadley Wickham により開発された tidyr パッケージは，より効率的に long 形式のデータフレームと wide 形式のデータフレームを変換する．tidyr パッケージは "tidy data"[45] というコンセプトのもとに開発されている．本書執筆時点では，tidyr パッケージは CRAN からインストールできる．

```
> # tidyrパッケージのインストール
> install.packages("tidyr", quiet = TRUE)
```

gather 関数は，reshape2 パッケージの melt 関数に相当し，複数列にまたがっていた値をカテゴリ変数と値の列に変換することで，wide 形式のデータフレームを long 形式に変換する．

```
> # gather関数によるwide形式からlong形式への変換
> library(tidyr)
> iris.l <- gather(iris, variable, value, -Species)
> head(iris.l, 3)
  Species     variable value
1  setosa Sepal.Length   5.1
2  setosa Sepal.Length   4.9
3  setosa Sepal.Length   4.7
```

spread 関数は，reshape2 パッケージの dcast 関数に相当し，long 形式のデータフレームを wide 形式に変換する．

```
> # spread関数によるlong形式からwide形式への変換
> library(dplyr)
> iris.mean <- iris.l %>% group_by(Species, variable) %>% summarise(mean = mean(value))
> iris.w <- spread(iris.mean, variable, mean)
> iris.w
Source: local data frame [3 x 5]

     Species Sepal.Length Sepal.Width Petal.Length Petal.Width
1     setosa        5.006       3.428        1.462       0.246
2 versicolor        5.936       2.770        4.260       1.326
3  virginica        6.588       2.974        5.552       2.026
```

separate 関数は，reshape2 パッケージの colsplit 関数に相当し，キーとなる列を複数の列に分割する．

```
> # separate関数による列の分割
> iris.l <- gather(iris, variable, value, -Species)
> iris.l.sep <- separate(iris.l, variable, c("part", "variable"))
> head(iris.l.sep, 3)
  Species  part variable value
1  setosa Sepal   Length   5.1
2  setosa Sepal   Length   4.9
3  setosa Sepal   Length   4.7
```

unite関数は，separate関数の逆で複数列の値を一列に結合する．

```
> # unite関数による複数列の結合
> iris.l.sep %>% unite("var", c(part, variable), sep = ".") %>% head(3)
  Species          var value
1  setosa Sepal.Length   5.1
2  setosa Sepal.Length   4.9
3  setosa Sepal.Length   4.7
```

2.3 データテーブルのハンドリング

data.tableパッケージは，データフレームの多くの機能を継承した「データテーブル」というデータ型，およびそのデータテーブルに対する処理を提供するパッケージである．キーの設定，バイナリサーチを用いた高速な検索，グループごとの処理などを提供し，データフレームに対する処理と比較して高速であることが特長である．data.tableパッケージは，本書執筆時点ではCRANからインストールできる．

```
> # data.tableパッケージのインストール
> install.packages("data.table", quiet = TRUE)
```

2.3.1 データの読み込み

data.tableパッケージでデータを読み込むためにはfread関数を使用する．次の例では，fread関数を用いて2.1.1項で用いたフライトデータを読み込んで，al.2008.dtという名前のデータテーブル型のオブジェクトを生成している．なお，データの格納場所は"data/DataExpo2009/"としている．

```
> # データの読み込み
> library(data.table)
> system.time(al.2008.dt <- fread("data/DataExpo2009/2008.csv"))

Read 1.0% of 7009728 rows
Read 17.3% of 7009728 rows
Read 34.0% of 7009728 rows
Read 50.6% of 7009728 rows
Read 67.0% of 7009728 rows
Read 83.7% of 7009728 rows
Read 7009728 rows and 29 (of 29) columns from 0.642 GB file in 00:00:09
   user  system elapsed
  7.798   0.271   8.076
```

上記の結果を確認すると，read.csv関数で約96.5秒要していた読み込み処理が，fread関数を用

いた場合は約8.1秒に短縮できていることがわかる．このようにして読み込んだデータの型やサイズは，以下のようにして確認する．

```
> # データ型の確認
> class(al.2008.dt)
[1] "data.table" "data.frame"
> # データのサイズの確認
> dim(al.2008.dt)
[1] 7009728      29
```

メモリ上に生成されたデータテーブルのリストは，以下のように tables 関数を用いて確認できる．生成されたデータテーブルのオブジェクト名 (NAME)，行数 (NROW)，列数 (NCOL)，データサイズ (MB)，列名 (COLS)，キー (KEY) が表示されていることを確認できる．

```
> # メモリ上に生成されたデータテーブルのリストの確認
> tables()
     NAME              NROW NCOL  MB
[1,] al.2008.dt 7,009,728   29 910
     COLS
[1,] Year,Month,DayofMonth,DayOfWeek,DepTime,CRSDepTime,ArrTime,CRSArrTime,UniqueCarr
     KEY
[1,]
Total: 910MB
```

2.3.2 要素の抽出

行の抽出は，通常のデータフレームと同様に添字を指定して実行する．

```
> # 1-2行目の抽出
> al.2008.dt[1:2, ]
   Year Month DayofMonth DayOfWeek DepTime CRSDepTime ArrTime
1: 2008     1          3         4    2003       1955    2211
2: 2008     1          3         4     754        735    1002
   CRSArrTime UniqueCarrier FlightNum TailNum ActualElapsedTime
1:       2225            WN       335  N712SW               128
2:       1000            WN      3231  N772SW               128
   CRSElapsedTime AirTime ArrDelay DepDelay Origin Dest Distance
1:            150     116      -14        8    IAD  TPA      810
2:            145     113        2       19    IAD  TPA      810
   TaxiIn TaxiOut Cancelled CancellationCode Diverted CarrierDelay
1:      4       8         0                         0           NA
2:      5      10         0                         0           NA
   WeatherDelay NASDelay SecurityDelay LateAircraftDelay
1:           NA       NA            NA                NA
2:           NA       NA            NA                NA
```

列の抽出は，通常のデータフレームとは異なり，抽出する列名を list の要素にして指定したり，with=FALSE のオプションをつけて列番号や列名を指定したりすることにより実行する．

```
> # 1-2行目，1-3列目の抽出
> al.2008.dt[1:2, list(Year, Month, DayofMonth)]
   Year Month DayofMonth
1: 2008     1          3
2: 2008     1          3
> al.2008.dt[1:2, 1:3, with = FALSE]
   Year Month DayofMonth
1: 2008     1          3
2: 2008     1          3
```

キーを設定するには setkey 関数を用いる．以下の例では，月 (Month)，曜日 (DayOfWeek) の 2 つをキーに設定している．

```
> # 曜日をキーに設定
> setkey(al.2008.dt, Month, DayOfWeek)
> # キーが設定されていることを確認
> tables()
     NAME            NROW  NCOL  MB
[1,] al.2008.dt 7,009,728   29  910
     COLS
[1,] Year,Month,DayofMonth,DayOfWeek,DepTime,CRSDepTime,ArrTime,CRSArrTime,UniqueCarr
     KEY
[1,] Month,DayOfWeek
Total: 910MB
```

キーを設定することで，バイナリサーチによりデータを高速に抽出することが可能になる．以下の例では，4 月の月曜日を抽出している．

```
> # 4月月曜日のフライトデータの抽出
> al.2008.dt[J(4, 1)]
        Year Month DayofMonth DayOfWeek DepTime CRSDepTime ArrTime
    1:  2008     4          7         1    1950       1955    2153
    2:  2008     4          7         1     858        900    1423
    3:  2008     4          7         1     909        910    1138
    4:  2008     4          7         1     649        655     920
    5:  2008     4          7         1    1312       1315    1541
   ---
82459:  2008     4         14         1    1830       1829    1945
82460:  2008     4         14         1      NA       1930      NA
82461:  2008     4         14         1    1929       1930    2038
82462:  2008     4         14         1    2030       2030    2146
82463:  2008     4         14         1    2042       2030    2202
        CRSArrTime UniqueCarrier FlightNum TailNum ActualElapsedTime
    1:        2150            WN       609  N623SW                63
    2:        1435            WN      3257  N795SW               205
    3:        1145            WN        77  N694SW                89
    4:         930            WN        87  N342SW                91
    5:        1550            WN       214  N770SA                89
   ---
82459:        1951            DL      1965  N914DE                75
82460:        2046            DL      1966  N908DE                NA
82461:        2049            DL      1967  N909DE                69
82462:        2147            DL      1968  N914DE                76
82463:        2149            DL      1969  N908DE                80
        CRSElapsedTime AirTime ArrDelay DepDelay Origin Dest Distance
    1:              55      43        3       -5    ABQ  AMA      277
    2:             215     194      -12       -2    ABQ  BWI     1670
    3:              95      78       -7       -1    ABQ  DAL      580
    4:              95      78      -10       -6    ABQ  DAL      580
    5:              95      78       -9       -3    ABQ  DAL      580
   ---
82459:              82      46       -6        1    LGA  DCA      214
82460:              76      NA       NA       NA    DCA  LGA      214
82461:              79      38      -11       -1    LGA  DCA      214
82462:              77      50       -1        0    DCA  LGA      214
82463:              79      43       13       12    LGA  DCA      214
        TaxiIn TaxiOut Cancelled CancellationCode Diverted
    1:       6      14         0                         0
    2:       4       7         0                         0
    3:       4       7         0                         0
    4:       3      10         0                         0
    5:       3       8         0                         0
```

```
        ---
82459:       3    26       0                       0
82460:      NA    NA       1           A           0
82461:       4    27       0                       0
82462:       3    23       0                       0
82463:       4    33       0                       0
        CarrierDelay WeatherDelay NASDelay SecurityDelay
    1:            NA           NA       NA            NA
    2:            NA           NA       NA            NA
    3:            NA           NA       NA            NA
    4:            NA           NA       NA            NA
    5:            NA           NA       NA            NA
        ---
82459:            NA           NA       NA            NA
82460:            NA           NA       NA            NA
82461:            NA           NA       NA            NA
82462:            NA           NA       NA            NA
82463:            NA           NA       NA            NA
        LateAircraftDelay
    1:                 NA
    2:                 NA
    3:                 NA
    4:                 NA
    5:                 NA
        ---
82459:                 NA
82460:                 NA
82461:                 NA
82462:                 NA
82463:                 NA
```

data.tableパッケージを用いるとテーブルの結合も高速化できる．次の例は，それぞれのデータセットをデータテーブルに変換し，キーを設定した後に，flightsデータセットとairportsデータセットを内部結合および外部結合している．

```
> library(data.table)
> library(nycflights13)
> # データテーブルへの変換
> flights.dt <- data.table(flights)
> airports.dt <- data.table(airports)
> # キーの設定
> setkey(flights.dt, origin)
> setkey(airports.dt, faa)
> # 内部結合
> flights.dt[airports.dt, nomatch = 0]
        year month day dep_time dep_delay arr_time arr_delay carrier
    1:  2013     1   1      517         2      830        11      UA
    2:  2013     1   1      554        -4      740        12      UA
    3:  2013     1   1      555        -5      913        19      B6
    4:  2013     1   1      558        -2      923       -14      UA
    5:  2013     1   1      559        -1      854        -8      UA
        ---
336772: 2013     9  30       NA        NA       NA        NA      EV
336773: 2013     9  30       NA        NA       NA        NA      9E
336774: 2013     9  30       NA        NA       NA        NA      MQ
336775: 2013     9  30       NA        NA       NA        NA      MQ
336776: 2013     9  30       NA        NA       NA        NA      MQ
        tailnum flight origin dest air_time distance hour minute
    1:   N14228   1545    EWR  IAH      227     1400    5     17
    2:   N39463   1696    EWR  ORD      150      719    5     54
```

```
     3:  N516JB  507   EWR  FLL  158  1065  5  55
     4:  N53441  1124  EWR  SFO  361  2565  5  58
     5:  N76515  1187  EWR  LAS  337  2227  5  59
    ---
336772:  N740EV  5274  LGA  BNA  NA   764   NA NA
336773:          3525  LGA  SYR  NA   198   NA NA
336774:  N535MQ  3461  LGA  BNA  NA   764   NA NA
336775:  N511MQ  3572  LGA  CLE  NA   419   NA NA
336776:  N839MQ  3531  LGA  RDU  NA   431   NA NA
                  name             lat      lon     alt tz dst
     1: Newark Liberty Intl 40.69250 -74.16867  18 -5  A
     2: Newark Liberty Intl 40.69250 -74.16867  18 -5  A
     3: Newark Liberty Intl 40.69250 -74.16867  18 -5  A
     4: Newark Liberty Intl 40.69250 -74.16867  18 -5  A
     5: Newark Liberty Intl 40.69250 -74.16867  18 -5  A
    ---
336772:         La Guardia 40.77725 -73.87261  22 -5  A
336773:         La Guardia 40.77725 -73.87261  22 -5  A
336774:         La Guardia 40.77725 -73.87261  22 -5  A
336775:         La Guardia 40.77725 -73.87261  22 -5  A
336776:         La Guardia 40.77725 -73.87261  22 -5  A
> # 外部結合(airports.dtをflights.dtに右結合)
> airports.dt[flights.dt, nomatch=NA]
        faa         name              lat      lon     alt tz dst year
     1: EWR Newark Liberty Intl 40.69250 -74.16867  18 -5  A  2013
     2: EWR Newark Liberty Intl 40.69250 -74.16867  18 -5  A  2013
     3: EWR Newark Liberty Intl 40.69250 -74.16867  18 -5  A  2013
     4: EWR Newark Liberty Intl 40.69250 -74.16867  18 -5  A  2013
     5: EWR Newark Liberty Intl 40.69250 -74.16867  18 -5  A  2013
    ---
336772: LGA         La Guardia 40.77725 -73.87261  22 -5  A  2013
336773: LGA         La Guardia 40.77725 -73.87261  22 -5  A  2013
336774: LGA         La Guardia 40.77725 -73.87261  22 -5  A  2013
336775: LGA         La Guardia 40.77725 -73.87261  22 -5  A  2013
336776: LGA         La Guardia 40.77725 -73.87261  22 -5  A  2013
        month day dep_time dep_delay arr_time arr_delay carrier
     1:   1    1    517        2      830       11        UA
     2:   1    1    554       -4      740       12        UA
     3:   1    1    555       -5      913       19        B6
     4:   1    1    558       -2      923      -14        UA
     5:   1    1    559       -1      854       -8        UA
    ---
336772:   9   30    NA       NA       NA       NA         EV
336773:   9   30    NA       NA       NA       NA         9E
336774:   9   30    NA       NA       NA       NA         MQ
336775:   9   30    NA       NA       NA       NA         MQ
336776:   9   30    NA       NA       NA       NA         MQ
        tailnum flight dest air_time distance hour minute
     1: N14228   1545   IAH   227     1400     5    17
     2: N39463   1696   ORD   150      719     5    54
     3: N516JB    507   FLL   158     1065     5    55
     4: N53441   1124   SFO   361     2565     5    58
     5: N76515   1187   LAS   337     2227     5    59
    ---
336772: N740EV   5274   BNA    NA      764     NA    NA
336773:          3525   SYR    NA      198     NA    NA
336774: N535MQ   3461   BNA    NA      764     NA    NA
336775: N511MQ   3572   CLE    NA      419     NA    NA
336776: N839MQ   3531   RDU    NA      431     NA    NA
```

第3章

前処理・変換

　前処理・変換は，得られたデータを分析手法が適用できる形にするまでの処理である．データのクレンジング (cleansing) と呼ばれることも多い．この処理には実にさまざまなものがあるが，本書では以下について説明する．

- データの記述・要約（3.1節）
  分析対象とするデータがどのような項目をもっているかについて調べ，要約統計量や相関係数の算出，ヒストグラムや散布図などのプロットにより，データの分布や項目間の関係などについて調べる．また，この過程でデータに欠損値や外れ値などが存在することなどが認識される．

- 欠損値への対応（3.2節）
  現実のデータは，値が入力されておらず欠損が生じていることが多い．このようなデータのことを欠損値 (missing data, missing value) と呼ぶ．統計学や機械学習の手法の多くは，欠損値が存在しないことを前提としている．そのため，こうした手法を適用するためには欠損値に対して，データの除去や補完を行う必要がある．

- 外れ値の検出（3.3節）
  現実のデータには，他のデータに比べて値が著しく異なるデータが存在することがある．このようなデータを外れ値 (outlier) と呼ぶ．外れ値をそのまま分析手法に入力すると，外れ値の影響で分析結果が大きく変わってしまい，データの実態とかけ離れてしまう可能性がある．このような事態を避けるために，外れ値を検出し，データの除去や置換など然るべき対応を考える必要がある．

- 連続データの離散化（3.4節）
  連続値のデータを離散化する．これは，データの理解を促進させたり，4.1節で説明する予測モデルなどを構築する際に，外れ値が存在する場合などに分析手法を適用するうえで重要である．

- 属性選択（3.5節）
  データ分析では一般に膨大な量の属性を扱うことが多い．こうした属性の中から重要なものを選択するタスクを属性選択 (feature selection) と呼ぶ．属性選択を行うことによって，モデルの精度を向上させたり計算量を削減させたりすることが可能になる．

本書では紙面の関係上割愛したが，他にも情報量をなるべく損ねずにより少ない数の新しいデータ項目を作成する次元削減 (dimension reduction)，データ単位をそろえる正規化 (normalization) などもある．データの前処理や変換について重点的に扱った文献として，元田ら [115]，Pyle[79] などがある．

また，Garcia らの前処理について扱った書籍 [88] は，非常に多岐にわたる前処理のテーマを包括的に扱っており大変参考になる．是非一読されたい．

3.1 データの記述・要約

分析対象とするデータを読み込んだ後，データの特徴について理解する．そのためには，データの特徴を端的に記述する統計量の算出や適切な可視化が必要である．本節では，その方法について説明する．

3.1.1 要約統計量の算出

データ項目ごとの特徴を理解するために有力な方法は，統計量を算出することである．このような統計量は要約統計量 (summary statistics) と呼ばれている．要約統計量は，summary 関数を用いて項目ごとに算出する．次の例は，iris データセットの要約統計量を算出している．

```
> # irisデータセットの要約統計量の算出
> summary(iris)
  Sepal.Length    Sepal.Width     Petal.Length    Petal.Width
 Min.   :4.300   Min.   :2.000   Min.   :1.000   Min.   :0.100
 1st Qu.:5.100   1st Qu.:2.800   1st Qu.:1.600   1st Qu.:0.300
 Median :5.800   Median :3.000   Median :4.350   Median :1.300
 Mean   :5.843   Mean   :3.057   Mean   :3.758   Mean   :1.199
 3rd Qu.:6.400   3rd Qu.:3.300   3rd Qu.:5.100   3rd Qu.:1.800
 Max.   :7.900   Max.   :4.400   Max.   :6.900   Max.   :2.500
       Species
 setosa    :50
 versicolor:50
 virginica :50
```

iris データセットは 5 項目から構成されており，第 1〜4 項目は数値，第 5 項目はカテゴリ変数である．数値に対しては最小値，中央値，平均値，最大値などの統計量が算出されており，カテゴリ変数に対しては各カテゴリのデータ数が集計されている．

上記の iris データセットには欠損値が存在しないが，実際の分析対象となるデータには欠損値が存在していることも多い．著者の経験では，各項目で欠損値がどの程度存在しているかについて調べることが，その後の分析方針を策定するうえで足がかりとなることも多い．次の例では，airquality データセットに対して summary 関数を適用して要約統計量を算出している．項目 Ozone で 37 行，項目 Solar.R で 7 行欠損値が存在していることを確認できる．

```
> # airqualityデータセットの要約
> summary(airquality)
     Ozone           Solar.R           Wind             Temp
 Min.   :  1.00   Min.   :  7.0   Min.   : 1.700   Min.   :56.00
 1st Qu.: 18.00   1st Qu.:115.8   1st Qu.: 7.400   1st Qu.:72.00
 Median : 31.50   Median :205.0   Median : 9.700   Median :79.00
```

```
 Mean   : 42.13   Mean   :185.9   Mean   : 9.958   Mean   :77.88
 3rd Qu.: 63.25   3rd Qu.:258.8   3rd Qu.:11.500   3rd Qu.:85.00
 Max.   :168.00   Max.   :334.0   Max.   :20.700   Max.   :97.00
 NA's   :37       NA's   :7
     Month            Day
 Min.   :5.000   Min.   : 1.0
 1st Qu.:6.000   1st Qu.: 8.0
 Median :7.000   Median :16.0
 Mean   :6.993   Mean   :15.8
 3rd Qu.:8.000   3rd Qu.:23.0
 Max.   :9.000   Max.   :31.0

> # データの行数・列数の確認
> dim(airquality)
[1] 153   6
```

summary関数は結果がコンソールに出力されるため，列数が多いデータに対してはコンソールが結果で埋め尽くされてしまい見づらくなってしまうという問題点がある．そこで，lapply関数を用いて各列に対してsummary関数を適用し結果をリスト形式で保持することにより，この問題を回避できる．次の例では，ISLRパッケージのCaravanデータセットに対してsummary関数を適用して列ごとに要約統計量を算出し，リストで返している．

```
> # 列ごとに要約統計量を算出しリストで返す
> library(ISLR)
> data(Caravan)
> # 列ごとの要約統計量の算出
> sm.Caravan <- lapply(Caravan, summary)
> # 列Purchaseの要約統計量
> sm.Caravan[["Purchase"]]
  No  Yes
5474  348
> # 列MOSTYPEの要約統計量
> sm.Caravan[["MOSTYPE"]]
   Min. 1st Qu.  Median    Mean 3rd Qu.    Max.
   1.00   10.00   30.00   24.25   35.00   41.00
```

3.1.2 データ項目間の関係の理解

データ項目間の関係性を調べるための有力な方法として，相関係数を算出することがある．データ項目 x と y の相関係数 r は，x と y の共分散をそれぞれの標準偏差で除した統計学的な指標である．すなわち，共分散 $cov(x, y)$ と標準偏差 $var(x), var(y)$ を用いて，以下の式で定義される．

$$r = \frac{cov(x, y)}{var(x)var(y)} \tag{3.1}$$

$$= \frac{\sum_{i=1}^{N}(x_i - \bar{x})(y_i - \bar{y})}{\sqrt{\sum_{i=1}^{N}(x_i - \bar{x})^2}\sqrt{\sum_{i=1}^{N}(y_i - \bar{y})^2}} \tag{3.2}$$

ここで，x_i, y_i はそれぞれ x と y の i 番目のデータであり，$\bar{x}, \bar{y}$ はそれぞれ x_i, y_i のサンプルに関する平均である．すなわち，

$$\bar{x} = \frac{1}{N}\sum_{i=1}^{N} x_i \tag{3.3}$$

$$\bar{y} = \frac{1}{N}\sum_{i=1}^{N} y_i \tag{3.4}$$

である．

相関係数はRに標準で提供されているstatsパッケージのcor関数を用いて算出できる．次の例は，irisデータセットの相関係数を算出している．

```
> # irisデータセットの相関係数の算出
> cor(subset(iris, select = -Species))
             Sepal.Length Sepal.Width Petal.Length Petal.Width
Sepal.Length    1.0000000  -0.1175698    0.8717538   0.8179411
Sepal.Width    -0.1175698   1.0000000   -0.4284401  -0.3661259
Petal.Length    0.8717538  -0.4284401    1.0000000   0.9628654
Petal.Width     0.8179411  -0.3661259    0.9628654   1.0000000
```

Sepal.Length, Sepal.Width, Petal.Length, Petal.Widthの相関係数が算出されていることを確認できる．この結果を見ると，特に値が大きい相関係数は

- Sepal.LengthとPetal.Lengthは0.8717538
- Sepal.LengthとPetal.Widthは0.8179411
- Petal.LengthとPetal.Widthは0.9628654

となっていることがわかる．

データ間の相関を確認するためには，多変量連関図が用いられることが多い．最も簡便に多変量連関図をプロットするにはpairs関数を使用する．次の例は，irisデータセットの多変量連関図をプロットしている．

```
> # irisデータセットの多変量連関図のプロット(pairs関数)
> pairs(iris)
```

図3.1を見ると，2つの項目間の散布図がプロットされていることを確認できる．しかし，Speciesはアヤメの種別を表す項目でありカテゴリ変数で表されているものの，ここでは数字の1, 2, 3として表現されている．そのため，実態を把握しづらいという問題点がある．このような問題点を解決して適切な多変量連関図をプロットするものとして，GGallyパッケージのggpairs関数などがある．

GGallyパッケージのggpairs関数を用いると，2つのデータ項目間の相関係数などの統計量も算出できる．GGallyパッケージは，本書執筆時点ではCRANからインストールできる．

```
> # GGallyパッケージのインストール
> install.packages("GGally", quiet = TRUE)
> # irisデータセットの多変量連関図のプロット(ggpairs関数)
> library(GGally)
> ggpairs(iris, colour = "Species", shape = "Species", pointsize = 10)
```

図3.2を見ると，ggpairs関数が出力する散布図について，以下の点を確認できる．

- 多変量連関図の対角成分には，アヤメの種別ごとにデータ項目の分布がプロットされている．
- 下対角成分には，アヤメの種別ごとに点の種類と色を変えながら2つのデータ項目の散布図が

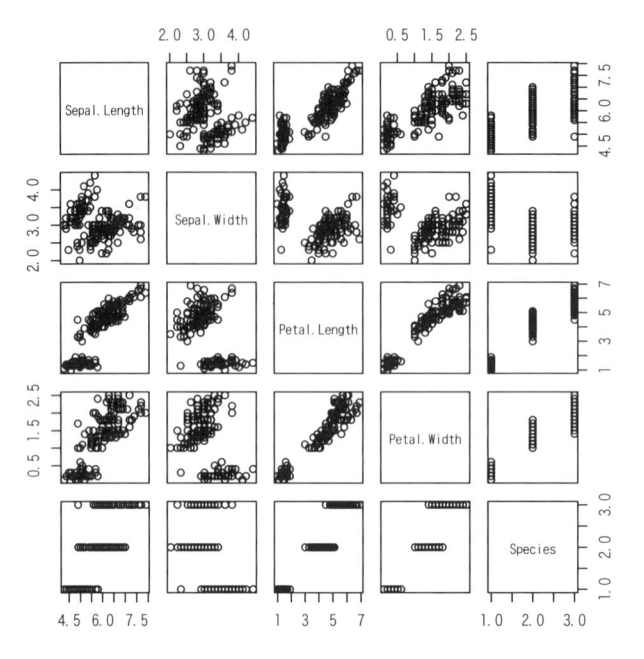

図3.1　irisデータセットの多変量連関図（pairs関数を使用）

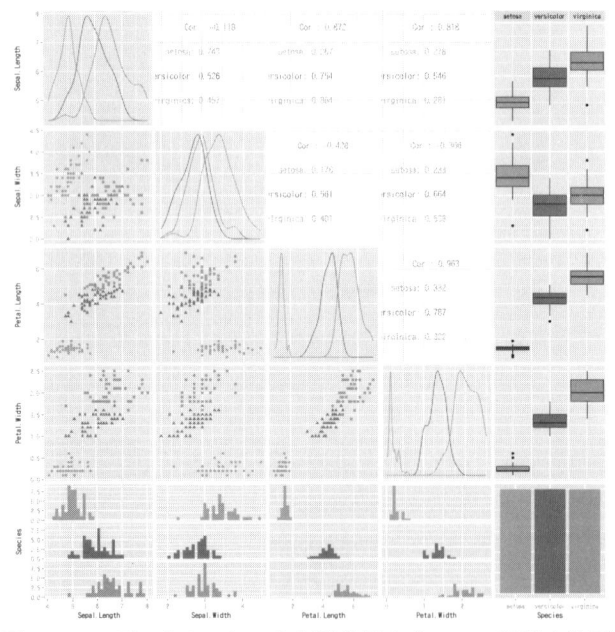

図3.2　irisデータセットの多変量連関図（ggpairs関数を使用）

プロットされている．
- 上対角成分には，2つのデータ項目の相関係数が算出されている．

tabplotパッケージのtableplot関数を用いると，データフレームの項目間の関係性について直

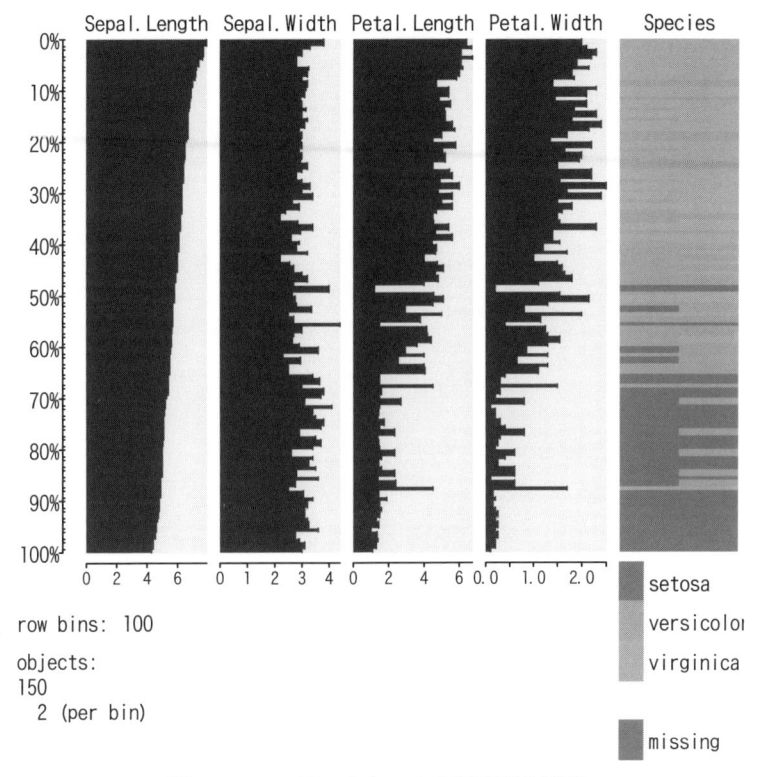

図3.3 irisデータセットの項目間の関係

感的に把握するための可視化が可能になる．tabplotパッケージは，本書執筆時点ではCRANからインストールできる．

```
> # tabplotパッケージのインストール
> install.packages("tabplot", quiet = TRUE)
```

次の例では，irisデータセットの項目間の関係性を可視化している．

```
> # tableplot関数によるデータフレームの各項目の可視化
> library(tabplot)
> tableplot(iris)
```

図3.3は，項目Sepal.Lengthの降順でレコードがソートされており，それに対応する項目Sepal.Width，Petal.Length，Petal.Widthの値，およびアヤメの種別を表す項目Speciesの割合が表示されている．この図を見ると，

- Sepal.Lengthが大きいとPetal.LengthやPetal.Widthも概ね大きく，種別はvirginicaやversicolorが多くなる．
- Sepal.Lengthが小さいとPetal.LengthやPetal.Widthも概ね小さく，種別はsetosaの割合が多くなる．

というように，データの項目の組合せに関して概要を理解することが可能になる．

以降では，特に断りがない限り ggplot2 パッケージを用いてデータを可視化する．本書では紙面の関係上，このパッケージの使用方法について詳しくは説明しない．ggplot2 パッケージの使用方法については，作者の Hadley Wickham が解説しているページ [7] や専門的に解説した書籍 [44, 100] を参照してほしい．また，本 Useful R シリーズの第 4 巻「戦略的データマイニング」[119] には，Microsoft Excel と ggplot2 パッケージを対応させた明快な説明がある．

ggplot2 パッケージは，本書執筆時点では CRAN からインストールできる．

```
> # ggplot2パッケージのインストール
> install.packages("ggplot2", quiet = TRUE)
```

3.2　欠損値への対応

現実で分析するデータには，大半の場合，多かれ少なかれ欠損値が存在している．多くの統計解析や機械学習の手法は，欠損値が存在していないことを前提としている．そのため，欠損値が存在するとそのままでは手法が適用できなかったり，欠損値が存在しないデータのみが分析対象となってしまったりする．このような欠損値に対する考え方と処理について説明する．

3.2.1　欠損値が発生するメカニズム

欠損値はなぜ発生するのだろうか．Rubin[86] によると，欠損値が発生するメカニズムとして，MCAR(Missing Completely At Random)，MAR(Missing At Random)，MNAR(Missing Not At Random) の 3 つが提案されている．

- MCAR(Missing Completely At Random)
  MCAR とは，欠損値が完全にランダムに発生しているケースである．すなわち，分析に含まれる他の変数やその変数自体の値と欠損値の有無が無関係である場合，そのデータは完全にランダムに欠損している (Missing Completely At Random) という．
- MAR(Missing At Random)
  MAR とは，欠損値の有無は，他の変数の値と関係しているが，その変数の値とは無関係であるケースである．欠損値の有無が他の変数と関係する点が MCAR との相違点である．
- MNAR(Missing Not At Random)
  MNAR とは，分析に含まれる他の変数を統制しても，欠損値の有無が欠損値をもつ変数自身と関係をもつケースである．

Enders による欠損値に関する書籍 [23] を参考に，MCAR，MAR，MNAR の理解を深めよう．Enders[23] では，以下の 20 名の従業員の IQ（Intelligence Quotient，知能指数）と JobPerformance（業務成果）の関係を表した以下のデータを用いて，これらの欠損のメカニズムが説明されている．

```
> # 従業員のIQと仕事のパフォーマンスの関係
> employee.IQ.JP <- data.frame(IQ = c(78, 84, 84, 85, 87, 91, 92, 94, 94,
+     96, 99, 105, 105, 106, 108, 112, 113, 115, 118, 134), JobPerformance = c(9,
+     13, 10, 8, 7, 7, 9, 9, 11, 7, 7, 10, 11, 15, 10, 10, 12, 14, 16, 12))
> employee.IQ.JP
```

```
   IQ JobPerformance
1   78         9
2   84        13
3   84        10
4   85         8
5   87         7
6   91         7
7   92         9
8   94         9
9   94        11
10  96         7
11  99         7
12 105        10
13 105        11
14 106        15
15 108        10
16 112        10
17 113        12
18 115        14
19 118        16
20 134        12
```

この従業員のIQとJobPerformanceの関係を表したデータについて，先に説明したMCAR，MAR，MNARの関係は図3.4のようになる．

まず，図に現れる4つの矩形は "IQ" は項目IQの値，"JobPerformance" は項目JobPerformanceの値，"R" は項目JobPerformanceが欠損するかどうかを表すフラグ（R=1: 欠損する，R=0: 欠損しない），"Z" は観測されない潜在変数を表している．それぞれの間に引かれた矢印が関係性を示している．すなわち，MCARメカニズム，MARメカニズム，MNARメカニズムが意味しているものは以下のようになる．

- MCARメカニズムでは，JobPerformanceの欠損がIQの値とは関係ないことを表している．すなわち，JobPerformanceが欠損するかどうかを表すフラグRは，IQの値ともJobPerformacneの値とも無関係であり，潜在変数Zと関係していることを示している．
- MARメカニズムでは，JobPerformanceの欠損はそれ自体の値には依存していないが，JobPerformanceの値には依存していることを表している．すなわち，JobPerformanceが欠損するかどうかを表すフラグRは，JobPerformanceの値自体には無関係だが，IQの値には依存していることを示している．
- MNARメカニズムでは，JobPerformanceの欠損がJobPerformanceの値にも関係していることを表している．すなわち，JobPerformanceが欠損するかどうかを表すフラグRは，IQの値にもJobPerformanceの値にも依存し，潜在変数Zとも関係していることを示している．

以下では，この関係について詳述する．

従業員のIQとJobPerformanceの関係を表したデータに対して，1, 3, 10, 20行目のデータを欠損させて，IQとJobPerformanceの関係を散布図にプロットしてみよう．

```
> # MCARによる欠損のメカニズムの例
> library(ggplot2)
> employee.IQ.JP$MCAR <- employee.IQ.JP$JobPerformance
> # 1, 3, 10, 20行目を欠損値とする
> employee.IQ.JP$MCAR[c(1, 3, 10, 20)] <- NA
```

(1) MCARメカニズム

(2) MARメカニズム

(3) MNARメカニズム

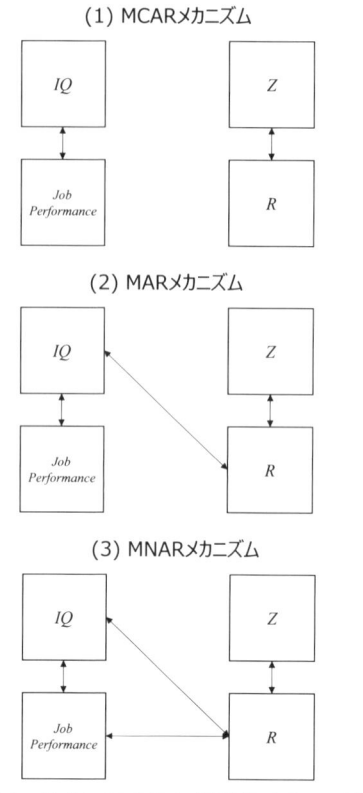

図3.4　Rubinによる欠損値のメカニズム

```
> # 欠損値かどうかを判定するフラグを作成する
> employee.IQ.JP$MCAR.is.missing <- as.factor(as.integer(is.na(employee.IQ.JP$MCAR)))
> # IQとJobPerfomanceの散布図のプロット
> p <- ggplot(data = employee.IQ.JP, aes(x = IQ, y = JobPerformance, colour = MCAR.is.missing)) +
+     geom_point(aes(shape = MCAR.is.missing), size = 5) + theme_bw() %+replace%
+     theme(legend.position = "bottom")
> print(p)
```

図3.5を見ると，JobPerformanceにおける欠損はJobPerformanceの値，およびIQの値には関係なくランダムに発生していると考えられる．これは，MCARにより欠損が生じている例である．

次の例では，1〜5行目のデータを欠損させることによりMARによる欠損のメカニズムを実現している．

```
> # MARによる欠損のメカニズムの例
> employee.IQ.JP$MAR <- employee.IQ.JP$JobPerformance
> # 1-5行目を欠損値とする
> employee.IQ.JP$MAR[1:5] <- NA
> # 欠損値かどうかを判定するフラグを作成する
> employee.IQ.JP$MAR.is.missing <- as.factor(as.integer(is.na(employee.IQ.JP$MAR)))
> # IQとJobPerfomanceの散布図のプロット
> p <- ggplot(data = employee.IQ.JP, aes(x = IQ, y = JobPerformance, colour = MAR.is.missing)) +
+     geom_point(aes(shape = MAR.is.missing), size = 5) + theme_bw() %+replace%
+     theme(legend.position = "bottom")
```

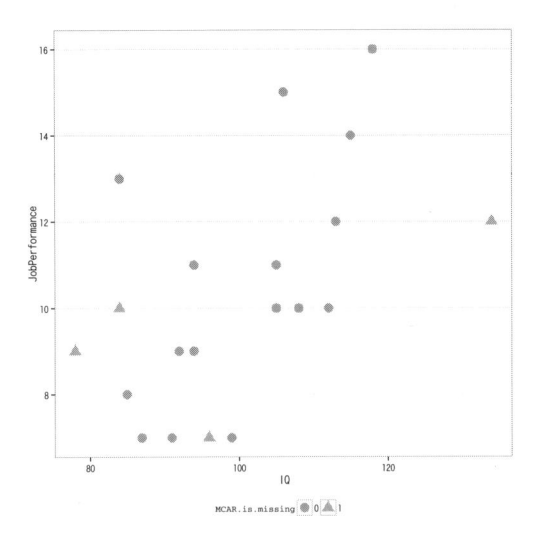

図3.5　MCARによる欠損の例

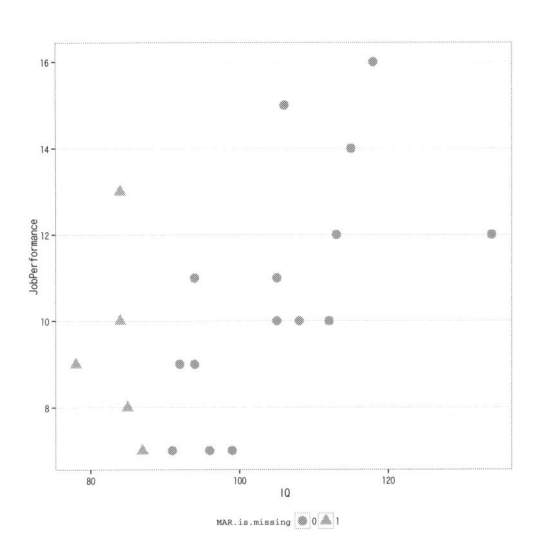

図3.6　MARによる欠損の例

```
> print(p)
```

　図3.6を見ると，JobPerformanceで生じている欠損はJobPerformanceの値自体には依存しないが，IQの値が小さい範囲で欠損が生じておりIQの値に依存していることが確認できる．これは，MARにより欠損が生じている例である．

　次の例では，4～6行目および10～11行目のデータを欠損させることによりMNARによる欠損のメカニズムを実現している．

```
> # MNARによる欠損のメカニズムの例
> employee.IQ.JP$MNAR <- employee.IQ.JP$JobPerformance
> # 4-6行目および10-11行目を欠損値とする
```

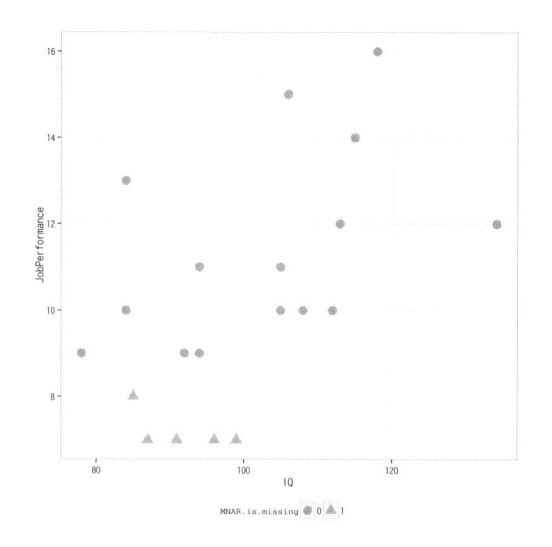

図3.7 MNAR による欠損の例

```
> employee.IQ.JP$MNAR[c(4:6, 10:11)] <- NA
> # 欠損値かどうかを判定するフラグを作成する
> employee.IQ.JP$MNAR.is.missing <- as.factor(as.integer(is.na(employee.IQ.JP$MNAR)))
> # IQとJobPerformanceの散布図のプロット
> p <- ggplot(data = employee.IQ.JP, aes(x = IQ, y = JobPerformance, colour = MNAR.is.missing)) +
+     geom_point(aes(shape = MNAR.is.missing), size = 5) + theme_bw() %+replace%
+     theme(legend.position = "bottom")
> print(p)
```

図3.7を見ると，JobPerformanceで生じている欠損はJobPerformanceの値にもIQの値にも依存していることがわかる．たとえIQの値を統制したとしても，JobPerformanceの値に依存して欠損が生じていることは変わらないだろう．これは，MNARにより欠損が生じている例である．

さて，欠損値を含むデータが与えられたとき，欠損のメカニズムが以上で説明したMCAR，MAR，MNARのいずれであるかを検証する方法は存在するのだろうか．現状，欠損値がMARの仮定を満たすかどうかについて検証する方法は存在しないようである．一方で，MCARについては，観測データと欠損データの平均値と共分散の等質性を仮定しているため，t検定などを用いてMCARの検定を行うことができる．LittleによるMCAR検定[64]は，t検定を多変量に拡張したものであり，すべての変数を同時に検査するが，タイプIIのエラーが起こりやすいという問題点がある．

以下では，この従業員のIQとJob Performanceの関係を表すデータとmiceパッケージのnhanesデータセットを使用しながら，欠損値への対応について説明する．なお，本節で使用した従業員のIQと仕事のパフォーマンスの関係を表すデータは，Craig K.Enders教授，Guilford Press社の承諾を得て本書のサポートページで "employee_IQ_JP.csv" というファイル名で提供しているので，ダウンロードを行って必要な箇所で適宜活用してほしい．このデータは，作業ディレクトリ配下のdata/missdataディレクトリに置かれているものとする．

また，以下ではmiceパッケージを中心としてRを用いた欠損値への対応方法について説明する．

miceパッケージは，本書執筆時点ではCRANからインストールできる．

```
> # miceパッケージのインストール
> install.packages("mice", quiet = TRUE)
```

miceパッケージは，パッケージの作者であるBuurenらによる論文[93]に詳しい説明がある．本書においても，以下の説明の随所でこの論文を参照，引用している．67ページにわたる大作であるが，miceパッケージを使用する際は是非一読されたい．

3.2.2　欠損値への対応のフロー

Kabacoffは著書[84]の中で，欠損値への対応とRで使用するパッケージや関数について図3.8のフローを示している．この図は非常に明快であるため，本書でもこのフローを参考に説明を行う．

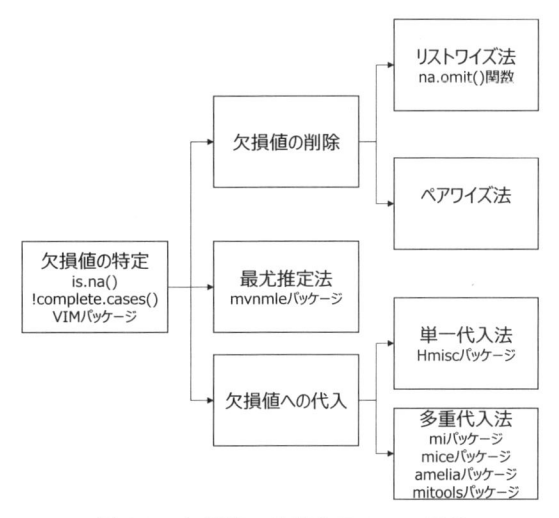

図3.8　欠損値への対応のフロー[84]

ここでは，Kabacoff[84]で示されている欠損値への対応のフローを参考にして，以下の手順により欠損値への対応を行う．

- まず欠損値を特定し，欠損値が発生するパターンについて理解を深める（3.2.3項）．欠損値の発生パターンの集計や可視化を行う．
- 次に，欠損値に対する対応方法を検討する（3.2.4項～3.2.10項）．対応方法は，大きく分けて「欠損値の削除」と「欠損値の補完」の2つがある．

欠損値に対する対応方法として，リストワイズ法，ペアワイズ法，平均値代入法，回帰代入法，確率的回帰代入法，完全情報最尤推定法，多重代入法など，多くの手法が提案されている．本書では以上の手法について一通り説明するが，この中では他の手法と比べて，弱い仮定の下でバイアスのない推定値を与える完全情報最尤推定法，多重代入法がよく用いられる手法のようである．完全情報最尤推定法，多重代入法は，欠損値が発生するメカニズムがMARであっても，バイアスのない推定値を与える．本書で説明する手法の概要を表3.1にまとめる．

欠損値については，Allison[76]，Little and Rubin[83]，Enders[23]，岩崎[107]などの文献が詳

表3.1 欠損値への対応手法

	概要
リストワイズ法	欠損値をもつサンプルを削除
ペアワイズ法	相関係数や分散等の算出において，2変数のいずれかが欠損値をもつサンプルを削除
平均値代入法	平均値により欠損値を補完
回帰代入法	欠損値のないサンプルに回帰分析を行い，欠損値を含む項目の推定式を元に欠損値を補完
確率的回帰代入法	回帰代入法により推定した値にランダムに誤差を加えて欠損値を補完
完全情報最尤推定法	サンプルごとに欠損パターンに応じた尤度関数を仮定して最尤推定を実施して得られる多変量正規分布を用いて平均値や分散共分散行列を推定
多重代入法	欠損値に代入したデータセットを複数作成し，各データセットに対して分析を実行し，その結果を統合することにより欠損値を補完

しい．また，Buuren[92]ではmiceパッケージを中心として，Rの実装を交えながら多重代入法について詳しく説明されている．

3.2.3 欠損値の発生パターンの可視化

欠損値の発生パターンを可視化するためには，miceパッケージのmd.pattern関数やmd.pairs関数，VIMパッケージのmarginplot関数等を用いる．

miceパッケージのmd.pattern関数は，欠損値の組合せパターンを集計する．nhanesデータセットに対して適用してみよう．

```
> # nhanesデータセットの欠損値の組合せパターンの集計
> library(mice)
> md.pattern(nhanes)
   age hyp bmi chl
13   1   1   1   1 0
 1   1   1   0   1 1
 3   1   1   1   0 1
 1   1   0   0   1 2
 7   1   0   0   0 3
     0   8   9  10 27
```

この結果は，項目age, hyp, bmi, chlに対して，それぞれの欠損有無（1: 欠損なし，0: 欠損あり）の組合せパターンとその頻度を表している．結果の見方は，

- 1行目はすべての項目で欠損がない場合で13件
- 2行目はbmiだけが欠損している場合で1件
- 3行目はchlだけが欠損している場合で3件
- 4行目はhyp, bmiが欠損している場合で1件

- 5行目はhyp, bmi, chlが欠損している場合で7件

となる．最も欠損が生じているのはchlで10件である．

同じくmiceパッケージのmd.pairs関数は，2項目の欠損有無の組合せごとに件数を集計する．nhanesデータセットに対して適用してみよう．

```
> # nhanesデータセットに対する2項目の欠損有無の組合せごとの集計
> library(mice)
> md.pairs(nhanes)
$rr
    age bmi hyp chl
age  25  16  17  15
bmi  16  16  16  13
hyp  17  16  17  14
chl  15  13  14  15

$rm
    age bmi hyp chl
age   0   9   8  10
bmi   0   0   0   3
hyp   0   1   0   3
chl   0   2   1   0

$mr
    age bmi hyp chl
age   0   0   0   0
bmi   9   0   1   2
hyp   8   0   0   1
chl  10   3   3   0

$mm
    age bmi hyp chl
age   0   0   0   0
bmi   0   9   8   7
hyp   0   8   8   7
chl   0   7   7  10
```

md.pairs関数を適用した結果，リストが返されるが，その名前のrは非欠損値，mは欠損値を表している．たとえば，rmは行方向の項目が非欠損値，列方向の項目が欠損値であることを表している．例として，項目hypとbmiの場合，

- ともに観測されたのが16件（rr）
- hypが観測されてbmiが欠損しているのが1件（rm）
- hypが欠損していてbmiが観測されているのが0件（mr）
- ともに欠損しているのが8件（mm）

と読み取れる．

以上のように，md.pattern関数を用いると表形式で欠損パターンを確認できるが，直感的に理解しづらい面もある．VIMパッケージには欠損パターンを視覚的に理解するための関数が複数用意されている．VIMパッケージは，本書執筆時点ではCRANからインストールできる．

```
> # VIMパッケージのインストール
> install.packages("VIM", quiet = TRUE)
```

VIMパッケージのaggr関数は，単一のデータ項目に対して欠損値の棒グラフ，および複数のデー

タ項目に対して欠損値のパターンを可視化する．

次の例では，nhanes データセットに対して aggr 関数を用いてこれらのグラフをプロットしている．

```
> # 単一のデータ項目に対する欠損値の件数の棒グラフ，複数のデータ項目の欠損値のパターンの可視化
> library(VIM)
> aggr(nhanes, prop = FALSE, number = TRUE)
```

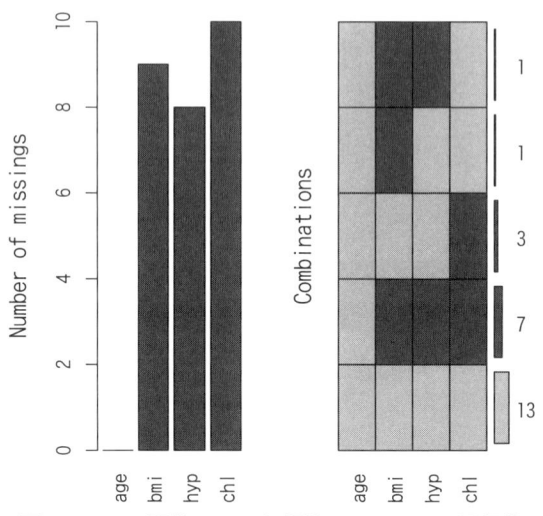

図 3.9　aggr 関数による欠損値のパターンの可視化

図 3.9 を見ると，左側には単一のデータ項目に対して欠損値の棒グラフが，右側には複数のデータ項目に対して欠損値のパターンが可視化されていることを確認できる．

左側の図からは，以下の知見を得ることができる．

- age には欠損値がない．
- bmi には 9 個の欠損値がある．
- hyp には 8 個の欠損値がある．
- chl には 10 個の欠損値がある．

右側の図からは，以下の知見を得ることができる．

- bmi と hyp だけ欠損しているケースが 1 件ある（1 行目）．
- bmi だけが欠損しているケースが 1 件ある（2 行目）．
- chl だけが欠損しているケースが 3 件ある（3 行目）．
- bmi, hyp, chl が欠損しているケースが 7 件ある（4 行目）．
- すべて欠損していないケースが 13 件ある（5 行目）．

これらの結果は，md.pattern 関数によるものと同等ではあるが，より直感的に理解しやすくなっていることがわかるだろう．変数の個数が少ない場合はこのように aggr 関数を用いて欠損のパターンを可視化することが有効である．

aggr 関数の prop 引数を TRUE に設定すると，左側の単項目の棒グラフを件数ではなく割合で表示することが可能になる．次の例では，nhanes データセットに対してこのように割合で表示して単一項目に対する欠損値の件数，および複数項目の欠損のパターンを可視化している．

```
> # 単一のデータ項目に対する欠損値の棒グラフ，複数のデータ項目に対する欠損値のパターンの可視化（割合で表示）
> aggr(nhanes, prop = TRUE, number = FALSE)
```

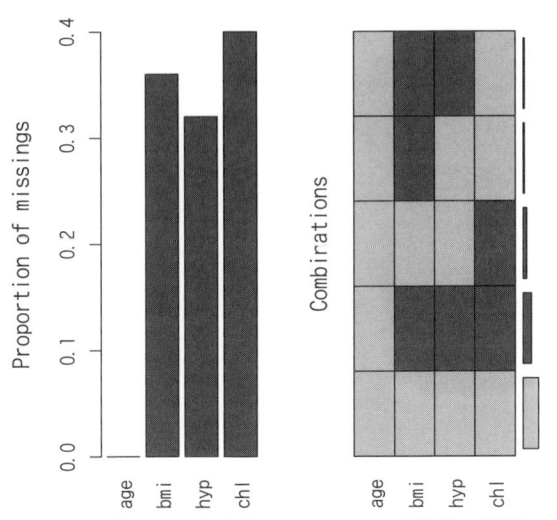

図 3.10　aggr 関数による欠損値のパターンの可視化（割合で表示）

VIM パッケージの marginplot 関数は，2 項目に対して欠損の状況をプロットする．次の例は，nhanes データセットの 2 つの項目 hyp，bmi に対して，それぞれの値の範囲と欠損値をプロットしている．

```
> # 2項目の値の範囲と欠損値のプロット
> marginplot(nhanes[, c("hyp", "bmi")], col = c("blue", "red", "orange"),
+     cex = 1.5, cex.lab = 1.5, cex.numbers = 1.3, pch = 20, ps = 1)
```

図 3.11 を見ると，以下の 3 点

- 図の左下の数値から項目 hyp については 8 件の欠損値があり，項目 bmi については 9 件の欠損値があり，両方とも欠損しているのが 8 件ある．
- それぞれの項目の箱ひげ図が描かれていて，値のとるおおよその範囲がわかる．
- 項目 hyp は 1 か 2 の値しかとらず，hyp が欠損値ではなく bmi が欠損となるデータがあり，それは hyp が 1 のときに起きている．

についてわかる．1 点目の欠損の件数については，これまでに説明した aggr 関数でもわかる．しかし，2 点目や 3 点目のように，項目の値の範囲や欠損が生じる値などの定量的な情報を視覚的に得たい場面では，marginplot 関数を重宝する．

VIM パッケージの pbox 関数は，データの特定の項目と他の項目の間の関係について，欠損値の有無ごとに箱ひげ図をプロットする．次の例は，nhanes データセットに対して，項目 age と他の項目

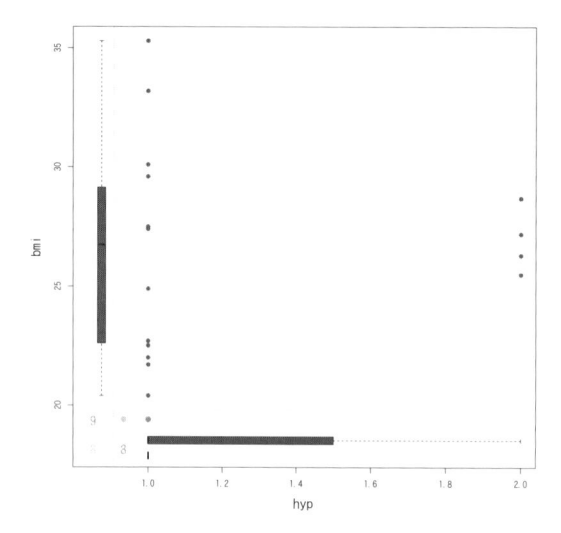

図3.11　nhanes データセットの項目 hyp, bmi に対する欠損値のプロット

の欠損の有無に応じて箱ひげ図をプロットしている.

```
> # nhanesデータセットの他の項目の欠損有無に応じた項目ageの箱ひげ図のプロット
> library(VIM)
> library(mice)
> pbox(nhanes, pos = 1, int = FALSE, cex = 1.2)
```

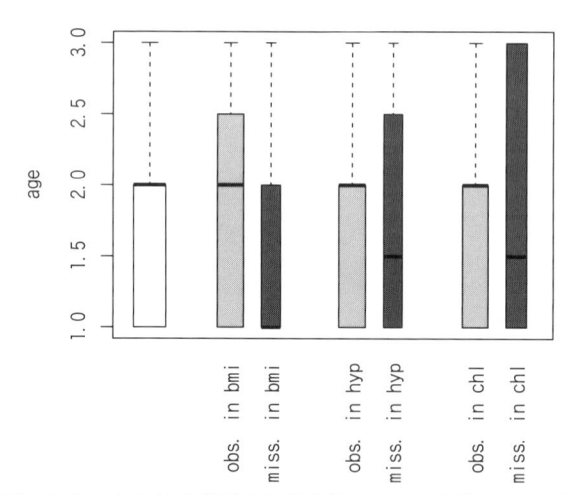

図3.12　nhanes データセットの他の項目の欠損有無に応じた項目 age の箱ひげ図のプロット

3.2.4　リストワイズ法

リストワイズ法 (listwise deletion) は，少なくとも1つの変数が欠損しているデータを除去する方法であり，完全ケース法 (complete case analysis) とも呼ばれる．この方法は，欠損のメカニズムとして MCAR を仮定している．MCAR 以外のメカニズムで欠損が発生している場合は，データ

にバイアスが生じてしまうので適用にあたっては注意が必要である．

Rでは，na.omit関数を使用することによりリストワイズ法を実行できる．例として，nhanesデータセットに対して，リストワイズ法を適用してみよう．

まず，元データのサイズおよび先頭の10個のデータは次のようにして確認できる．

```
> library(mice)
> data(nhanes)
> # データサイズ
> dim(nhanes)
[1] 25  4
> # データの先頭10行
> head(nhanes, 10)
   age  bmi hyp chl
1    1   NA  NA  NA
2    2 22.7   1 187
3    1   NA   1 187
4    3   NA  NA  NA
5    1 20.4   1 113
6    3   NA  NA 184
7    1 22.5   1 118
8    1 30.1   1 187
9    2 22.0   1 238
10   2   NA  NA  NA
```

サンプルサイズは25，先頭10サンプルの中では1, 3, 4, 6, 10番目のデータに欠損が生じていることがわかる．続いて，リストワイズ法を適用してみよう．

```
> # リストワイズ法の適用
> nhanes.lw <- na.omit(nhanes)
> # リストワイズ法適用後のデータサイズ
> dim(nhanes.lw)
[1] 13  4
> # リストワイズ法適用後のデータの先頭10行
> head(nhanes.lw, 10)
   age  bmi hyp chl
2    2 22.7   1 187
5    1 20.4   1 113
7    1 22.5   1 118
8    1 30.1   1 187
9    2 22.0   1 238
13   3 21.7   1 206
14   2 28.7   2 204
17   3 27.2   2 284
18   2 26.3   2 199
19   1 35.3   1 218
```

以上の結果を見ると，完全にデータが入力されているサンプル数は13個であり，19番目までのサンプルのうち1, 3, 4, 6, 10, 11, 12, 15, 16番目のデータが削除されたことを確認できる．

3.2.5 ペアワイズ法

ペアワイズ法 (pairwise deletion) は，リストワイズ法のように欠損値が生じているサンプルを完全に削除してしまい，データの損失が生じてしまう問題点を緩和するために提案された手法である．ペアワイズ法では，2つのデータ項目間の相関係数や共分散などを求める場合などに，2変数のいずれかが欠損値をもつサンプルを使用しないでこれらの指標を算出する．

次の例は，ペアワイズ法を用いて airquality データセットに対して相関係数と共分散を算出している．相関係数を算出する cor 関数，共分散を算出する cov 関数ともに use 引数に "pairwise.complete.obs" を指定することによりペアワイズ法を実行できる．"pairwise.complete.obs" は，略して "pairwise" と指定することも可能である．

```
> # 相関係数の算出
> cor(airquality, use = "pairwise.complete.obs")
              Ozone      Solar.R         Wind       Temp        Month
Ozone    1.00000000  0.34834169 -0.60154653  0.6983603  0.164519314
Solar.R  0.34834169  1.00000000 -0.05679167  0.2758403 -0.075300764
Wind    -0.60154653 -0.05679167  1.00000000 -0.4579879 -0.178292579
Temp     0.69836034  0.27584027 -0.45798788  1.0000000  0.420947252
Month    0.16451931 -0.07530076 -0.17829258  0.4209473  1.000000000
Day     -0.01322565 -0.15027498  0.02718090 -0.1305932 -0.007961763
                 Day
Ozone   -0.013225647
Solar.R -0.150274979
Wind     0.027180903
Temp    -0.130593175
Month   -0.007961763
Day      1.000000000
> # 共分散の算出
> cov(airquality, use = "pairwise.complete.obs")
              Ozone      Solar.R         Wind        Temp        Month
Ozone    1088.200525 1056.583456  -70.9385307  218.521214    8.0089205
Solar.R  1056.583456 8110.519414  -17.9459707  229.159754   -9.5222485
Wind      -70.938531  -17.945971   12.4115385  -15.272136   -0.8897532
Temp      218.521214  229.159754  -15.2721362   89.591331    5.6439628
Month       8.008921   -9.522248   -0.8897532    5.643963    2.0065359
Day        -3.817541 -119.025980    0.8488519  -10.957430   -0.0999742
                 Day
Ozone     -3.8175412
Solar.R -119.0259802
Wind       0.8488519
Temp     -10.9574303
Month     -0.0999742
Day       78.5797214
```

ペアワイズ法は欠損のメカニズムとして MCAR を仮定しており，データがこの仮定を満たさない場合は算出する相関係数や共分散にバイアスが生じてしまうことに注意する必要がある．

3.2.6 平均値代入法

欠損値を補正するための最も簡便な手法は，平均値を代入することである．この方法は，平均値代入法 (mean imputation) と呼ばれている．

ここでは，mice パッケージの mice 関数を使用して，平均値代入法を実行する．まずは，3.2.1 項で使用した従業員の IQ と業務成果の関係を表したデータを対象として，平均値代入法を実行して理解を深めてみよう．

```
> library(mice)
> # データの読み込み
> employee.IQ.JP <- read.csv("data/missdata/employee_IQ_JP.csv", row.names = NULL,
+     colClasses = c(rep("integer", 3), "factor", "integer", "factor", "integer", "factor"))
> # 平均値代入法の実行
> imp <- mice(subset(employee.IQ.JP, select = c(IQ, MAR)), method = "mean",
```

```
+     m = 1, maxit = 1)

 iter imp variable
  1   1  MAR
> # 実行結果のサマリ
> imp
Multiply imputed data set
Call:
mice(data = subset(employee.IQ.JP, select = c(IQ, MAR)), m = 1,
    method = "mean", maxit = 1)
Number of multiple imputations:  1
Missing cells per column:
 IQ MAR
  0   5
Imputation methods:
    IQ    MAR
"mean" "mean"
VisitSequence:
MAR
  2
PredictorMatrix:
    IQ MAR
IQ   0   0
MAR  1   0
Random generator seed value:  NA
```

実行結果のサマリを見ると，"Call"，"Number of multiple imputations"，"Missing cells per column"，"Imputation methods"，"VisitSequence"，"PredictorMatrix"，"Random generator seed value" の 7 つの要素が表示されていることを確認できる．これらは，mice 関数を適用した際の返り値に共通した項目で，意味は以下のとおりである．

- Call
  mice 関数を適用した式を表している．

- Number of multiple imputations
  3.2.10 項で説明する多重代入法の実行回数を表している．上記の結果では，多重代入法を実行していないので，mice 関数のデフォルト値である m=1 が表示されている．

- Missing cells per column
  各項目で欠損しているサンプルの件数を表している．上記の結果では，項目 IQ では欠損値がなく，項目 MAR では 5 件のサンプルで欠損値が存在していることを示している．

- Imputation methods
  欠損値の補完に使用した方法を表している．上記では，"mean"（平均値代入法）を使用している．表 3.2 に method 引数に指定可能な手法を示す．デフォルトで適用される手法は，データ型が数値の場合は予測平均マッチング，2 値の因子の場合はロジスティック回帰，3 値以上の多項ロジスティック回帰，3 値以上の順序つき因子の場合は順序つきロジットモデルとなっている．

- VisitSequence
  補完する列の順番を指定する．

- PredictorMatrix
  欠損が生じている各変数を補完するために使用した予測変数を表す行列である．各行は，そ

表3.2　miceパッケージのmethod引数

method	内容	データ型	デフォルト
pmm	予測平均マッチング	数値	○
norm	ベイジアン線形回帰	数値	―
norm.nob	線形回帰（非ベイズ）	数値	―
mean	非条件つき平均値代入法	数値	―
2L.norm	2値線形モデル	数値	―
logreg	ロジスティック回帰	因子（2値）	○
polyreg	多項ロジスティック回帰	因子（3値以上）	○
polr	順序つきロジットモデル	順序つき因子（3値以上）	○
lda	線形判別分析	因子	―
sample	観測データからのランダムサンプリング	すべての型	―

の変数を予測するために使用した変数を表している．"1"がつけられた変数は予測に使用し，"0"がつけられた変数は予測に使用していないことを表す．

- Random generator seed value
補完を行うにあたり使用した乱数種を表している．平均値代入法の場合は乱数を使用しないため上記では乱数種を指定していないが，後に説明する確率的回帰代入法，多重代入法などでは乱数を使用するので，結果の再現性が必要な場合はmice関数のseed引数に乱数種を指定する．

さて，平均値代入法を実行して補完したデータを抽出して，IQとJobPerformanceの関係について散布図をプロットしてみよう．

```
> # 平均値代入法を実行して補完したデータを用いた散布図のプロット
> library(ggplot2)
> employee.IQ.JP$MAR.mi <- employee.IQ.JP$MAR
> employee.IQ.JP$MAR.mi[employee.IQ.JP$MAR.is.missing == 1] <- unlist(imp$imp$MAR)
> p <- ggplot(data = employee.IQ.JP, aes(x = IQ, y = MAR.mi, group = MAR.is.missing,
+     colour = MAR.is.missing)) + geom_point(aes(shape = MAR.is.missing), size = 5) +
+     theme_bw() %+replace% theme(legend.position = "bottom")
> print(p)
```

図3.13を見ると，IQの値に依存することなくJobPerformanceの値は欠損していないJobPerformanceの平均値となっていることを確認できる．

平均値代入法は簡便な方法である一方で，データの分散を過小に評価したり，変数間の関係を歪めたりしてしまうなどの課題が存在する．このようなバイアスは，欠損値が生じるメカニズムがMCARであったとしても生じてしまうことに注意する必要がある．たとえば，上記の例でIQとJobPerformanceの関係について，欠損が生じていない場合の相関係数，およびMARのメカニズムにより欠損値を発生させて平均値代入法により補完したJobPerformanceを用いた相関係数を以下のように算出して比較してみよう．

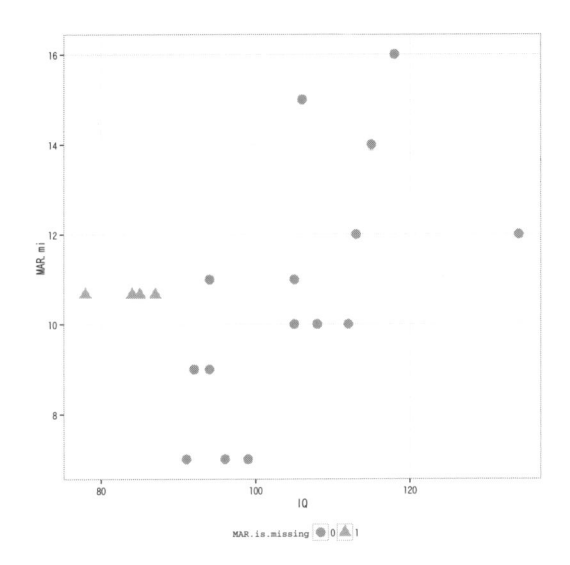

図3.13 平均値代入法により補完したデータを用いた IQ と JobPerformance の散布図

```
> # IQとJobPerformanceの相関係数
> cor(employee.IQ.JP$IQ, employee.IQ.JP$JobPerformance)
[1] 0.5419817
> # 平均値代入法により補完したJobPerformanceを用いた相関係数
> cor(employee.IQ.JP$IQ, employee.IQ.JP$MAR.mi, use = "pairwise.complete.obs")
[1] 0.4540126
```

この結果を見ると，平均値代入法により補完して算出した相関係数は相対的に小さい値になっていることを確認できる．

3.2.7 回帰代入法

回帰代入法 (regression imputation) は，回帰分析を用いて欠損値を補完する方法である．次の例は，従業員の IQ と業務成果の関係を表すデータに対して，線形回帰分析を実行して欠損値を補完している．

```
> library(mice)
> library(ggplot2)
> # データの読み込み
> employee.IQ.JP <- read.csv("data/missdata/employee_IQ_JP.csv", row.names = NULL,
+     colClasses = c(rep("integer", 3), "factor", "integer", "factor", "integer", "factor"))
> # 回帰式の推定
> fit.lm <- lm(MAR ~ IQ, data = employee.IQ.JP)
> # 欠損値の予測
> pred <- predict(fit.lm, subset(employee.IQ.JP, is.na(MAR)))
> # 欠損値の補完
> employee.IQ.JP$MAR.ri <- employee.IQ.JP$MAR
> employee.IQ.JP$MAR.ri[is.na(employee.IQ.JP$MAR)] <- pred
> # 散布図のプロット
> p <- ggplot(data = employee.IQ.JP, aes(x = IQ, y = MAR.ri)) + geom_point(aes(colour
```

```
+     = MAR.is.missing, group = MAR.is.missing, shape = MAR.is.missing), size = 5) +
+   geom_smooth(method = lm, se = FALSE) + theme_bw() %+replace% theme(legend.position= "bottom")
> print(p)
```

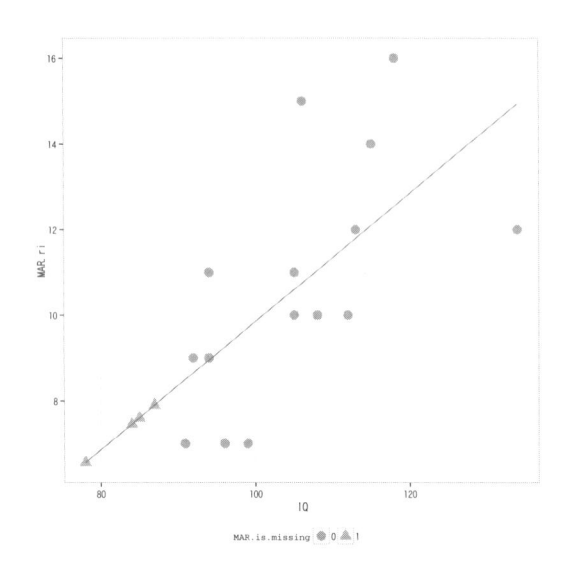

図 3.14　回帰代入法により補完したデータを用いた IQ と JobPerformance の散布図

図 3.14 を見ると，推定された回帰直線上で欠損値の補完が行われていることを確認できる．

回帰代入法は，代入された値はすべて単一の回帰直線上にあるため，観測されたデータの不確実性が考慮されていない．そのため，分散が過小評価されるなどの問題点がある．

3.2.8　確率的回帰代入法

前項で説明した回帰代入法の問題点に対処するための 1 つの方法は，欠損値を回帰モデルで予測した後，その予測値にランダムに誤差を加えて欠損値に代入する方法である．この方法を確率的回帰代入法 (stochastic regression imputation) と呼ぶ．

確率的回帰代入法は，欠損値が生じるメカニズムが MAR であるデータに対しても，バイアスのない推定値を与える．そのため，単一の代入法の中では，最良の方法であると考えられる．しかし，この方法は代入したデータセットを唯一絶対のものとして分析の対象にする．そのため，データの不確実性が考慮されていないため，欠損値が多いデータに対しては標準誤差を過小に評価してしまうという問題点がある．次の例は，IQ と JobPerformance の関係を表したデータを対象に，確率的回帰代入法を実行している．実行にあたっては，mice パッケージの mice 関数の method 引数を "norm.nob" に設定している．

```
> library(mice)
> library(ggplot2)
> # データの読み込み
> employee.IQ.JP <- read.csv("data/missdata/employee_IQ_JP.csv", row.names = NULL,
+     colClasses = c(rep("integer", 3), "factor", "integer", "factor", "integer",
```

```
+            "factor"))
> # 確率的回帰代入法の実行
> imp <- mice(subset(employee.IQ.JP, select = c(IQ, MAR)), method = "norm.nob",
+     m = 1, maxit = 1, seed = 123)

 iter imp variable
  1   1  MAR
> # 欠損値の補完
> employee.IQ.JP$MAR.sri <- employee.IQ.JP$MAR
> employee.IQ.JP$MAR.sri[is.na(employee.IQ.JP$MAR)] <- unlist(imp$imp$MAR)
> # 散布図のプロット
> p <- ggplot(data = employee.IQ.JP, aes(x = IQ, y = MAR.sri)) + geom_point(aes(colour
+     = MAR.is.missing,
+     group = MAR.is.missing, shape = MAR.is.missing), size = 5) + geom_smooth(method = lm,
+     se = FALSE) + theme_bw() %+replace% theme(legend.position = "bottom")
> print(p)
```

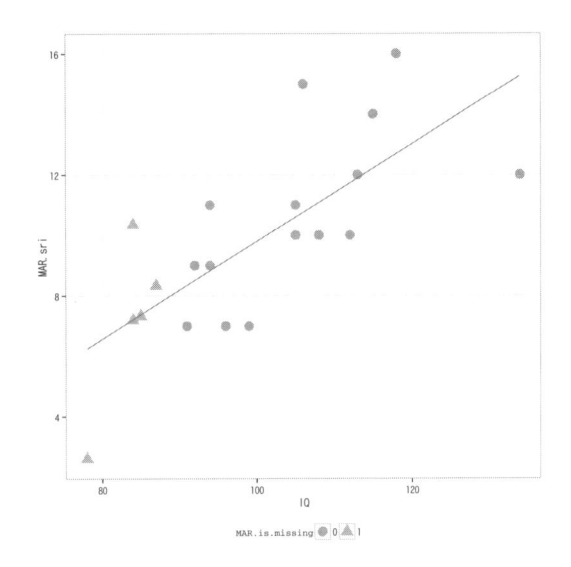

図 3.15　確率的回帰代入法により補完したデータを用いた IQ と JobPerformance の散布図

3.2.9　完全情報最尤推定法

完全情報最尤推定法 (full information maximum likelihood method; FIML) は，ケースごとに欠損パターンに応じた個別の尤度関数を仮定した最尤推定により欠損値を補完する方法である．

データのサンプル x は，平均 μ, 分散共分散行列 Σ の多変量正規分布に従うと仮定すると，尤度 $L = L(\mu, \Sigma)$ は次式

$$L(\mu, \Sigma) = f(x \mid \mu, \Sigma) = \frac{1}{(2\pi)^{d/2}|\Sigma|^{1/2}} \exp\left(-\frac{1}{2}(x-\mu)^\top \Sigma^{-1}(x-\mu)\right) \tag{3.5}$$

により表される．ここで，d は x の次元である．

サンプルが独立であると仮定すると，N 個のサンプルに対して，

$$f(\boldsymbol{x}_i \mid \boldsymbol{\mu}, \boldsymbol{\Sigma}) = \frac{1}{(2\pi)^{d/2}|\boldsymbol{\Sigma}|^{1/2}} \exp\left(-\frac{1}{2}(\boldsymbol{x}-\boldsymbol{\mu})^\top \boldsymbol{\Sigma}^{-1}(\boldsymbol{x}-\boldsymbol{\mu})\right) \tag{3.6}$$

データのサンプル $\boldsymbol{x}$ は，平均 $\boldsymbol{\mu}$，分散共分散 $\boldsymbol{\Sigma}$ の多変量正規分布に従うと仮定すると，確率密度関数 $f = f(\boldsymbol{x} \mid \boldsymbol{\mu}, \boldsymbol{\Sigma})$ は次式

$$f(\boldsymbol{x} \mid \boldsymbol{\mu}, \boldsymbol{\Sigma}) = \frac{1}{(2\pi)^{d/2}|\boldsymbol{\Sigma}|^{1/2}} \exp\left(-\frac{1}{2}(\boldsymbol{x}-\boldsymbol{\mu})^\top \boldsymbol{\Sigma}^{-1}(\boldsymbol{x}-\boldsymbol{\mu})\right) \tag{3.7}$$

により表される．ここで，d はデータのサンプル $\boldsymbol{x}$ の次元である．データ $\boldsymbol{x}_1, \ldots, \boldsymbol{x}_N$ が独立であると仮定すると，これらのデータが得られる確率は確率密度を掛け合わせて，次式

$$f(\boldsymbol{x}_1, \ldots, \boldsymbol{x}_N \mid \boldsymbol{\mu}, \boldsymbol{\Sigma}) = f(\boldsymbol{x}_1 \mid \boldsymbol{\mu}, \boldsymbol{\Sigma}) \cdots f(\boldsymbol{x}_N \mid \boldsymbol{\mu}, \boldsymbol{\Sigma}) \tag{3.8}$$

$$= \prod_{i=1}^{N} \frac{1}{(2\pi)^{d/2}|\boldsymbol{\Sigma}|^{1/2}} \exp\left(-\frac{1}{2}(\boldsymbol{x}_i-\boldsymbol{\mu})^\top \boldsymbol{\Sigma}^{-1}(\boldsymbol{x}_i-\boldsymbol{\mu})\right) \tag{3.9}$$

により表される．(3.9)式は平均 $\boldsymbol{\mu}$ と分散共分散 $\boldsymbol{\Sigma}$ の尤度 $L(\boldsymbol{\mu}, \boldsymbol{\Sigma})$ である．(3.9)式に対数をとって得られる対数尤度は次式

$$\log L(\boldsymbol{\mu}, \boldsymbol{\Sigma}) = -\frac{dN}{2}\log 2\pi - \frac{N}{2}\log|\boldsymbol{\Sigma}| + \sum_{i=1}^{N} \left\{-\frac{1}{2}(\boldsymbol{x}_i-\boldsymbol{\mu})^\top \boldsymbol{\Sigma}^{-1}(\boldsymbol{x}_i-\boldsymbol{\mu})\right\} \tag{3.10}$$

で表され，対数尤度が最大となるように平均 $\boldsymbol{\mu}$，分散共分散 $\boldsymbol{\Sigma}$ を EM アルゴリズム (Expectation-Maximization) によって求める．

完全情報最尤推定法は，`mvnmle` パッケージの `mlest` 関数を用いて実行できる．`mvnmle` パッケージは，本書執筆時点では CRAN からインストールできる．

```
> # mvnmleパッケージのインストール
> install.packages("mvnmle", quiet = TRUE)
```

次の例は，従業員の IQ と業務のパフォーマンスの関係を表すデータに対して完全情報最尤推定法を実行している．

```
> library(mvnmle)
> # データの読み込み
> employee.IQ.JP <- read.csv("data/missdata/employee_IQ_JP.csv", row.names = NULL,
+     colClasses = c(rep("integer", 3), "factor", "integer", "factor", "integer",
+         "factor"))
> # 完全情報最尤推定法の実行
> mle.emp <- mlest(subset(employee.IQ.JP, select = c(IQ, MAR)))
> mle.emp
$muhat
[1] 99.99989  9.84867

$sigmahat
          [,1]       [,2]
[1,] 189.60050  28.369839
[2,]  28.36984   8.617752
```

```
$value
[1] 162.0294

$gradient
[1]   1.509194e-07 -8.715244e-07  2.817830e-07 -2.643219e-06
[5]   1.506351e-06

$stop.code
[1] 1

$iterations
[1] 36
```

以上の結果を見ると，mlest 関数によって完全情報最尤推定法を実行した結果，"muhat"，"sigmahat"，"value"，"gradient"，"stop.code"，"iterations" の 6 項目が返り値として出力されていることを確認できる．"muhat" は，平均 μ の推定値を表している．"sigmahat" は，分散共分散行列 Σ の推定値を表している．実際の平均値は，以下のように算出できる．

```
> # 実際の平均値
> mean(employee.IQ.JP$JobPerformance)
[1] 10.35
```

以上により実際の平均値が 10.35 であり，完全情報最尤推定法では 9.84867 と推定できていることがわかる．

3.2.10 多重代入法

多重代入法 (multiple imputation) は，欠損値を代入したデータセットを複数作成し，各データセットに対して分析を実行し，その結果を統合することにより欠損データの統計的推測を行う方法である．図 3.16 に示すように，多重代入法は以下の 3 つのステップから構成される．

- 代入
  欠損値を補完したデータセットを複数作成する．
- 分析
  欠損値を補完したデータセットに対する分析を実行する．
- 統合
  各データセットに対する分析結果を統合する．

R では，mice パッケージ，mi パッケージなどを利用して多重代入法を実行できる．ここでは，mice パッケージの関数を使用することによって多重代入法を実行してみよう．

従業員の IQ と業務のパフォーマンスの関係を表すデータに対して多重代入法を実行してみよう．欠損値の補完は mice 関数，分析結果の統合は pool 関数でそれぞれ行う．

```
> library(mice)
> library(ggplot2)
> # データの読み込み
> employee.IQ.JP <- read.csv("data/missdata/employee_IQ_JP.csv", row.names = NULL,
    colClasses = c(rep("integer", 3), "factor", "integer", "factor", "integer",
+       "factor"))
```

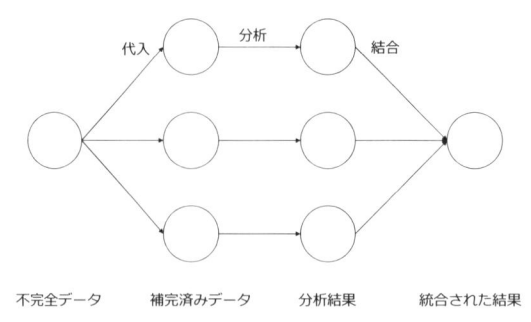

図 3.16 多重代入法の流れ

```
> # 欠損値を補完したデータセットの作成
> imp <- mice(subset(employee.IQ.JP, select=c(IQ, MAR)), seed=123, print=FALSE)
> # 分析
> fit <- with(imp, lm(MAR ~ IQ))
> # 分析結果の統合
> pool.fit <- pool(fit)
> # 統合した分析結果の要約の表示
> sum.pf <- summary(pool.fit)
> tab <- round(sum.pf, 3)
> tab[, c(1:3, 5)]
              est    se     t Pr(>|t|)
(Intercept) -3.005 3.541 -0.848    0.411
IQ           0.131 0.035  3.771    0.002
```

このように多重代入法によりデータを補完して，IQ と JobPerformance の散布図をプロットすると図 3.17 が得られる．

```
> # 欠損値の補完
> slope <- pool.fit$qbar[2]
> intercept <- pool.fit$qbar[1]
> imputed <- (slope * employee.IQ.JP$IQ + intercept)
> employee.IQ.JP$MAR.mi <- employee.IQ.JP$MAR
> is.missing <- is.na(employee.IQ.JP$MAR.mi)
> employee.IQ.JP$MAR.mi[is.missing] <- imputed[is.missing]
> # 多重代入法により補完したデータを用いたIQとJobPerformanceの散布図のプロット
> p <- ggplot(data = employee.IQ.JP, aes(x = IQ, y = MAR.mi)) + geom_point(aes(colour
+    = MAR.is.missing, group = MAR.is.missing, shape = MAR.is.missing), size = 5) +
+    theme_bw() %+replace% theme(legend.position = "bottom")
> print(p)
```

また，このように補完したデータの平均値を求めると，実際の平均値 10.35 に対して 9.981429 となっている．

```
> # 多重代入法により補完したデータによる平均値
> mean(employee.IQ.JP$MAR.mi)
[1] 9.981429
> # 実際の平均値
> mean(employee.IQ.JP$JobPerformance)
[1] 10.35
```

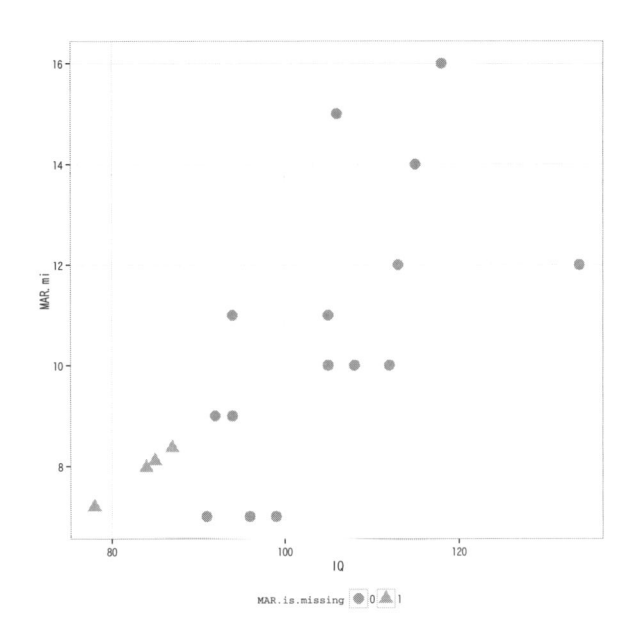

図 3.17　多重代入法により補完したデータを用いた IQ と JobPerformance の散布図

3.3 外れ値の検出

現実のデータには，外れ値 (outlier) が存在することも多い．外れ値が存在したまま分析を進めてしまうと分析結果が著しく変わってしまい，データの本来の性質とは異なる結果が得られてしまう可能性がある．このような外れ値をどのようにして検出し，どのように対処すればよいだろうか．ここでは，外れ値の検出方法について説明する．

3.3.1　外れ値とは

外れ値とは，「他の観測データと比べて著しく乖離したデータ」[31] である．異常値 (anomaly) は，データの測定や記録等のデータを収集するプロセスにおいて生じるものであるが，ここでは外れ値と異常値を区別せずに扱う方針とする．

外れ値の例として，`iris` データセットに対して各データ項目の分布を箱ひげ図で確かめてみよう．

```
> # irisデータセットの箱ひげ図のプロット
> bp.iris <- boxplot(subset(iris, select = -Species))
> # 検出した外れ値
> bp.iris$out
[1] 4.4 4.1 4.2 2.0
```

ここで，箱ひげ図の見方は，図 3.19 のとおりである．この箱ひげ図の見方に従うと，Sepal.Width が 4.4, 4.1, 4.2 のデータは，中央値 +1.5（第三四分位点 − 中央値）よりも大きく，Sepal.Width が 2.0 の点は，中央値 −1.5（中央値 − 第一四分位点）よりも小さいことがわかる．これらは，`boxplot` 関数の返り値 out に格納されていることが確認できる．

図3.18 iris データセットの箱ひげ図

図3.19 箱ひげ図の見方

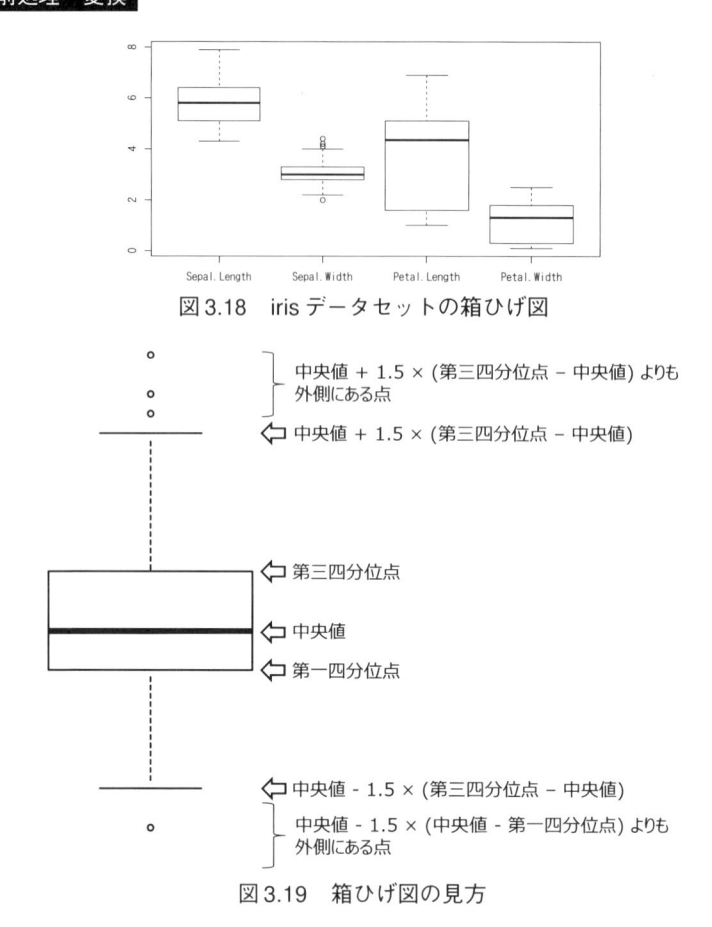

続いて，アヤメの種類別に各データ項目の分布を箱ひげ図で確認してみよう．グループ別の箱ひげ図は，ggplot2 パッケージの facet_grid 関数を使用してグループ別にし，geom_boxplot 関数を用いてプロットすると便利である．

```
> # iris データセットの種類別に各項目の箱ひげ図のプロット
> library(ggplot2)
> library(reshape2)
> # 縦持ち形式のデータに変換
> iris.m <- melt(iris)
> head(iris.m)
  Species     variable value
1 setosa  Sepal.Length   5.1
2 setosa  Sepal.Length   4.9
3 setosa  Sepal.Length   4.7
4 setosa  Sepal.Length   4.6
5 setosa  Sepal.Length   5.0
6 setosa  Sepal.Length   5.4
> # 箱ひげ図のプロット
> p <- ggplot(data = iris.m, aes(x = variable, y = value)) + geom_boxplot() +
+     facet_grid(Species ~ .) + theme_bw()
> print(p)
```

この結果を見ると，先ほどとは異なった結果が得られている．種別が setosa のデータでは，

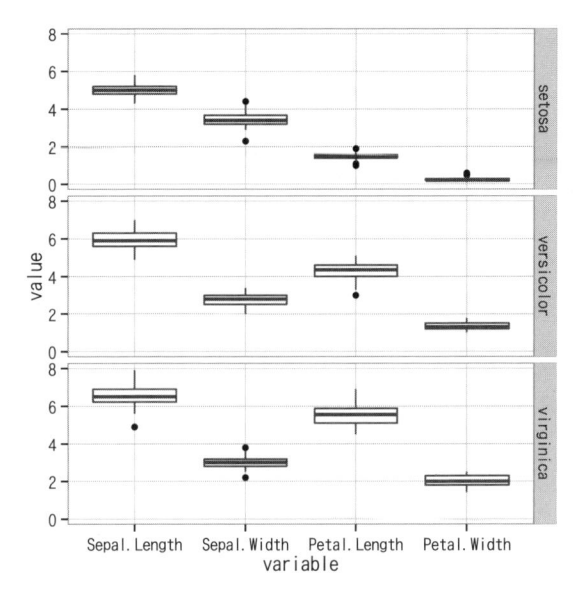

図 3.20　iris データセットの種類別に各項目の箱ひげ図

Sepal.Width, Petal.Length, Petal.Width に外れ値が現れている．一方で，種別が versicolor のデータでは Petal.Length，種別が virginica のデータでは Sepal.Length, Sepal.Width に外れ値が現れている．このように外れ値は対象としているデータの集合によって異なるため，どの集合における外れ値を検出するかについてあらかじめ明確にする必要がある．

　箱ひげ図により外れ値を検出する方法は，非常に簡便である．これ以外にも，以降で説明するように外れ値を検出する方法が非常に多く提案されている．

3.3.2　外れ値検出のアプローチ

　外れ値は，どのようなアプローチによって検出すればよいだろうか．Kriegel らは [39] の目次で，外れ値を検出するためのアプローチを以下のように分類している．

- 統計モデル (statistical model)
  統計モデルとは，統計学的な知見に基づいて外れ値を検出するアプローチである．統計的検定 (statistical tests)，深さに基づくアプローチ (depth-based approach)，偏差に基づくアプローチ (deviation-based approach) などがある．
- データの空間的な近さに基づくモデル (proximity-based model)
  データの空間的な近さに基づくモデルとは，データ間の空間的な近さを用いて外れ値を検出するアプローチである．距離に基づくアプローチ (distance-based approach)，密度に基づくアプローチ (density-based approach) などがある．
- 特定の問題に対する異なるモデルの適用
  高次元アプローチ (high-dimensional approach) などがある．

　本書では，以上の外れ値の検出方法について説明する．ほかにも，1 クラスサポートベクタマシ

ンなど，外れ値を検出するためのアルゴリズムは，膨大な数に上るものが提案されている．1クラスサポートベクタマシンについては，金森ほか[110]を参照してほしい．Aggarwalによる外れ値を専門的に扱った書籍[16]は，教師あり学習の外れ値検出，カテゴリカルデータ，テキストデータ，空間データ，グラフデータの外れ値など多岐に渡るテーマを扱っている．興味がある読者は是非参考にされたい．

3.3.3 統計モデル

統計モデルは，統計学的な知見に基づいて外れ値を検出するアプローチである．

統計的検定

統計的な検定方法を用いることにより，外れ値を検出することができる．ここでは，代表的な統計的検定であるSmirnov-Grubbs検定[30]を取り上げる．Smirnov-Grubbs検定は，データが正規分布に従うと仮定して，外れ値の検出を行う手法である．

Rで統計的検定を用いて外れ値を検出する手法は，outliersパッケージを用いることにより実行できる．outliersパッケージは，本書執筆時点ではCRANからインストールできる．

```
> # outliersパッケージのインストール
> install.packages("outliers", quiet = TRUE)
```

Smirnov-Grubbs検定[30]は，outliersパッケージのgrubbs.test関数を用いて実行できる．grubbs.test関数のtype引数とその意味は以下のとおりである．

- type=10
  データに含まれる最大値または最小値のいずれかが外れ値かどうかを検定する．
- type=11
  データの最小値と最大値が外れ値かどうかを検定する．
- type=20
  同じ裾にある2つの値が外れ値かどうかを検定する．

次の例は，人工的に発生させたデータに対して，Smirnov-Grubbs検定を実行している．runif関数により20個発生させた0から1の間の一様乱数と値が10というスケールの違うデータを混ぜてSmirnov-Grubbs検定を実行している．

```
> library(outliers)
> set.seed(123)
> # 20個の一様乱数に10を追加
> x <- c(runif(20), 10)
> # Smirnov-Grubbs検定
> grubbs.test(x)

    Grubbs test for one outlier

data:  x
G = 4.3172, U = 0.0215, p-value < 2.2e-16
alternative hypothesis: highest value 10 is an outlier
```

この結果を見ると，p 値が 2.2×10^{-16} 未満となっており，帰無仮説が棄却され，10 という値をもつデータが外れ値と判定されていることがわかる．

続いて，このデータに対して，今度は -10 という値を加えて，データの最小値と最大値が外れ値かどうかについて検定してみよう．

```
> # -10もデータに追加
> x <- c(x, -10)
> # Smirnov-Grubbs検定
> grubbs.test(x, type = 11)

    Grubbs test for two opposite outliers

data:  x
G = 6.4419, U = 0.0092, p-value < 2.2e-16
alternative hypothesis: -10 and 10 are outliers
```

この結果も同様に帰無仮説が棄却されて，-10 と 10 の両方が外れ値と判定されていることがわかる．

次の例は，iris データセットのデータ項目 Sepal.Length に対して外れ値の検出を行っている．

```
> # Grabbsの検定による外れ値の検出
> library(outliers)
> # サンプルデータの生成
> x <- iris$Sepal.Length
> # Smirnov-Grubbs検定
> grubbs.test(x)

    Grubbs test for one outlier

data:  x
G = 2.4837, U = 0.9583, p-value = 0.916
alternative hypothesis: highest value 7.9 is an outlier

> grubbs.test(x, type = 11)

    Grubbs test for two opposite outliers

data:  x
G = 4.3475, U = 0.9353, p-value = 1
alternative hypothesis: 4.3 and 7.9 are outliers
```

この場合は，最大値 7.9 も最小値 4.3 も外れ値とは判定されていないことがわかる．統計的検定による外れ値の検出は，簡便さゆえに非常に容易に実行できる．その一方で，データの平均値や標準偏差は外れ値の影響を受けるにもかかわらず，外れ値も含めて算出してしまうという問題点がある．

深さに基づくアプローチ

深さに基づくアプローチ (depth-based approach) は，統計的な分布とは独立にデータ空間の境界の外れ値を探索するものである．図 3.21 に示すように，深さに基づくアプローチでは，データを凸包で囲み，外側から深さ 1，深さ 2，… というように境界を作成し，各深さに対してその外側にあるデータを外れ値と判定する．

深さに基づくアプローチの代表的なアルゴリズムは，Tukey[54] により提案されたものである．

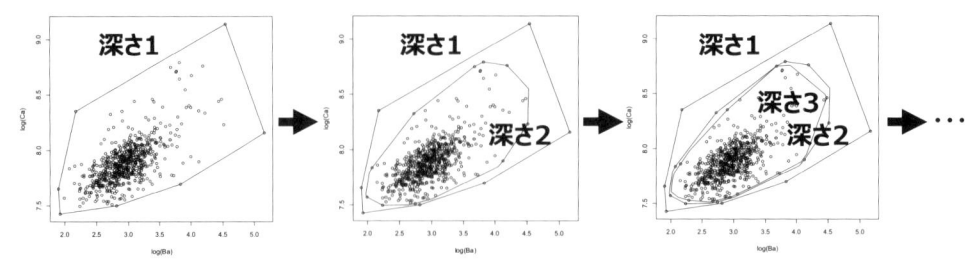

図3.21 深さに基づくアプローチ

このアルゴリズムは，データを凸包で囲み，その凸包上にあるデータを除去するという操作を逐次的に実行する．

Rutsらにより提案されたISODEPTH[49]は，Rではdepthパッケージに実装されている．depthパッケージは，本書執筆時点ではCRANからインストールすることができる．

```
> # depthパッケージのインストール
> install.packages("depth", quiet = TRUE)
```

次の例は，robustbaseパッケージのstarsCYGデータセットに対してISODEPTHを実行している．starsCYGデータセットは，47個の星座に対して表面温度の対数(log.Te)，輝度の対数(log.light)を記録している．

```
> # starsCYGデータセットに対するISODEPTHの実行
> library(depth)
> install.packages("robustbase", quiet = TRUE)
> # starsCYGデータセットのロード
> data(starsCYG, package = "robustbase")
> head(starsCYG, 3)
  log.Te log.light
1   4.37      5.23
2   4.56      5.74
3   4.26      4.93
> # ISODEPTHの実行
> isodepth(starsCYG, mustdith = TRUE, xlab = "log.Te", ylab = "log.light")
```

図3.22を見ると，凸包によってデータが囲まれていることを確認できる．この結果から，外れ値を判定するためには，何番目の凸包の外側にある点を外れ値とみなすかの判断が必要である．この判断がなされたら，ISODEPTHの実行結果から外側の凸包上にある点の集合を取得して外れ値と判定すればよい．凸包上の点の集合を取得するには，上記でISODEPTHを実行する際にisodepth関数のoutput引数をTRUEに設定すればよい．たとえば，深さ1の凸包上の点を取得するには，以下のように実行する．

```
> # ISODEPTHの実行結果の出力
> id.sCYG <- isodepth(starsCYG, output = TRUE, mustdith = TRUE, xlab = "log.Te",
+     ylab = "log.light")
> # 深さ1の凸包上の点
> id.sCYG$Contour1
     [,1] [,2]
[1,] 4.42 4.18
[2,] 4.56 5.10
[3,] 4.62 5.62
```

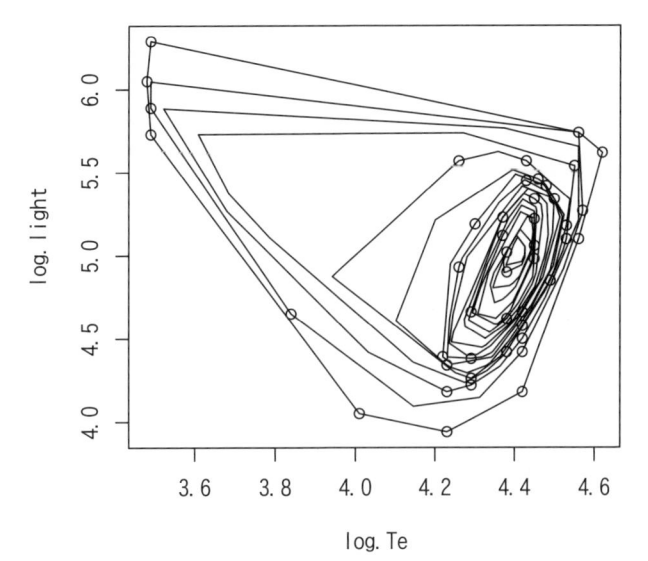

図 3.22 starsCYG データセットに対する ISODEPTH の実行結果

```
[4,] 4.56 5.74
[5,] 3.49 6.29
[6,] 3.48 6.05
[7,] 3.49 5.73
[8,] 4.01 4.05
[9,] 4.23 3.94
```

Johnson らにより提唱された FDC[96] は，より高速で効率的なアルゴリズムであるが，残念ながら R には実装されていないようである．

深さに基づくアプローチは，データが従う分布の種類を指定することなく実行できる点に特長がある．しかし，その一方で凸包の計算には多大なコストがかかるため，2次元や3次元程度の低次元のデータにしか適用が難しいという問題点がある．

偏差に基づくアプローチ

偏差に基づくアプローチ (deviation-based approach) のアイディアは，外れ値はデータセットの最も外側にあるという仮定のもと，一般的な特徴にフィットしないデータであると考えて，外れ値を検出するというものである．

Arning らによるアプローチ [8] は，サンプル I とそれが属する集合 DB に対して $I \subset DB$ に対する平滑化ファクタ $SF(I)$ が与えられたときに，I を DB から除去したときに DB の分散がどの程度減少するかという観点から，外れ値を検出する．

3.3.4 データの空間的な近さに基づくモデル

データの空間的な近さに基づくモデル (proximity-based model) には，大きく分けてデータ間の距離に基づくアプローチとデータの密度に基づくアプローチの2つがある．

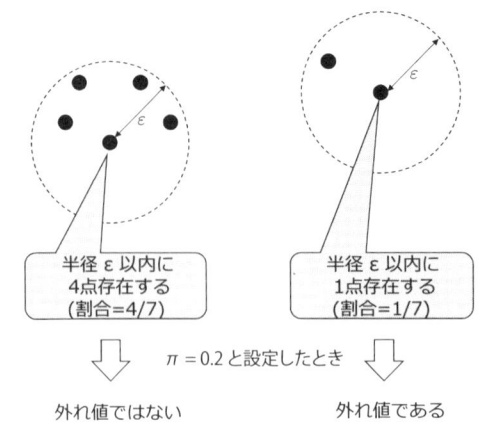

図3.23　DB-外れ値アルゴリズムによる各点の外れ値判定

データ間の距離に基づくアプローチ

データ間の距離に基づくアプローチ (distance-based approach) は，データ間の距離を計算し，他の点から著しく離れた点を外れ値と判定するものである．

距離に基づくアプローチの代表的なアルゴリズムとして，Knorrらによって提唱されたDB-外れ値 (DB(ϵ, π)-outlier)[29] がある．その概要は以下のとおりである．

図3.23に示すように，距離 ϵ と割合 π を与えたときにデータセット S に対して，距離 ϵ 未満にある点の割合が π 以内に収まる点の集合を S における外れ値の集合 $OutlierSet(\epsilon, \pi)$ として定義する．すなわち，次式

$$OutlierSet(\epsilon, \pi) = \left\{ \boldsymbol{p} \,\middle|\, \frac{Card(\{\boldsymbol{q} \in S \mid dist(\boldsymbol{p}, \boldsymbol{q}) < \epsilon\})}{Card(S)} \leq \pi \right\} \quad (3.11)$$

に従って求める．ここで，$Card(X)$ は集合 X に属する要素数，$dist(\boldsymbol{a}, \boldsymbol{b})$ は点 $\boldsymbol{a}$ と $\boldsymbol{b}$ の間の距離を表している．

著者が確認した範囲では，本書の執筆時点ではRでDB-外れ値を実装したパッケージは存在していないようである．ELKI(Environment for Developing KDD-Applications Supported by Index-Structures) と呼ばれるデータマイニングツールにDB-外れ値が実装されているので，ここではELKIを用いた実行方法について説明する．ELKIのインストールや基本的な使用方法については，付録Cを参照してほしい．

ここでは，irisデータセットを用いてDB-外れ値を実行してみよう．データを出力するディレクトリを "data/ELKI"，ファイル名を "iris_for_DBoutlier.tsv" として，項目Speciesを除く4項目をスペース区切りで出力する．

```
> outputdir <- "data/ELKI"
> dir.create(outputdir)
> write.table(subset(iris, select = -Species), file.path(outputdir, "iris_for_DBoutlier.tsv"),
+     sep = " ", row.names = FALSE, col.names = FALSE)
```

こうして作成したデータに対してDB-外れ値を実行する．コマンドラインからELKIを実行する際に，アルゴリズムに "outlier.DBOutlierDetection" を指定し，距離 ϵ は dbod.d オプション，

割合 π は dbod.p オプションで指定する．ここでは，距離 $\epsilon = 1.5$，割合 $\pi = 0.8$ としている．

```
# ELKIによるDB-外れ値の実行
$ java -jar elki-bundle-0.6.5~20141030.jar KDDCLIApplication \
  -algorithm outlier.DBOutlierDetection -dbod.d 1.5 -dbod.p 0.8 \
  -dbc.in data/ELKI/iris_for_DBoutlier.tsv -out output/ELKI/DBoutlier
Could not evaluate outlier results, as I could not find a minority label.
Output directory specified is not empty. Files will be overwritten and old files may be left over.
```

実行した結果を R に読み込んで確認してみよう．"cluster.txt"，"db-outlier_order.txt"，"settings.txt" の 3 つのファイルが出力されているが，各データが外れ値であるかどうかは "db-outlier_order.txt" に記載されているため，このファイルを読み込むことにする．

```
> # 出力ディレクトリのファイル一覧
> dir("output/ELKI/DBoutlier")
[1] "cluster.txt"          "db-outlier_order.txt"
[3] "settings.txt"
> # 結果の確認
> res <- read.table("output/ELKI/DBoutlier/db-outlier_order.txt", sep=" ",
+     header=FALSE, colClasses=c("character", rep("numeric", 4), "character"))
> head(res)
      V1  V2  V3  V4  V5  V6
1 ID=136 7.7 3.0 6.1 2.3 db-outlier=1.0
2 ID=58  4.9 2.4 3.3 1.0 db-outlier=1.0
3 ID=61  5.0 2.0 3.5 1.0 db-outlier=1.0
4 ID=94  5.0 2.3 3.3 1.0 db-outlier=1.0
5 ID=99  5.1 2.5 3.0 1.1 db-outlier=1.0
6 ID=106 7.6 3.0 6.6 2.1 db-outlier=1.0
```

この結果を見ると，各列にはデータの ID，元データの座標（4 次元），そして外れ値かどうかを判定した結果が格納されている．最後の列で "db-outlier=1.0" となっているデータが外れ値と判定されたものである．

距離に基づくアプローチは，異なる密度をもつデータに対して適用する場合に問題が生じる．この問題点を解決するためには，異なる密度の領域における点の近傍をどのように比較するかについて検討することが課題となる．そのためには，次に説明する密度に基づくアプローチが 1 つの有力な手段である．

密度に基づくアプローチ

密度に基づくアプローチ (density-based approach) のアイディアは，外れ値は近くにある点が少ないという特徴に着目して，近傍の点と密度を比較して，極端に密度が小さい点を外れ値と判定することにある．

密度に基づくアプローチの代表的なアルゴリズムとして，LOF(Local Outlier Factor)[69, 70] がある．あるデータ点に対してその k 個の近傍点を用いて推定した局所的な密度を近傍点の密度と比較することにより，同様の密度をもつ領域や近傍よりも相対的に低い密度をもつ点を同定できる．LOF では，このように近傍の点に比べて低い密度をもつ点を外れ値と判定する．

図 3.24 に示すように，点 A に対して k 距離 $k-distance(A)$ を k 個の近傍点の集合 $N_k(A)$ に含まれる点のうち，最大の距離と定義する．より厳密に定義すると，点 A と点 B の距離以下にな

図 3.24 LOF のアイディア

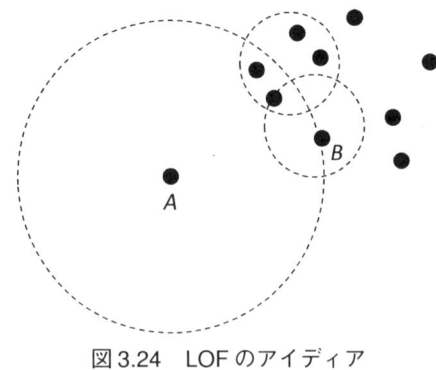

る点が少なくとも k 個存在し，かつ，点 A と点 B の距離未満となる点が高々 $k-1$ 個存在するとき，点 A と点 B の間の距離 $d(A, B)$ を点 A の k 距離と定義する．たとえば，図 3.24 においては，点 A と点 B の関係において，A からの距離が B よりも短い点が 2 点存在する．この場合の点 B は，点 A の 3 距離である．

点 A から B への到達可能距離 $reachability-distance_k(A, B)$ は，次式

$$reachability-distance_k(A, B) = \max\{k-distance(B), d(A, B)\} \tag{3.12}$$

で求められる．

点 A の局所到達可能密度 $lrd(A)$ は，点 A の k 個の近傍点の集合 $N_k(A)$ に関して点 A からの到達可能距離の平均と定義する．すなわち，次式

$$lrd(A) = \frac{1}{\frac{\sum_{B \in N_k(A)} reachability-distance_k(A, B)}{|N_k(A)|}} \tag{3.13}$$

により算出する．この密度を用いて，点 A とその k 近傍点の到達可能距離の比を $LOF_k(A)$ と表記して，次式

$$LOF_k(A) = \frac{\sum_{B \in N_k(A)} \frac{lrd(B)}{lrd(A)}}{|N_k(A)|} = \frac{\sum_{B \in N_k(A)} lrd(B)}{|N_k(A)|} \Big/ lrd(A) \tag{3.14}$$

の値を用いて，点 A が外れ値かどうかを判定する．$LOF_k(A)$ がほぼ 1 であれば，A はデータのクラスター内にあり外れ値ではないと判定する．$LOF_k(A)$ が 1 より十分に大きければ，A は外れ値であると判定する．本書では $LOF_k(A)$ を点 A の LOF スコアと呼ぶことにする．

Rでは，`DMwR` パッケージの `lofactor` 関数を使用して LOF を実行できる．`DMwR` パッケージは，本書執筆時点では CRAN からインストールできる．

```
> # DMwRパッケージのインストール
> install.packages("DMwR", quiet = TRUE)
```

次の例は，`iris` データセットに対して LOF を実行し，LOF スコアのヒストグラムをプロットしている．

3.3 外れ値の検出

```
> # irisデータセットに対するLOFの実行
> library(DMwR)
> # LOFスコアの算出
> lof.scores <- lofactor(iris[, -5], 10)
> # LOFスコアのヒストグラムのプロット
> hist(lof.scores, nclass = 20, main = "irisのLOFスコア", xlab = "LOFスコア")
```

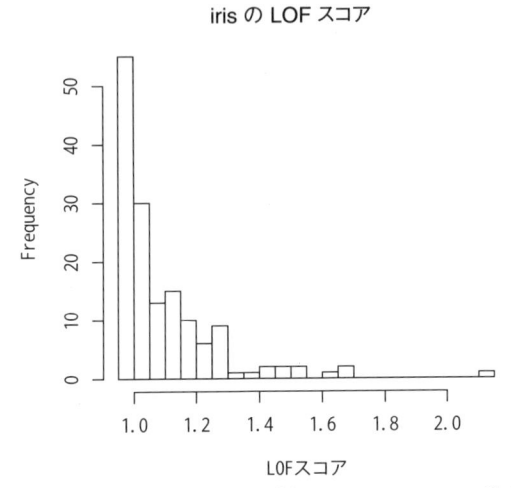

図 3.25　iris データセットに対する LOF スコアの分布

図 3.25 を見ると，データの大半は LOF スコアの値が 1.0 付近にあるが，ごく少数のデータの LOF スコアは相対的に高い領域に存在していることを確認できる．この確認結果に基づいて，外れ値と判定する LOF の閾値を 1.6 と設定すると，以下のように外れ値を検出できる．

```
> # LOFの閾値を1.6としたときの外れ値の検出
> is.ol <- lof.scores >= 1.6
> iris[is.ol, ]
    Sepal.Length Sepal.Width Petal.Length Petal.Width   Species
16           5.7         4.4          1.5         0.4    setosa
23           4.6         3.6          1.0         0.2    setosa
42           4.5         2.3          1.3         0.3    setosa
107          4.9         2.5          4.5         1.7 virginica
> # 外れ値のLOF
> lof.scores[is.ol]
[1] 1.607056 1.651191 2.140189 1.690771
```

この結果を見ると，16, 23, 42, 107 番目の 4 点が外れ値として検出されており，それぞれの LOF の値は 1.607056, 1.651191, 2.140189, 1.690771 であることを確認できる．

以上で見てきたように，LOF を適用するにあたっては近傍点の個数 k，外れ値と判定する LOF の閾値などを設定する必要がある．LOF の改良版として，さまざまなアルゴリズムが提唱されている [101, 53, 102, 90]．

3.3.5　高次元の外れ値

データの次元が大きくなると点の間の距離は均一になっていく．例として，2,000 個の点の各座

標を一様乱数で発生させて，次元を変えながら点の間の距離の平均値，最大値，最小値，平均値 ±1σ，平均値 ±2σ の変化を見てみよう．

```
> library(ggplot2)
> set.seed(123)
> # 次元のリスト
> dims <- c(1:9, 10 * (1:9), 100 * (1:10))
> # 算出する統計量
> stats <- c("min", "mean-sd", "mean", "mean+sd", "max")
> # 発生させる点の個数
> N <- 2000
> # 各次元に対して算出した統計量を格納する行列
> ans <- matrix(NA, length(dims), length(stats), dimnames = list(dims, stats))
> # 各次元に対して発生させた点間の距離の統計量を算出する
> for (d in dims) {
+     message("d=", d)
+     # 点を発生させる(N * d の行列)
+     x <- replicate(d, runif(N))
+     # 点間の距離を算出する
+     x.dist <- as.matrix(dist(x))
+     xd <- x.dist[upper.tri(x.dist)]
+     # 点間の距離の統計量を算出する
+     xd.min <- min(xd, na.rm = TRUE)
+     xd.mean <- mean(xd, na.rm = TRUE)
+     xd.max <- max(xd, na.rm = TRUE)
+     xd.sd <- sd(xd, na.rm = TRUE)
+     # 統計量を格納する(次元間を比較できるようにsqrt(dim)で割る)
+     ans[as.character(d), ] <- c(xd.min, xd.mean - xd.sd, xd.mean, xd.mean +
+         xd.sd, xd.max)/sqrt(d)
+ }
> # 次元と統計量の関係をプロットする
> ans.m <- melt(ans)
> head(ans.m)
  Var1 Var2       value
1    1  min 2.095476e-09
2    2  min 2.697804e-04
3    3  min 1.266456e-03
4    4  min 8.398175e-03
5    5  min 1.878172e-02
6    6  min 2.173625e-02
> ans.m$Var2 <- factor(ans.m$Var2, levels = rev(stats))
> p <- ggplot(data = ans.m, aes(x = Var1, y = value, group = Var2, colour = Var2)) +
+     geom_point(aes(shape = Var2)) + geom_line() + theme_bw() %+replace%
+     theme(legend.position = "bottom", legend.direction = "horizontal",
+         legend.title = element_blank()) + xlab("次元") + ylab("正規化した距離")
> print(p)
```

図 3.26 を見ると，次元が高くなるほど点の間の距離が近づいていることを確認できる．この現象は次元の呪い (curse of dimension) に起因しており，高次元において近傍や点の乖離といった概念が意味をなさなくなってしまうことを物語っている．低次元のデータに対しては有効であったデータ間の距離や密度などに基づく外れ値検出が，高次元においては有効ではなくなってしまうのである．

以上の問題点を解決するために，いくつかのアプローチが提唱されている．主要なアルゴリズム

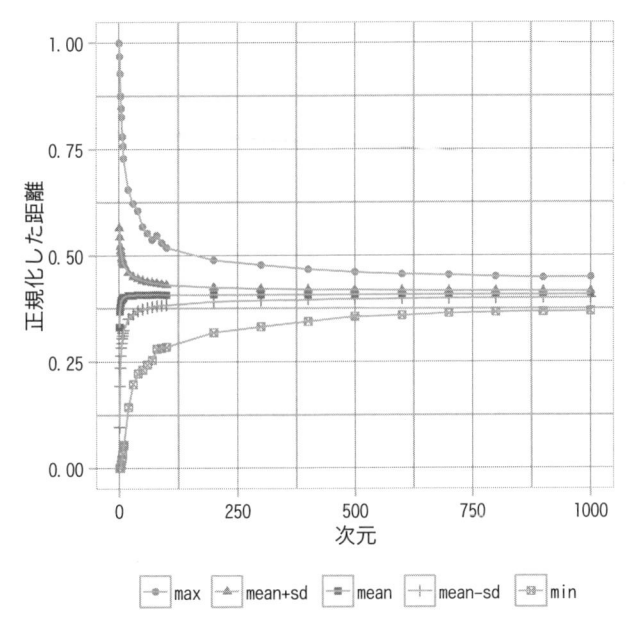

図 3.26 データの次元と点間の距離の統計量の関係（2000個の点の各座標を一様乱数により発生）

は表3.3のようにまとめられる．高次元データの外れ値については，Zimekによる[12]や[11]などの文献がまとまっている．

ここでは，これらのアルゴリズムの中からABODを取り上げて説明する．以下では，高次元データの例としてUCI Machine Learning Repository[6]で提供されている Multiple Features データセットを使用する．

```
> # Multiple Featuresデータセットのダウンロード
> inputdir <- "data/ELKI"
> download.file("http://archive.ics.uci.edu/ml/machine-learning-databases/mfeat/mfeat-fac",
+     file.path(inputdir, "mfeat-fac"))
```

Kriegelらにより提案されたABOD[38]は，高次元空間において，角度は距離よりも安定であるという性質を用いた外れ値検出法である．この手法のアイディアは，自身以外の点は同じような方向に位置している点が外れ値であると判定することである．

ABODは，図3.27に示すように，他の2点となす角度の分散が小さい点を外れ値と判定し，分散が大きい点を外れ値ではないと判定する．

すなわち，データ集合Xに含まれる点$p \in X$に対して，pの外れ値のスコア$ABOD(p)$は，次式

$$ABOD(p) = \sigma_{x,y \in X} \left(\frac{\langle x-p, y-p \rangle}{\|x-p\|^2 \|y-p\|^2} \right) \tag{3.15}$$

により，点pから他の点に対する角度の分散を求めることによって求める．(3.15)式の右辺の括弧内が点pから点xへのベクトルと，点pから点yへのベクトルのなす角に相当する．ここで，$\|x-p\|$は点xとpの間の距離，$\langle x-p, y-p \rangle$は2つのベクトル$x-p$と$y-p$の内積を表している．すなわち，(3.15)式の右辺の括弧内はこれら2つのベクトルがなす角度をθとすると，

表3.3 高次元の外れ値検出の代表的なアルゴリズム

分類	アルゴリズム	アイディア
角度に基づく方法	ABOD[37]	外れ値は，自身と他の2点のデータのなす角度の分散が小さい．
グリッドによる方法	Aggarwal and Yu[17]	空間をグリッドで分割してデータの個数が少ないグリッドに属する点を外れ値とする．
距離に基づく方法	SOD[41]	各点に対して，$k-$近傍点の分散が最も小さくなる超平面との距離を外れ値スコアとする．
ランダムな部分空間の選択	Feature Bagging[10]	部分空間をランダムに選択する試行を複数回繰り返し，各試行における外れ値スコアの平均値を算出する．
コントラストが高い部分空間の選択	HiCS[32]	ある座標の周辺確率密度関数と，他の座標の条件つき確率密度関数が大きく異なる（コントラストが高い）点を外れ値として検出する．このような部分空間を探索し，外れ値スコアを算出する．部分空間の探索と外れ値スコアの算出を完全に分離している点に特徴がある．
任意の方向の部分空間への射影	COP[40]	各点の$k-$近傍点に対してロバスト主成分分析を実行しマハラノビス距離の分布を推定．これにより，座標軸方向だけでなく，任意の方向の部分空間への射影により外れ値を検出することが可能になる．

2つのベクトルの長さで重みづけた$\cos\theta$に相当する．そして，データ集合Xに含まれるp以外のすべての2点と点pの間の角度の分散を求めている．ここで，σは分散を表す．

このようにして求まった外れ値の度合い$ABOD$が小さい点は外れ値であると判定し，大きい点は外れ値ではないと判定する．このアルゴリズムの計算量は，データ数nに対して$O(n^3)$である．

3.3.4項でDB-外れ値を実行する際に使用したELKIを用いて，`mfeat`データセットに対してABODを実行してみよう．結果を出力するディレクトリは，ここではoutput/ELKI/ABOD/mfeatとしている．

```
$ java -jar elki-bundle-0.6.5~20141030.jar KDDCLIApplication -algorithm outlier.ABOD \
-dbc.in data/ELKI/mfeat-fac -out output/ELKI/ABOD/mfeat
Could not evaluate outlier results, as I could not find a minority label.
```

こうして出力された結果をRで分析してみよう．まず，結果を出力するディレクトリに存在するファイルを確かめる．

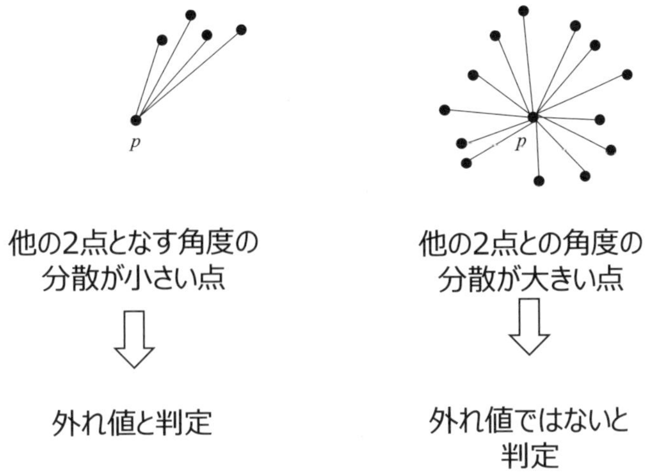

3.3 外れ値の検出

図3.27 ABOD の考え方

```
> # 結果が出力されたディレクトリのファイルリスト
> dir("output/ELKI/ABOD/mfeat")
[1] "abod-outlier_order.txt" "cluster.txt"
[3] "settings.txt"
```

3つのファイル "abod-outlier_order.txt", "cluster.txt", "settings.txt" が出力されているが，この中で各データの座標点と外れ値のスコアが記録されているのは "abod-outlier_order.txt" である．そこで，このファイルを読み込んで ABOD のスコアを抽出し，横軸を ABOD のスコア，縦軸をサンプル数としてヒストグラムをプロットしてみよう．ここでは，ABOD のスコアが非常に小さいため，横軸を対数スケールでプロットしていることに注意してほしい．

```
> library(dplyr)
> library(ggplot2)
> # データの読み込み
> abod.mfeat <- read.table("output/ELKI/ABOD/mfeat/abod-outlier_order.txt",
+     sep = " ", as.is = TRUE)
> # データのサイズ
> dim(abod.mfeat)
[1] 2000  218
> # 218列目にABODのスコアが記録されている
> head(abod.mfeat$V218)
[1] "abod-outlier=5.3252118116905915E-31"
[2] "abod-outlier=1.3107151530337207E-30"
[3] "abod-outlier=1.4307706518475986E-30"
[4] "abod-outlier=1.8265096519130044E-30"
[5] "abod-outlier=3.40340542201836E-30"
[6] "abod-outlier=3.5313256761042755E-30"
> # スコアを抽出して数値に変換
> abod.mfeat <- abod.mfeat %>% mutate(V218 = as.numeric(gsub("abod-outlier=",
+     "", V218)))
> # スコアのヒストグラムのプロット
> p <- ggplot(data = abod.mfeat, aes(x = V218, y = ..count..)) + geom_histogram() +
+     scale_x_log10() + xlab("log10(ABODスコア)") + ylab("サンプル数") +
+     theme_bw()
```

```
> print(p)
```

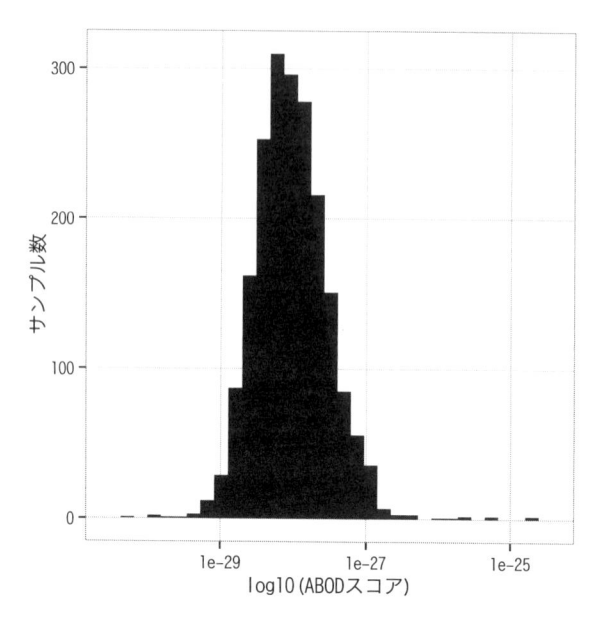

図 3.28　mfeat データセットに対する ABOD の適用結果

　以上では，スコアを抽出して数値に変換する処理が少しわかりにくいかもしれないが，スコアが格納されている 218 番目の列 V218 は，"abod-outlier=ABOD のスコア"という形式で ABOD のスコアを保持している．そのため，まずは "abod-outlier=" の部分を削除した後に，数値に変換している．

　さて，プロットした結果の図 3.28 を見ると，図の左側，すなわち ABOD のスコアが非常に低いサンプルが少数ながらも存在していることが確認できる．これらのサンプルを外れ値と判定するかどうかは，外れ値と判定するスコアの閾値を決定する必要がある．実際に ABOD を使用するときは，外れ値の割合（または個数）などを考慮したうえで，スコアの閾値を決定するとよいだろう．

3.4　連続データの離散化

　データ分析を行っていると，連続値のデータを離散化していくつかのグループに分けたい場面がしばしば発生する．たとえば健康診断で血圧は数値で測定されるが，それを「高・中・低」の 3 段階に分けることによりデータを把握しやすくしたい場合などである．元田らは，数値データを離散化することの利点として，以下の 3 点

- データ記述の簡略化
- データおよびその処理結果に対する理解しやすさの向上
- 多くのデータ処理システムによる数値属性を含むデータ処理の実行

を挙げている [115].

連続値のデータを離散化するための手法として，非常に多くのものが提唱されている．ここでは，離散化手法を次の2つの観点

- 区間を作成するアプローチの種類（トップダウンアプローチ・ボトムアップアプローチ）
- 教師データの有無（教師データあり・教師データなし）

から分類してみよう．

1点目の区間を作成するアプローチの種類については，離散化するときに最初はデータ全体を1つの区間として逐次的に区間を分割していく方法がトップダウンアプローチ，最初に細かい区間をいくつか生成して逐次的に併合していく方法がボトムアップアプローチである．

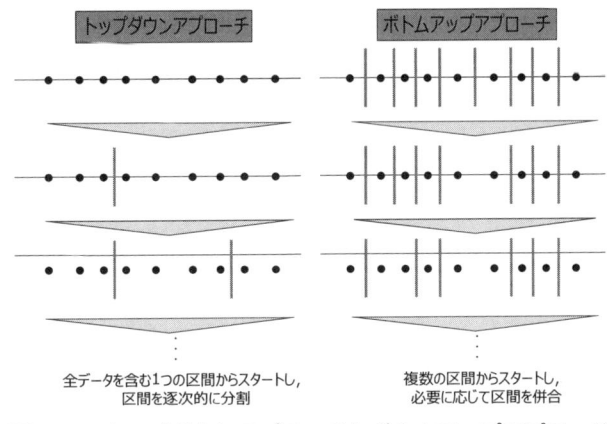

図 3.29 トップダウンアプローチとボトムアップアプローチ

2点目の教師データの有無については，区間を併合したり分割するときに教師データが必要かどうかという観点である．

上記の2つの観点から，離散化の代表的な手法を表 3.4 のように整理する．

表 3.4 連続値データの離散化手法

	教師データなし	教師データあり
トップダウン	等間隔区間による離散化 (EWD)，等頻度区間による離散化 (EFD) 等	エントロピーを用いた離散化 (CAIM, CACC, Ameva)，最小記述長原理による離散化 (MDLP) 等
ボトムアップ	k-means 等	カイマージ，カイ2 等

連続値のデータを離散化するための手法を実装しているパッケージとして，discretization パッケージや infotheo パッケージなどがある．これらのパッケージは，本書執筆時点で CRAN からインストールできる．

```
> # 連続データの離散化に必要なパッケージのインストール
> install.packages("discretization", quiet = TRUE)
> install.packages("infotheo", quiet = TRUE)
```

以下では，これらのパッケージでの実装を交えて各手法について説明する．なお，離散化の研究をまとめたサーベイとしては [89] が詳しい．また，近年開発された離散化手法も含め，Garcia らによるサーベイ [87] もたいへん良くまとまっている．是非一読されたい．

3.4.1 等間隔区間による離散化

等間隔区間による離散化 (Equal Width Discretization, EWD) は，各数値属性を単純に等間隔の区間に分割する手法である．R では infotheo パッケージの discretize 関数の disc 引数に "equalwidth" を指定することにより，等間隔区間による離散化を実行できる．次の例は，iris データセットに対して等間隔区間による離散化を実行している．

```
> # irisデータセットに対する等間隔区間による離散化
> library(infotheo)
> ewd.iris <- discretize(subset(iris, select = -Species), disc = "equalwidth")
> head(ewd.iris, 3)
  Sepal.Length Sepal.Width Petal.Length Petal.Width
1            2           4            1           1
2            1           3            1           1
3            1           3            1           1
```

区間数は，discretize 関数の nbins 引数に設定できる．デフォルトでは，データ数の 1/3 乗を超えない整数と設定されている．そのため，iris データセットに対しては $150^{1/3} = 5.31$ となり，区間数は 5 と設定される．

このようにして離散化したデータに対して，項目ごとにデータ数を集計してみよう．

```
> # 項目ごとのデータ数
> apply(ewd.iris, 2, table)
  Sepal.Length Sepal.Width Petal.Length Petal.Width
1           32          11           50          49
2           41          46            3           8
3           42          68           34          41
4           24          21           47          29
5           11           4           16          23
```

3.4.2 等頻度区間による離散化

等頻度区間による離散化 (Equal Frequency Discretization, EFD) は，各区間がほぼ同数のデータを含むように境界値を決定する手法である．等頻度区間による離散化は，等間隔区間による離散化と同様に，infotheo パッケージの discretize 関数の disc 引数に "equalfreq" を指定することによって実行できる．次の例は，iris データセットに対して等頻度区間による離散化を実行している．

```
> library(infotheo)
> # irisデータセットに対する等頻度区間による離散化
> efd.iris <- discretize(subset(iris, select=-Species), disc="equalfreq")
> head(efd.iris, 3)
  Sepal.Length Sepal.Width Petal.Length Petal.Width
1            2           5            1           1
2            1           2            1           1
3            1           4            1           1
```

このようにして離散化したデータに対して，項目ごとにデータ数を集計してみよう．

```
> # 項目ごとのデータ数
> apply(efd.iris, 2, table)
  Sepal.Length Sepal.Width Petal.Length Petal.Width
1           32          33           37          34
2           33          50           24          26
3           30          11           29          38
4           25          31           30          23
5           30          25           30          29
```

3.4.3 カイマージ

カイマージ [85] は，サンプルが属するクラスを用いた教師あり学習の離散化手法で，χ^2-検定を用いて分割点を決定する．カイマージは，離散化する属性とクラスが独立であるかどうかについて検定することにより離散化した区間を併合するかどうかを判断して，離散化に用いる分割点を決定する．

具体的には，属性を離散化して隣接する区間で各クラスの確率に有意な違いはないと判断されたら，2つの区間を併合する．2つの区間を併合するかどうかを判断する際は，帰無仮説 H_0 を「属性の離散化方法とクラスの確率は独立である」として，χ^2-検定を実行する．その結果，有意水準 α のもとで H_0 が棄却されない場合は隣接する区間を結合し，棄却される場合は離散値とクラスが独立でないと判断して区間の結合は行わない．隣接する区間が結合されなくなるまで以上の操作を繰り返す．

Rでは，discretizationパッケージのchiM関数を使用してカイマージを実行できる．次の例は，irisデータセットに対して有意水準 $\alpha = 0.05$ としてカイマージを実行している．chiM関数を使用する際は，データの最終列がクラスを格納するようにしなければならないことに注意する必要がある．

```
> # irisデータセットに対するカイマージの実行
> library(discretization)
> disc.cm <- chiM(iris, alpha = 0.05)
```

上記のように実行した結果，オブジェクト disc.cm には分割点，および離散化後のデータが格納されている．

```
> # カイマージの実行結果
> ## 分割点
> disc.cm$cutp
[[1]]
[1] 5.45 5.75 7.05

[[2]]
[1] 2.95 3.35

[[3]]
[1] 2.45 4.75 5.15

[[4]]
[1] 0.80 1.75
> ## 離散化後のデータ
> head(disc.cm$Disc.data, 3)
```

```
  Sepal.Length Sepal.Width Petal.Length Petal.Width Species
1            1           3            1           1  setosa
2            1           2            1           1  setosa
3            1           2            1           1  setosa
```

この結果を見ると，分割点は

- Sepal.Length は 5.45, 5.75, 7.05
- Sepal.Width は 2.95, 3.35
- Petal.Length は 2.45, 4.75, 5.15
- Petal.Width は 0.80, 1.75

であることがわかる．

3.4.4 情報エントロピーを用いた離散化

情報エントロピーを用いた離散化は，連続データを離散化する前後でのクラス情報に対する情報エントロピーに基づいて，分割点を決定する手法である．代表的なアルゴリズムとして，CAIM(Class-Attribute Interdependence Maximization)[58], CACC(Class-Attribute Contingency Coefficient)[22], Ameva[62] などがある．

R では，discretization パッケージの disc.Topdown 関数を用いてこれらのアルゴリズムを実行できる．disc.Topdown 関数の method 引数にはアルゴリズムの種類を数字で指定する．アルゴリズムと数字の対応は，次のようになっている．

- 1: CAIM
- 2: CACC
- 3: Ameva

次の例は，iris データセットに対して CAIM を実行している．

```
> # irisデータセットに対するCAIMの実行
> disc.caim <- disc.Topdown(iris, method = 1)
```

上記のように実行した結果，オブジェクト disc.caim には分割点，および離散化した各データが格納されている．

```
> # CAIMの実行結果
> ## 分割点
> disc.caim$cutp
[[1]]
[1] 4.30 5.55 6.25 7.90

[[2]]
[1] 2.00 2.95 3.05 4.40

[[3]]
[1] 1.00 2.45 4.75 6.90

[[4]]
[1] 0.10 0.80 1.75 2.50
```

```
> ## 離散化後のデータ
> head(disc.caim$Disc.data, 3)
  Sepal.Length Sepal.Width Petal.Length Petal.Width Species
1            1           3            1           1  setosa
2            1           2            1           1  setosa
3            1           3            1           1  setosa
```

3.4.5 最小記述長原理を用いた離散化

最小記述長原理を用いた離散化は，情報利得の最大化を選択規範として，最小記述長原理を用いて離散化する手法である [98]．Rでは discretization パッケージの mdlp 関数にこの手法が実装されている．次の例は，iris データセットに対して最小記述長原理を用いた離散化を実行している．

```
> # irisデータセットに対する最小記述長原理を用いた離散化
> disc.mdlp <- mdlp(iris)
```

上記のように実行した結果，オブジェクト disc.mdlp には分割点，および離散化した各データが格納されている．

```
> # 最小記述長原理を用いた離散化の実行結果
> ## 分割点
> disc.mdlp$cutp
[[1]]
[1] 5.55 6.15

[[2]]
[1] 2.95 3.35

[[3]]
[1] 2.45 4.75

[[4]]
[1] 0.80 1.75
> ## 離散化後のデータ
> head(disc.mdlp$Disc.data, 3)
  Sepal.Length Sepal.Width Petal.Length Petal.Width Species
1            1           3            1           1  setosa
2            1           2            1           1  setosa
3            1           2            1           1  setosa
```

3.5 属性選択

データ分析では，一般的に膨大な属性（または特徴量，feature）を扱う．たとえば，あるサービスのユーザの解約を予測することを考えてみよう．ユーザを記述する特徴や行動としては，

- 年齢，性別，居住地といったデモグラフィック属性
- サービスの利用回数や利用間隔などのユーザ行動
- ポイント発行，ダイレクトメールなどのサービス提供側からの施策

などさまざまなものが考えられる．このように多くの属性の中でユーザの解約と関係が薄いものは予測モデルに含めないほうが精度が向上することが知られている．また，計算量の削減という観点

からも属性の削減は重要である．

このように，属性の中から重要なものを選択するタスクを属性選択 (feature selection) と呼ぶ．以上で説明したように，属性選択はモデルの精度向上や計算量の削減を実現するうえで非常に重要なタスクである．属性選択については，Guyon らによるサーベイ論文 [46]，同じく Guyon らによる論文集 [47] などが詳しいので，興味のある読者は参照されたい．

3.5.1 属性選択の手法の分類

属性選択のアルゴリズムは，大きくフィルタ法 (filter method) とラッパ法 (wrapper method)，埋め込み法 (embedded method) の 3 つに分けられる．

- フィルタ法
  学習アルゴリズムを用いることなく，属性の性質のみを考慮して有効なものを選択する方法である．計算負荷が比較的少ないというメリットがある一方で，ラッパ法と比べて一般的に精度が低いというデメリットがある．
- ラッパ法
  学習アルゴリズムを用いて学習を実行しながら，有効な属性を選択する方法である．ある評価指標に基づいて属性をランキングして，指定した個数だけ重要な属性を選択する．計算負荷が比較的大きいというデメリットはあるが，フィルタ法と比べて高い精度が期待できる．

埋め込み法については本書では詳しく説明しないが，LASSO など内部で属性選択を実行する学習アルゴリズムを用いる方法である．

ラッパ法については，4.1.7 項で説明するため，ここではフィルタ法について重点的に扱う．

3.5.2 フィルタ法のアルゴリズム

フィルタ法の代表的なアルゴリズムは表 3.5 のように整理できる．

表 3.5 フィルタ法の代表的なアルゴリズム

アプローチ	手法
相関に基づく属性選択	Pearson の相関係数 等
情報量に基づく属性選択	情報利得，情報利得比，Gini 係数 等
データの近さに基づく属性選択	Relief, ReliefF, RReliefF 等

R でフィルタ法のアルゴリズムを実行するパッケージとして，FSelector パッケージや CORElearn パッケージがある．これらは，本書執筆時点では CRAN からインストールできる．

```
> # フィルタ法の実行に必要なパッケージのインストール
> install.packages("FSelector", quiet = TRUE)
> install.packages("CORElearn", quiet = TRUE)
```

3.5.3 相関に基づく属性選択

相関に基づく属性選択は，属性の選択に相関係数を用いるアプローチである．次式で定義されるPearsonの相関係数

$$r = \frac{cov(X,Y)}{var(X_i)var(Y)} = \frac{\sum_{k=1}^{m}(x_{k,i}-\bar{x}_i)(y_k-\bar{y})}{\sqrt{\sum_{k=1}^{m}(x_{k,i}-\bar{x})^2}\sqrt{\sum_{k=1}^{m}(y_k-\bar{y})^2}} \tag{3.16}$$

を用いて，属性 x と目的変数 y の間の関係を定量化する．相関係数が大きいほど，これらの間の関係は強いと解釈できる．この指標は，`FSelector`パッケージの`linear.correlation`関数を用いて計算できる．次の例は，`airquality`データセットに対して，項目Ozoneとその他の項目の相関係数を算出している．

```
> # 相関係数の算出
> library(FSelector)
> linear.correlation(Ozone ~ ., data = airquality)
        attr_importance
Solar.R     0.34834169
Wind        0.60154653
Temp        0.69836034
Month       0.16451931
Day         0.01322565
```

以上より，目的変数 Ozone と最も相関が高い属性は Temp（相関係数 0.69836），2番目に高い属性は Wind（相関係数 0.60155）であることがわかる．

3.5.4 情報量に基づく属性選択

情報量に基づく属性選択は，属性の選択に情報量を用いるアプローチである．情報利得，情報利得比，Gini 係数などの指標を用いて属性を選択するアプローチである．

データ集合 D からランダムに選択したデータのクラスを同定するために必要な平均情報量 $Info(D)$ は，データがクラス C_k $(k = 1, \ldots, K)$ に属する確率を $P(C_k)$ とすると，この確率のシャノンエントロピーとして定義される．すなわち，次式

$$Info(D) = -\sum_{k=1}^{K} P(C_k) \log_2 P(C_k) \tag{3.17}$$

で定義される．情報利得 (information gain) は，平均情報量と属性 A を用いた分割による情報量の差として定義され，属性 A を用いた分割による情報利得 $Gain(A)$ は，次式

$$Gain(A) = -\sum_{k=1}^{K} P(C_k) \log_2 P(C_k) + \sum_{j=1}^{J} \frac{N_j}{N} \sum_{k=1}^{K} P(C_{j,k}) \log_2 P(C_{j,k}) \tag{3.18}$$

で定義される．ここで，J は分割数，N は分割前のデータ数，N_j は分割 j 内のデータ数，$P(C_{j,k})$ は分割 j 内のデータがクラス C_k に属する確率である．情報利得は，そのままでは分割数 J の大きな属性を選択する傾向があるため，属性 A の値を同定するために必要な情報量

$$Info(A) = -\sum_{j=1}^{J} \frac{N_j}{N} \log_2 \frac{N_j}{N} \tag{3.19}$$

で情報利得を割ったものが情報利得比 (information gain ratio) である．

情報利得を用いた属性選択は，`FSelector`パッケージの`information.gain`関数を用いて実行できる．次の例は，`iris`データセットに対して，情報利得，情報利得比を算出している．

```
> # 情報利得
> information.gain(Species ~ ., data = iris)
             attr_importance
Sepal.Length       0.4521286
Sepal.Width        0.2672750
Petal.Length       0.9402853
Petal.Width        0.9554360
> # 情報利得比
> gain.ratio(Species ~ ., data = iris)
             attr_importance
Sepal.Length       0.4196464
Sepal.Width        0.2472972
Petal.Length       0.8584937
Petal.Width        0.8713692
```

これらの結果を見ると，情報利得，情報利得比のいずれも属性の重要度は Petal.Width，Petal.Length，Sepal.Length，Sepal.Width の順になっていることを確認できる．

データ集合 D からランダムに選択したデータのクラスが誤分類される確率を Gini 関数 (Gini function) と呼び，次式

$$\begin{aligned} Gini(P(D)) &= \sum_{i=1}^{K} \sum_{j=1, j \neq i}^{K} P(C_i) P(C_j) \\ &= 1 - \sum_{k=1}^{K} P(C_k)^2 \end{aligned} \tag{3.20}$$

で定義される．Gini 係数 (Gini index) は，属性 A を用いた分割による Gini 関数の差であり，

$$Gini\text{-}index(A) = 1 - \sum_{k=1}^{K} P(C_k)^2 - \sum_{j=1}^{J} \frac{N_j}{N} \left(1 - \sum_{k=1}^{K} P(C_{j,k})^2 \right) \tag{3.21}$$

で表される．

3.5.5 データの近さに基づく属性選択

Relief[55] は，あるデータとそのニアミス（異なるクラスのデータの中で最も距離が短いもの）を区別する属性が，そのデータとニアヒット（同じクラスのデータの中で最も距離が短いもの）を区別する属性よりも重要という考え方に基づいた属性選択のアルゴリズムである．

Relief を拡張したアルゴリズムが多数提案されている．RReliefF[48] は，代表的なアルゴリズムである．RReliefF は，`FSelector`パッケージの`relief`関数を用いて実行できる．次の例は，iris データセットに対して RReliefF を実行している．

```
> library(FSelector)
> set.seed(123)
> # irisデータセットに対するReliefFの実行
> relief(Species ~ ., data = iris)
```

```
                attr_importance
Sepal.Length         0.1825000
Sepal.Width          0.1470833
Petal.Length         0.3188136
Petal.Width          0.2991667
```

また，`CORElearn` パッケージには，Relief を拡張したアルゴリズムが非常に豊富に提供されている．

第4章

パターンの発見

パターンの発見は，データから規則性やルールなどを見いだす工程である．多変量解析，機械学習，時系列解析などの手法が用いられる．パターンの発見の目的や，それを実行するための手法にはさまざまなものがある．ここでは，次のように整理してみよう．

- 将来を予測する（予測モデルの構築・評価）
- 違うものを分ける（クラス分類）
- 似たものを集める（クラスタリング）
- データから意味内容を明らかにする（自然言語処理，画像認識，音声認識等）
- パターンやルールを発見する（パターンマイニング，ルール学習等）

以上では，パターン発見の目的で分類した．一方で，データ分析で実行するタスクという観点では，たとえばクラス分類では予測に適用可能なモデルを構築するため，予測モデルの構築・評価の中に含まれると考えることもできる．

ここでは，予測モデルの構築・評価（4.1節），パターンマイニング（4.2節）について取り上げる．

4.1 予測モデルの構築

予測モデルとは，図4.1に示すように，要因 x と予測する事象 y の間を結びつける関数 f のことである．

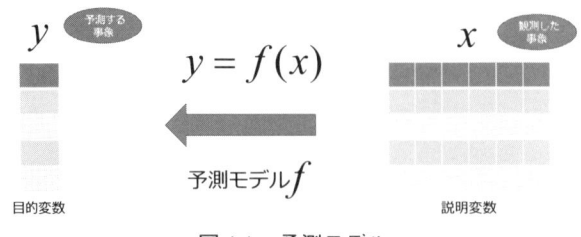

図 4.1 予測モデル

要因 x のことを説明変数 (exploratory variable)，予測する事象 y のことを目的変数 (response variable) と呼ぶ．説明変数は，機械学習では特徴量または属性 (feature) と呼ばれることも多い．

目的変数 y が連続値か離散値であるかによって，予測モデルを構築・評価するタスクの名称が異なる．y が連続値の場合は回帰 (regression)，y が離散値の場合はクラス分類 (classification) と呼ばれる．回帰の例として，売上高や在庫量の予測などが挙げられる．一方で，クラス分類の例として，患者の重病への罹患の有無や顧客のダイレクトメールへの反応の有無の予測などがある．

本節では，主に caret パッケージを用いて機械学習を用いて予測モデルを構築し，その性能を評価する方法について説明する．caret パッケージを用いた予測モデルの構築・評価については，パッケージの作成者である Max Kuhn による書籍 [68] が非常に詳しい．機械学習を用いた予測モデルの基本的な考え方については，Domingos [77] がコンパクトにまとまっているので参照されたい．本書では紙面の関係上，機械学習の各アルゴリズムについて詳細に説明することは難しいため，決定木，サポートベクタマシン，ランダムフォレストという代表的なアルゴリズムの概要を付録 A で説明している．機械学習のアルゴリズムについては，Bishop[24]，Hastie[95]，Murphy[57]，高村 [106]，杉山 [108] などが詳しいので，適宜参考にしてほしい．また，機械学習のトップの国際学会である ICML(International Conference on Machine Learning) で，機械学習の学術研究のあり方について一石を投じた論文 [56] は興味深いので，関心のある読者は参考にしてほしい．

4.1.1 機械学習による予測モデル構築

機械学習で予測モデルを構築するアルゴリズムとして，サポートベクタマシン，ランダムフォレスト，ブースティング，バギング，ニューラルネットワーク，自己組織化マップなどが提唱されている．ここでは，C50 パッケージに収録されている churn データセットを使用して，サポートベクタマシンとランダムフォレストを例に挙げて，機械学習による予測モデルの構築方法について説明する．ハイパーパラメータ，混合行列，適合率，再現率，F 値，正解率などについては，4.1.2 項以降で詳しく説明しているので必要に応じて参照してほしい．C50 パッケージは，CRAN からインストールできる．

```
> # C50パッケージのインストール
> install.packages("C50", quiet = TRUE)
```

churn データセットは，顧客のデモグラフィック属性（住居のある州，地域コード等）と行動，解約したかどうかを表すフラグ（"yes"：解約した，"no"：解約していない）から構成される．訓練データの churnTrain データセットとテストデータの churnTest データセットから構成される．訓練データの先頭とサイズは以下のようになっている．

```
> # churnデータセット
> library(C50)
> library(dplyr)
> data(churn)
> # 訓練データ
> churnTrain %>% head(3)
  state account_length      area_code international_plan
1    KS            128 area_code_415                 no
2    OH            107 area_code_415                 no
3    NJ            137 area_code_415                 no
  voice_mail_plan number_vmail_messages total_day_minutes
1             yes                    25             265.1
2             yes                    26             161.6
```

```
3                   no                 0                     243.4
  total_day_calls total_day_charge total_eve_minutes total_eve_calls
1             110            45.07             197.4              99
2             123            27.47             195.5             103
3             114            41.38             121.2             110
  total_eve_charge total_night_minutes total_night_calls
1            16.78               244.7                91
2            16.62               254.4               103
3            10.30               162.6               104
  total_night_charge total_intl_minutes total_intl_calls
1              11.01               10.0                3
2              11.45               13.7                3
3               7.32               12.2                5
  total_intl_charge number_customer_service_calls churn
1              2.70                              1    no
2              3.70                              1    no
3              3.29                              0    no
> churnTrain %>% dim
[1] 3333   20
> # テストデータ
> churnTest %>% head(3)
  state account_length      area_code international_plan
1    HI            101 area_code_510                 no
2    MT            137 area_code_510                 no
3    OH            103 area_code_408                 no
  voice_mail_plan number_vmail_messages total_day_minutes
1              no                     0              70.9
2              no                     0             223.6
3             yes                    29             294.7
  total_day_calls total_day_charge total_eve_minutes total_eve_calls
1             123            12.05             211.9              73
2              86            38.01             244.8             139
3              95            50.10             237.3             105
  total_eve_charge total_night_minutes total_night_calls
1            18.01               236.0                73
2            20.81                94.2                81
3            20.17               300.3               127
  total_night_charge total_intl_minutes total_intl_calls
1              10.62               10.6                3
2               4.24                9.5                7
3              13.51               13.7                6
  total_intl_charge number_customer_service_calls churn
1              2.86                              3    no
2              2.57                              0    no
3              3.70                              1    no
> churnTest %>% dim
[1] 1667   20
```

Rでサポートベクタマシンを実行するパッケージとして，kernlabパッケージのksvm関数やe1071パッケージのsvm関数などがある．e1071パッケージ，kernlabパッケージは，本書執筆時点ではCRANからインストールできる．

```
> # e1071, kernlabパッケージのインストール
> install.packages("e1071", quiet = TRUE)
> install.packages("kernlab", quiet = TRUE)
```

次の例は，訓練データ（churnTrainデータセット）に対してkernlabパッケージのksvm関数を用いてRBFカーネルのサポートベクタマシンにより予測モデルを構築し，テストデータ（churnTestデータセット）に対してその性能を評価している．

```
> # churnデータセットに対するRBFカーネルのサポートベクタマシンによる予測モデル構築・評価
> library(kernlab)
> library(C50)
> data(churn)
> fit.svm <- ksvm(churn ~ ., data = churnTrain)
Using automatic sigma estimation (sigest) for RBF or laplace kernel
> fit.svm
Support Vector Machine object of class "ksvm"

SV type: C-svc  (classification)
 parameter : cost C = 1

Gaussian Radial Basis kernel function.
 Hyperparameter : sigma =  0.0371567949741268

Number of Support Vectors : 987

Objective Function Value : -704.5917
Training error : 0.072907
> # テストデータに対する予測
> pred <- predict(fit.svm, churnTest)
> # 混合行列
> (conf.mat <- table(pred, churnTest$churn))

pred   yes   no
  yes   85    7
  no   139 1436
```

以上の結果を見ると，テストデータに対しては

- yes と予測した顧客のうち，実際に yes だった顧客は 85
- yes と予測した顧客のうち，実際は no だった顧客は 7
- no と予測した顧客のうち，実際は yes だった顧客は 139
- no と予測した顧客のうち，実際に no だった顧客は 1,436

であることがわかる．なお，RBF カーネルのサポートベクタマシンには，コストパラメータ C，カーネルパラメータ σ という2つのハイパーパラメータがあるが，これらの値は，$C = 1$，$\sigma = 0.0371567949741268$ に設定されていることを確認できる．

サポートベクタマシンの他に機械学習の代表的なアルゴリズムの1つに，ランダムフォレストがある．ランダムフォレストは，randomForest パッケージの randomForest 関数を用いて実行できる．randomForest パッケージは，本書執筆時点では CRAN からインストールできる．

```
> # randomForestパッケージのインストール
> install.packages("randomForest", quiet = TRUE)
```

次の例は，churn データセットに対してランダムフォレストにより予測モデルを構築し，その性能を評価している．

```
> # churnデータセットに対するランダムフォレストによる予測モデル構築・評価
> library(randomForest)
> set.seed(123)
> # ランダムフォレストによる予測モデル構築
> fit.rf <- randomForest(churn ~ ., data = churnTrain)
```

```
> fit.rf

Call:
 randomForest(formula = churn ~ ., data = churnTrain)
               Type of random forest: classification
                     Number of trees: 500
No. of variables tried at each split: 4

        OOB estimate of  error rate: 6.15%
Confusion matrix:
    yes   no class.error
yes 396   87  0.18012422
no  118 2732  0.04140351
> # テストデータに対する予測
> pred <- predict(fit.rf, churnTest)
> # 混合行列
> (conf.mat <- table(pred, churnTest$churn))

pred  yes   no
  yes 185   41
  no   39 1402
```

以上の結果を見ると，テストデータに対しては

- yes と予測した顧客のうち，実際に yes だった顧客は 185
- yes と予測した顧客のうち，実際は no だった顧客は 41
- no と予測した顧客のうち，実際は yes だった顧客は 39
- no と予測した顧客のうち，実際に no だった顧客は 1,402

であることがわかる．

以上のように，RBF カーネルによるサポートベクタマシンとランダムフォレストを用いて予測モデルを構築し，その精度について検証した．これらのモデルにはハイパーパラメータ (hyper parameter) と呼ばれ外生的に決定しなければならないパラメータが存在している．たとえば，RBFカーネルのサポートベクタマシンは，コストパラメータ C とカーネルパラメータ σ，ランダムフォレストでは，それぞれの決定木の構築においてサンプリングする特徴量の個数である．上記の例では，これらのハイパーパラメータはある値に固定していたが，実際は予測モデルを構築する際に最適な値を求める必要がある．RBF カーネルのサポートベクタマシンに対しては次のように，テストデータに対する予測結果が最良となるコストパラメータとカーネルパラメータの最適な組合せを決定する．なお，dplyr パッケージの arrange 関数，mutate 関数，チェイン関数を使用しているので，必要に応じて 2.2.1 項を復習されたい．

```
> library(kernlab)
> library(dplyr)
> # コストパラメータのリスト
> C.list <- seq(0.25, 1, by = 0.25)
> # カーネルパラメータのリスト
> sigma.list <- seq(0.1, 0.9, by = 0.1)
> # 評価指標のリスト
> metric.list <- c("tp", "fp", "fn", "tn")
> # 結果を格納するオブジェクト
> res <- cbind(expand.grid(C.list, sigma.list), matrix(NA, length(C.list) *
```

```
+       length(sigma.list), length(metric.list)))
> colnames(res) <- c("C", "sigma", metric.list)
> res <- res %>% arrange(C, sigma)
> # イテレータ番号（結果を格納する際に使用）
> iter <- 1
> # コストパラメータC
> for (C in C.list) {
+     # カーネルパラメータsigma
+     for (sigma in sigma.list) {
+         # 予測モデルの構築
+         fit.ksvm <- ksvm(churn ~ ., data = churnTrain, kpar = list(sigma = sigma),
+             C = C)
+         # テストデータに対する予測
+         pred <- predict(fit.ksvm, churnTest)
+         # 混合行列
+         conf.mat <- table(pred, churnTest$churn)
+         res[iter, metric.list] <- conf.mat %>% t %>% as.vector
+         iter <- iter + 1
+     }
+ }
> # 予測モデルの評価 Precision, Recall, Accuracyの算出
> res.eval <- res %>% mutate(Prec = tp/(tp + fp), Rec = tp/(tp + fn),
+     Acc = (tp + tn)/(tp + fp + fn + tn))
> res.eval %>% head(3)
     C sigma tp fp  fn   tn Prec        Rec       Acc
1 0.25   0.1 41  0 183 1443    1 0.18303571 0.8902220
2 0.25   0.2  5  0 219 1443    1 0.02232143 0.8686263
3 0.25   0.3  0  0 224 1443  NaN 0.00000000 0.8656269
> # Precisionが最大となるハイパーパラメータ
> idx.best <- which.max(res.eval$Prec)
> res.eval[idx.best, c("C", "sigma")]
     C sigma
1 0.25   0.1
```

ランダムフォレストの場合も同様に，テストデータに対する予測結果が最良となるように決定木の構築に用いる特徴量の個数を決定する．

```
> library(randomForest)
> set.seed(123)
> # サンプリングする特徴量の個数のリスト
> mtry.list <- c(5, 10, 15)
> # 評価指標のリスト
> metric.list <- c("tp", "fp", "fn", "tn")
> # 結果を格納するオブジェクト
> res <- cbind(mtry.list, matrix(NA, length(mtry.list), length(metric.list)))
> colnames(res) <- c("mtry", metric.list)
> # イテレータ番号（結果を格納する際に使用）
> iter <- 1
> # サンプリングする特徴量の個数
> for (mtry in mtry.list) {
+     # 予測モデルの構築
+     fit.rf <- randomForest(churn ~ ., data = churnTrain)
+     # テストデータに対する予測
```

```
+     pred <- predict(fit.rf, churnTest)
+     # 混合行列
+     conf.mat <- table(pred, churnTest$churn)
+     res[iter, metric.list] <- conf.mat %>% t %>% as.vector
+     iter <- iter + 1
+ }
> # 予測モデルの評価
> res <- res %>% as.data.frame %>% mutate(Prec = tp/(tp + fp), Rec = tp/(tp + fn),
+     Acc = (tp + tn)/(tp + fp + fn + tn))
> res
  mtry  tp fp fn   tn      Prec       Rec       Acc
1    5 185 41 39 1402 0.8185841 0.8258929 0.9520096
2   10 183 39 41 1404 0.8243243 0.8169643 0.9520096
3   15 185 44 39 1399 0.8078603 0.8258929 0.9502100
> # Precisionが最大となるハイパーパラメータ
> idx.best <- which.max(res$Prec)
> res[idx.best, "mtry"]
[1] 10
```

以上ではテストデータでの評価指標を用いて最適なハイパーパラメータを決定していた．これは，churnデータセットが訓練用のchurnTrainデータセットとテスト用のchurnTestデータセットに分割されて提供されていることが関係している．しかし，一般的には手元にあるデータを訓練データとテストデータに分割するとサンプル数が減少してしまうという問題点がある．こうした問題点を回避するために，クロスバリデーション（交差検証法，cross validation）が用いられることが多い．データをいくつかの部分集合に分割し，各集合に属するデータを検証用とし，それ以外のデータを用いて予測モデルを構築する．次の例では，churnTrainデータセットを10分割し，各ハイパーパラメータの組合せに対して，9個の部分集合のデータセットで予測モデルを構築し残りの1個の部分集合のデータセットで検証を行う処理を実行している．

```
> library(kernlab)
> library(dplyr)
> set.seed(123)
> # コストパラメータのリスト
> C.list <- seq(0.25, 1, by = 0.25)
> # カーネルパラメータのリスト
> sigma.list <- seq(0.1, 0.9, by = 0.1)
> # 評価指標のリスト
> metric.list <- c("tp", "fp", "fn", "tn")
> # 各データが属する集合の番号
> cross <- 10
> fold.list <- sample(1:cross, nrow(churnTrain), replace = TRUE)
> # 結果を格納するオブジェクト
> res <- cbind(expand.grid(1:cross, C.list, sigma.list), matrix(NA, cross *
+     length(C.list) * length(sigma.list), length(metric.list)))
> colnames(res) <- c("fold", "C", "sigma", metric.list)
> res <- res %>% arrange(C, sigma, fold)
> # イテレータ番号（結果を格納する際に使用）
> iter <- 1
> # コストパラメータC
> for (C in C.list) {
+     # カーネルパラメータsigma
```

```
+    for (sigma in sigma.list) {
+      # 各foldに対してハイパーパラメータごとに予測モデルを構築・評価
+      for (fold in 1:cross) {
+        # 訓練データとテストデータの分割
+        is.train <- fold.list != fold
+        churnTrain.tr <- churnTrain[is.train, ]
+        churnTrain.te <- churnTrain[!is.train, ]
+        # 予測モデルの構築
+        fit.ksvm <- ksvm(churn ~ ., data = churnTrain.tr, kpar = list(sigma = sigma),
+          C = C)
+        # テストデータに対する予測
+        pred <- predict(fit.ksvm, churnTrain.te)
+        # 混合行列
+        conf.mat <- table(pred, churnTrain.te$churn)
+        # 評価指標
+        res[iter, metric.list] <- conf.mat %>% t %>% as.vector
+        iter <- iter + 1
+      }
+    }
+ }
> # 予測モデルの評価
> res.eval <- res %>% as.data.frame %>% mutate(Prec = tp/(tp + fp), Rec = tp/(tp + fn),
+     Acc = (tp + tn)/(tp + fp + fn + tn)) %>% group_by(C, sigma) %>%
+   summarise(PrecMean = mean(Prec, na.rm = TRUE), RecMean = mean(Rec, na.rm = TRUE),
+     AccMean = mean(Acc, na.rm = TRUE))
> res.eval %>% head(3)
Source: local data frame [3 x 5]
Groups: C

     C sigma PrecMean      RecMean   AccMean
1 0.25   0.1        1  0.134682549 0.8746198
2 0.25   0.2        1  0.006272959 0.8560416
3 0.25   0.3      NaN  0.000000000 0.8551346
> # Precisionが最大となるハイパーパラメータ
> idx.best <- which.max(res.eval$PrecMean)
> res.eval[idx.best, c("C", "sigma")]
Source: local data frame [1 x 2]
Groups: C

     C sigma
1 0.25   0.1
```

紙面の都合上，ランダムフォレストについては説明しないが，全く同様の処理で実行できることが理解できるだろう．

本項では，C50パッケージのchurnデータセットを用いて機械学習の予測モデルの構築方法について説明した．以上で説明した予測モデル構築の流れを振り返ってみると，以下の2点を指摘できる．

1点目は，churnデータセットに対して予測モデルを構築したいという目的が定まっていたことである．このデータセットを使用することが定まっていることは，「どのような顧客」に対して，「将来のどの期間」にわたって，「どのような事象」を，「顧客のどのような特徴」に基づいて予測したいかが明確化されていることを意味する．この点については，使用するアルゴリズムがRBFカーネルのサポートベクタマシンかランダムフォレストという点に関係なく共通している．

2 点目は，最適なハイパーパラメータを決定するための処理が，RBF カーネルのサポートベクタマシンかランダムフォレストかによらず共通していたことである．最適なハイパーパラメータを決定するために，クロスバリデーションなどのリサンプリング手法を用いてデータを分割し，各ハイパーパラメータに対して分割したデータの部分集合を予測するためのモデルを構築し，その予測精度を評価した．この処理の中でアルゴリズムごとに異なる点は，ハイパーパラメータだけである．

4.1.2 予測モデル構築のプロセス

4.1.1 項で説明した内容をもとに，予測モデル構築のプロセスは図 4.2 のように共通化できそうである．

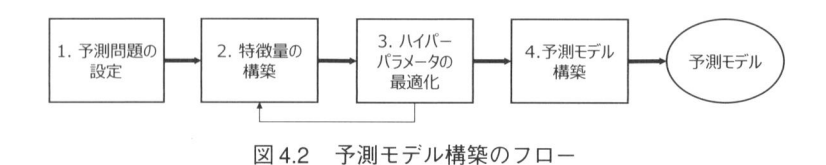

図 4.2　予測モデル構築のフロー

1. **予測問題の設定**（4.1.3 項）
   予測する問題を設定する．たとえば，4.1.1 項で説明に用いた C50 パッケージの churn データセットを使用する場合，「データセットに収録された母集団の顧客に対して，将来退会するかどうかを予測する」という問題設定となる．このようにそのまま予測モデルの入力データとなるデータセットが用意された場合は，あらかじめ予測問題が設定されていることになる．しかし，たとえば顧客行動のログデータを用いて予測モデルを構築する場合は予測対象とする母集団，予測のタイミング，予測期間，予測する事象，予測に使用する事象などを定義して，予測問題を設定しなければならない．

2. **特徴量の構築**（4.1.4 項）
   設定した問題設定での予測を実行するために，使用する目的変数や説明変数を作成する．4.1.1 項で使用した churn データセットは C50 パッケージで提供され，機械学習のアルゴリズムをそのまま適用できる形式になっていた．しかし，一般には実際に分析するデータはこの形式にはなっていないため，適宜，加工や集計を行って目的変数，説明変数を作成する必要がある．

3. **ハイパーパラメータの最適化**（4.1.5 項）
   使用する機械学習のアルゴリズムのハイパーパラメータを決定するために，ハイパーパラメータの探索範囲を指定し，各ハイパーパラメータに対して以下の処理を行う．

   - データのリサンプリング
     構築した予測モデルは，未知のデータに対しても高い予測能力と安定性（汎化能力）が備わっていることが望ましい．予測モデルの汎化能力を検証するために，使用できるデータを分割して一部分は予測モデルを構築するために使用し，他の部分は予測モデルを評価するために使用する．これをデータの「リサンプリング」と呼ぶ．汎化能力の検証方法には，ホールドアウト検定，クロスバリデーション（交差検定），ブートストラップなどがある．

   - 訓練データを用いた予測モデル構築
     訓練データを用いて予測モデルを構築する．あらかじめ予測モデルを構築するために使用

するアルゴリズムを選定しておく必要がある．
- **テストデータの予測**
  構築した予測モデルに対して，テストデータを用いて予測を行う．
- **予測結果の評価**
  テストデータの予測結果の評価を実施する．汎化能力を定量化する指標は，クラス分類と回帰で異なるものを使用する．
  クラス分類に対しては，ROC 曲線や混合行列 (confusion matrix) を用いた評価が行われることが多い．各ハイパーパラメータに対して，リサンプリングの回数分だけ算出される評価指標の平均値や標準偏差などを用いて評価を行い，最も良い評価を与えるハイパーパラメータを最適なハイパーパラメータとして選択する．
  予測モデルの評価については，[72, 73, 71] が詳しい．

4. **予測モデル構築**（4.1.6 項）
   「3. ハイパーパラメータの最適化」で決定したハイパーパラメータを用いて，全データを使用して予測モデルを構築する．

米 Pfizer 社の Max Kuhn による caret パッケージは，機械学習により予測モデルを構築するための共通のフレームワークを提供している [66, 1, 67, 68]．図 4.3 に示すように，caret パッケージの専用ページが開設されており，さまざまな情報を入手できる．caret パッケージは，本書執筆時点では CRAN からインストールできる．

```
> # caretパッケージのインストール
> install.packages("caret", quiet = TRUE)
```

以下では，caret パッケージの使用方法を交えて予測モデルの構築方法について説明する．

4.1.3　予測問題の設定

予測モデルを構築し評価するにあたりまず必要になるのが，予測問題をどのように設定するかという点である．著者は，予測問題を設定するときに図 4.4 のような観点を考慮して検討することが多い．

- **予測対象**
  予測の対象とする母集団を決定する．たとえば，あるサービスの顧客の退会を予測する場合に，予測時点で加入しているすべての顧客を予測対象とするのか，それともある特定の条件を満たす顧客（たとえば，過去 3 カ月以内に一度でもサービスを利用した顧客）だけを予測対象とするのかについて定義する．
- **予測のタイミング**
  予測するタイミングを決定する．たとえば，あるサービスの顧客の退会を予測する場合に，毎月決まったタイミングで翌月の退会を予測するのか，それとも顧客がある特定の行動（たとえば，コールセンターへの問合せ）を行ったことをトリガーとして予測するのかについて定義する．

図 4.3　caret パッケージのホームページ [1]

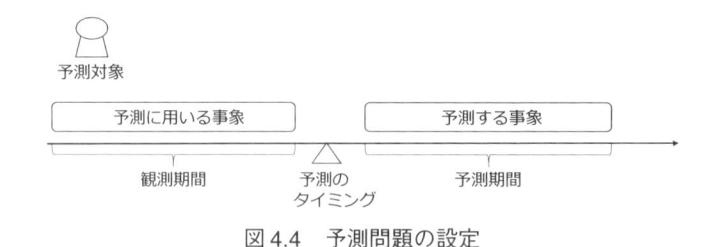

図 4.4　予測問題の設定

- 予測期間

  将来のどの期間を予測するかについて決定する．たとえば，あるサービスの顧客に対して毎月，退会を予測する場合に，予測する期間を翌月とするのか，それとも直近の将来3ヵ月とするのかについて定義する．

- 予測する事象

  予測する事象について決定する．たとえば，あるサービスの顧客が退会するかどうか，機械が故障するかどうかなどである．ここで定義した事象に従って，目的変数とその算出方法が決定されることになる．

- 予測に用いる事象

  何に基づいて予測するかについて決定する．たとえば，1ヵ月間の顧客のサービスの利用回数や利用間隔の平均値などである．ここで定義した事象に従って，説明変数とその算出方法が決定されることになる．

本書では，4.1.12項で小売店のPOSデータを用いて顧客の来店予測を行う例，第5章でセンサー

データを用いて学生の飲食品の購入を予測する例を除いて，説明変数と目的変数があらかじめ用意された「きれいなデータ」を使用する．しかし，現実はこのようなことは珍しく，たとえば顧客のサービスからの離反を予測する場合，サービス利用のトランザクションデータやデモグラフィック（顧客属性）データを加工して，設定した予測問題に応じて母集団を抽出したり，説明変数や目的変数を作成したりしなければならない．それに伴って，必要なデータ加工や集計，また予測の結果講ずる施策が大きく異なってくる．たとえば，予測タイミングが毎月末，予測する事象を翌月の顧客の退会とする問題設定を行う場合，この予測モデルを活用して誰がいつどのような判断を下して，どのような施策を講じることができるかという点をあらかじめ検討しておかなければ，構築した予測モデルを実務で活用することは非常に困難である．

以上のように，予測問題の設定は単に予測モデルを構築するだけでなく，その後の活用にまで影響を及ぼす非常に重要な事項である．そのため，実務においてはデータや分析の視点のみで考えるのではなく，施策担当者などと一緒に検討することが重要である．

4.1.4 特徴量の構築

特徴量の構築では，設定した予測問題の説明変数や目的変数を作成する．特徴量は予測の成否を握っており，いかにして目的変数と関係の強い説明変数を構築できるかが非常に重要である[77]．そのような特徴量を作成するためには，分析対象となるドメインの知識が必要とされることが多い．

また，作成した特徴量をそのまま予測に使用するのではなく，いくつかの前処理を行うこともある．caret パッケージは，予測モデル構築に必要な前処理の関数をいくつか提供している．たとえば，カテゴリ変数からダミー変数を作成する dummyVars 関数，分散がほぼ 0 の特徴量を同定する nearZeroVar 関数，特徴量間の線形な関係を見つける findLinearCombs 関数などがある．

4.1.5 ハイパーパラメータの最適化

機械学習のアルゴリズムには，ハイパーパラメータと呼ばれて，外生的に決定しなければならないパラメータが存在する．たとえば，決定木における木の深さ，サポートベクタマシンでRBFカーネルを使用した場合のカーネルパラメータ σ，ランダムフォレストで各決定木を構築する際に使用する特徴量の個数などである．図4.5に示すように，こうしたハイパーパラメータはハイパーパラメータの探索範囲を決定し，それぞれのハイパーパラメータに対して予測モデルを構築・評価して最も性能が良いものを選択することにより決定できる．

ハイパーパタメータを決定するためには，予測精度を評価する指標が必要である．予測モデルの評価に用いられる指標についてまとめておこう．混合行列 (confusion matrix) とは，表4.1に示すように予測結果と実績の正例・負例の件数を表形式で表したものである．

表4.1　混合行列

	正例	負例
正例と予測	tp	fp
負例と予測	fn	tn

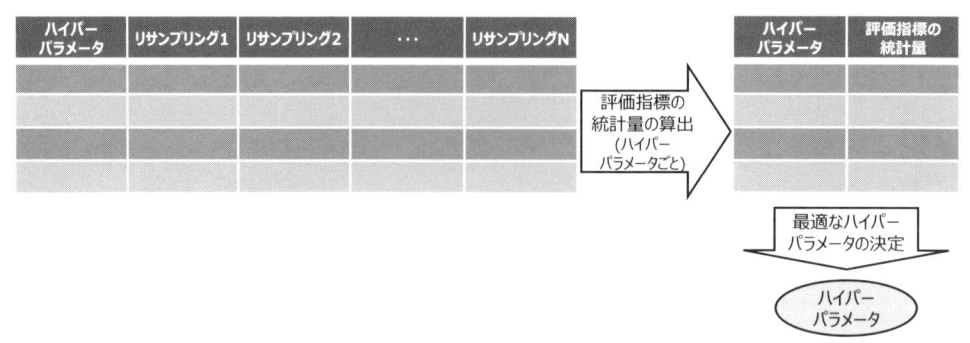

図4.5 リサンプリングによる最適なハイパーパラメータの決定

混合行列を用いて，以下の適合率 (precision)，再現率 (recall)，F 値 (F-value)，正解率 (accuracy) などの指標が算出されることが多い．

$$Precision = \frac{tp}{tp+fp} \tag{4.1}$$

$$Recall = \frac{tp}{tp+fn} \tag{4.2}$$

$$F = \frac{2}{\frac{1}{Precision}+\frac{1}{Recall}} = \frac{2tp}{fp+2tp+fn} \tag{4.3}$$

$$Accuracy = \frac{tp+tn}{tp+tn+fp+fn} \tag{4.4}$$

また，感度 (Sensitivity)，特異度 (Specificity)，偽陽性率 (False Positive Rate) も評価指標として用いられることがある．感度は再現率 (Recall) と同等で，予測モデルが正例と予測したものが，正例の実績をどの程度カバーしているかについて示す指標である．また，特異度は予測モデルが負例と予測したものが，負例の実績をどの程度カバーしているかについて示す指標である．すなわち，感度 $Sens$ と特異度 $Spec$ は，次式

$$Sens = \frac{tp}{tp+fn} \tag{4.5}$$

$$Spec = \frac{tn}{fp+tn} \tag{4.6}$$

で表される．偽陽性率は実際は負例にもかかわらず正例と予測してしまったものの割合として定義される．すなわち，偽陽性率 FPR は次式

$$FPR = \frac{fp}{fp+tn} \tag{4.7}$$

により定義される．

ROC 曲線とは，偽陽性率と真陽性率（=感度）に基づく曲線である [94]．サンプルを予測モデルによるスコアの降順で並べて，横軸に偽陽性率，縦軸に真陽性率（=感度）をプロットしていく．ROC 曲線の下側の面積を AUC(Area Under the Curve) と呼ぶ．AUC の値によって，予測モデル

の性能を評価することができる．AUC の値が 1 ならば予測モデルは完全に正例と負例を分離して予測できており，AUC の値が 0.5 ならば予測モデルは完全にランダムな予測を行っていると解釈できる．

カッパ係数 (kappa coefficient) は，偶然によらず予測結果が実績に一致する度合いを定量化する指標である．混合行列において，予測結果と実績の一致率は，

$$予測結果と実績の一致率 = \frac{tp + tn}{tp + fn + fp + tn} \tag{4.8}$$

となる．しかし，この指標はたまたま偶然予測結果と実績が一致することを考慮していないので，「見かけ上の一致率」(observed degree of agreement) と呼ばれる．予測結果と実績が正例で一致する確率は，正例と予測する割合と正例の実績の割合の積，すなわち，次式

$$正例が偶然一致する確率 = \frac{tp + fp}{tp + fn + fp + tn} \cdot \frac{tp + fn}{tp + fn + fp + tn} \tag{4.9}$$

で見積もる．一方で，予測結果と実績が負例で一致する確率は，負例と予測する割合と負例の実績の割合の積，すなわち，次式

$$負例が偶然一致する確率 = \frac{fp + tn}{tp + fn + fp + tn} \cdot \frac{fn + tn}{tp + fn + fp + tn} \tag{4.10}$$

で見積もる．(4.9) 式で見積もられる正例が偶然一致する確率と (4.10) 式で見積もられる負例が偶然一致する確率の和により，偶然による一致率を見積もる．すなわち，次式

$$偶然による一致率 = 正例が偶然一致する確率 + 負例が偶然一致する確率 \tag{4.11}$$

$$= \frac{tp + fp}{tp + fn + fp + tn} \cdot \frac{tp + fn}{tp + fn + fp + tn} + \frac{fp + tn}{tp + fn + fp + tn} \cdot \frac{fn + tn}{tp + fn + fp + tn}$$

$$= \frac{(tp + fp)(tp + fn) + (fp + tn)(fn + tn)}{(tp + fn + fp + tn)^2}$$

により見積もる．

カッパ係数 κ は偶然によらない一致率の指標であり，次式

$$\kappa = \frac{予測結果と実績の一致率 - 偶然による一致率}{1 - 偶然による一致率} \tag{4.12}$$

$$= \frac{\dfrac{tp + tn}{tp + fn + fp + tn} - \dfrac{(tp + fp)(tp + fn) + (fp + tn)(fn + tn)}{(tp + fn + fp + tn)^2}}{1 - \dfrac{(tp + fp)(tp + fn) + (fp + tn)(fn + tn)}{(tp + fn + fp + tn)^2}}$$

$$= \frac{(tp + tn)(tp + fn + fp + tn) - (tp + fp)(tp + fn) - (fp + tn)(fn + tn)}{(tp + fn + fp + tn)^2 - (tp + fp)(tp + fn) - (fp + tn)(fn + tn)}$$

により定義される．

回帰に対しては，平均2乗誤差RMSE (Root Mean Squared Error)，決定係数 (coefficient of determinant) R^2 などの指標が用いられる．

$$RMSE = \sqrt{\frac{1}{N}\sum_{i=1}^{N}(y_i - f_i)^2} \qquad (4.13)$$

$$R^2 = 1 - \frac{\sum_i (y_i - \bar{y})^2}{\sum_i (y_i - f_i)^2} \qquad (4.14)$$

ここで，$\{y_i\}$ は観測値の集合，$\{f_i\}$ は予測値の集合である．また，$\bar{y}$ は観測値の平均，すなわち

$$\bar{y} = \frac{1}{n}\sum_{i=1}^{n} y_i \qquad (4.15)$$

である．

図 4.2 の予測モデル構築のフローは，caret パッケージの train 関数を用いて実行できる．ここでは，C50 パッケージの churn データセットに対して train 関数を適用し，以下の条件で予測モデルを構築し，評価してみよう．

- ハイパーパラメータの探索範囲
  使用する特徴量のサイズ $\{5, 10, 15\}$
- リサンプリング方法
  10-fold のクロスバリデーション
- 予測アルゴリズム
  ランダムフォレスト

```
> library(caret)
> set.seed(123)
> # 10-fold クロスバリデーションの設定
> trControl <- trainControl(method = "cv", number = 10)
> # ランダムフォレストによる予測モデルの構築（処理時間も計測）
> system.time(fit.rf <- train(churn ~ ., data = churnTrain, method = "rf",
+     tuneGrid = data.frame(.mtry = c(5, 10, 15)), trControl = trControl))
   user  system elapsed
342.517   1.058 343.215
```

上記のコードで train 関数の第 1 引数には予測の式を，第 2 引数には使用するデータをそれぞれ指定する．method 引数には予測モデルのアルゴリズムの名称を文字列で指定する．アルゴリズムの名称は caret パッケージ独自のものを使用している．使用可能なアルゴリズムとその名称については，B 章の表に示してあるので参照してほしい．tuneGrid 引数には，探索するハイパーパラメータの範囲を指定する．trControl 引数には，リサンプリングの方法などを指定する．trControl に与える引数は，trainControl 関数を用いて作成することができる．trainControl 関数の引数については，表 4.2 を参照してほしい．

このようにして構築した予測モデルを確認しよう．

表 4.2 trainControl 関数の引数

パラメータ	説明	値の範囲	デフォルト値
method	リサンプリング方法	"boot": ブートストラップ．"boot632": ブートストラップ．"cv": クロスバリデーション．"repeatedcv": 繰り返しクロスバリデーション．"LOOCV": 1つ抜きクロスバリデーション．"LGOCV": 訓練/テストデータの繰り返しの分割．"none": 訓練データ全体を1つのモデルにフィッティング．"oob":Out of Bag (ランダムフォレスト, bagged trees, bagged earth, bagged flexible discriminant analysis, conditional tree forest models のみ)	"boot"
number	フォールド数またはリサンプリングの回数	数値	10 (method が "cv", "repeatedcv")，25 (それ以外)
repeats	フォールドの回数（繰り返しk-fold クロスバリデーションのみ有効）	数値	1 (method が "cv", "repeatedcv"), number (それ以外)
p	クロスバリデーションにおける訓練データの割合	(0, 1) の実数	0.75
verboseIter	訓練結果を表示するかどうかを指定するフラグ	論理値	FALSE
returnData	データを保存するかどうかを指定するフラグ	論理値	TRUE
returnResamp	リサンプリングの結果の要約の保持を指定するフラグ	"final": 最終結果のみ保持する．"all": すべて保持する．"none": 保持しない．	"final"
savePredictions	各リサンプルに対してホールアウトの予測結果を保持するかどうかを指定するフラグ	論理値	FALSE

```
> # ランダムフォレストによる予測モデルの確認
> fit.rf
Random Forest

3333 samples
  19 predictor
   2 classes: 'yes', 'no'

No pre-processing
Resampling: Cross-Validated (10 fold)

Summary of sample sizes: 3000, 3000, 2999, 2999, 3000, 3000, ...

Resampling results across tuning parameters:

  mtry  Accuracy   Kappa      Accuracy SD  Kappa SD
   5    0.9195861  0.5805349  0.01167985   0.07717246
  10    0.9513945  0.7772101  0.01308630   0.06702156
  15    0.9546978  0.7986440  0.01435790   0.06630263

Accuracy was used to select the optimal model using the
 largest value.
The final value used for the model was mtry = 15.
```

後半の "Resampling results across tuning parameters:" 以降が予測モデルの構築・評価の結果を表している．この表には，ハイパーパラメータmtryごとに10-foldのクロスバリデーションの評価指標が示されている．"Accuracy"は正解率(Accuracy)の平均，"Kappa"はカッパ係数(Kappa coefficient)の平均，"Accuracy SD"は正解率の標準偏差，"Kappa SD"はカッパ係数の標準偏差である．なお，以降においても，生成される乱数が異なることに起因して，本書の結果と読者の実行結果が微妙に異なる可能性があることに注意してほしい．デフォルトではハイパーパラメータを決定するための評価指標は正解率となっており，上記の例ではmtryが15のときに正解率が最大となるため，この値が最適なハイパーパラメータとして決定されている．このことは最終3行に記されているが，次のように確認することもできる．

```
> # 最適なハイパーパラメータ
> fit.rf$bestTune
  mtry
3   15
```

以上では各ハイパーパラメータに対して算出される評価指標は正解率とカッパ係数である．これは，train関数のtrControl引数に与えるsummaryFunction引数がデフォルトではdefaultSummary関数に設定されているためである．caretパッケージには，2値分類のモデルについて要約を行うtwoClassSummary関数も用意されている．twoClassSummary関数はpROCパッケージに依存しているため，あらかじめインストールしておこう．pROCパッケージは，本書執筆時点ではCRANからインストールできる．

```
> # pROCパッケージのインストール
> install.packages("pROC", quiet = TRUE)
```

次の例は，twoClassSummary関数を用いて，churnTrainデータセットに対してランダムフォレストにより10-foldのクロスバリデーションを実行している．

```
> set.seed(123)
> # 10-fold クロスバリデーションの設定
> trControl <- trainControl(method = "cv", number = 10, summaryFunction = twoClassSummary,
+       classProbs = TRUE)
> # ランダムフォレスト(2値分類の評価を要約)
> fit.rf <- train(churn ~ ., data = churnTrain, method = "rf", metric = "ROC",
+       tuneGrid = data.frame(.mtry = c(5, 10, 15)), trControl = trControl)
> fit.rf
Random Forest

3333 samples
  19 predictor
   2 classes: 'yes', 'no'

No pre-processing
Resampling: Cross-Validated (10 fold)

Summary of sample sizes: 3000, 3000, 2999, 2999, 3000, 3000, ...

Resampling results across tuning parameters:

  mtry  ROC        Sens       Spec       ROC SD      Sens SD
   5    0.9111310  0.4470663  0.9982456  0.04139891  0.07180026
  10    0.9122853  0.7038690  0.9943860  0.04110949  0.08464937
  15    0.9104399  0.7309099  0.9912281  0.04419662  0.06925864
  Spec SD
  0.001849285
  0.004438284
  0.005547856

ROC was used to select the optimal model using  the largest value.
The final value used for the model was mtry = 10.
```

"Resampling results across tuning parameters:" 以降に表示されている "ROC" は AUC(Area Under the Curve), "Sens" は感度 (Sensitivity), "Spec" は特異度 (Specificity) を表しており, それぞれ平均と標準偏差が算出されている.

得られた予測モデルを用いてテストデータに対して予測を行い, ROC 曲線をプロットすることが可能である. pROC パッケージの roc 関数を用いて ROC 曲線に必要な情報を生成し, plot 関数を用いて ROC 曲線をプロットする.

```
> library(pROC)
> # テストデータのクラスラベル・クラス確率の予測
> pred <- predict(fit.rf, churnTest)
> prob <- predict(fit.rf, churnTest, type = "prob")
> # ROC曲線のプロット(roc関数のlevels引数は興味のあるクラスが2番目にあるという前提のもとに実装されているため, 逆順に並び替え)
> rocCurve <- roc(response = pred, predictor = prob$yes, levels = rev(levels(pred)))
> plot(rocCurve, legacy.axes = TRUE)

Call:
roc.default(response = pred, predictor = prob$yes, levels = rev(levels(pred)))

Data: prob$yes in 1512 controls (pred no) < 155 cases (pred yes).
Area under the curve: 1
> # AUC
> auc(rocCurve)
Area under the curve: 1
```

第4章 パターンの発見

図4.6　ROC曲線のプロット

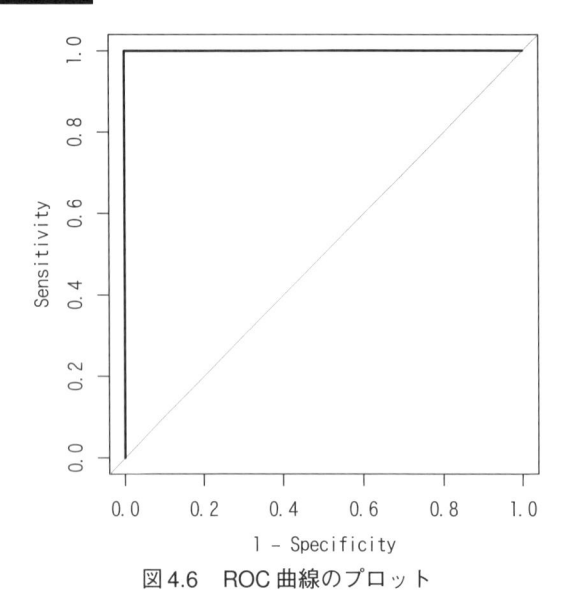

```
> # 信頼区間
> ci.auc(rocCurve)
95% CI: 1-1 (DeLong)
```

図4.6を見ると，ROC曲線がプロットされていることを確認できる．この場合は予測が完全に当たっているためROC曲線は直角になり，AUCは1となる．

適合率(precision)や再現率(recall)など独自の評価指標を用いるためには，独自の評価関数を作成すればよい．次の例は，評価指標として適合率，再現率，F値，正解率を算出する評価関数である．

```
> # PrecisionやRecallなどを評価指標とする評価関数
> my.summary <- function(data, lev = NULL, model = NULL) {
+     if (is.character(data$obs)) {
+         data$obs <- factor(data$obs, levels = lev)
+     }
+     conf <- table(data$pred, data$obs)  # 混合行列
+     prec <- conf[1, 1]/sum(conf[1, ])  # Precsion
+     rec <- conf[1, 1]/sum(conf[, 1])  # Recall
+     f.value <- 2 * prec * rec/(prec + rec)  # F値
+     acc <- sum(diag(conf))/sum(conf)  # Accuracy
+     out <- c(Precision = prec, Recall = rec, F = f.value, Accuracy = acc)
+     out
+ }
```

上記の実装は目的変数のデータ型が因子(factor)で，その水準が正例，負例の順で与えられていることを前提としている．このmy.summary関数をtrain関数のtrControl引数のsummaryFunction引数に与える．また，たとえばモデル比較の指標として適合率を用いるなら，train関数のmetric引数に"Precision"を指定する．

```
> data(churn)
> set.seed(123)
> fit.rf <- train(churn ~ ., data = churnTrain, method = "rf", metric = "Precision",
+     trControl = trainControl(summaryFunction = my.summary, method = "cv",
+         number = 10))
> fit.rf
Random Forest

3333 samples
  19 predictor
   2 classes: 'yes', 'no'

No pre-processing
Resampling: Cross-Validated (10 fold)

Summary of sample sizes: 3000, 3000, 2999, 2999, 3000, 3000, ...

Resampling results across tuning parameters:

  mtry  Precision  Recall     F          Accuracy   Precision SD
   2    1.0000000  0.1220238  0.2161748  0.8727860  0.00000000
  35    0.9177362  0.7370323  0.8159883  0.9522972  0.05738719
  69    0.9133153  0.7308673  0.8105184  0.9507993  0.06838558
  Recall SD   F SD        Accuracy SD
  0.03233219  0.05139633  0.004327193
  0.07975594  0.06454119  0.015620484
  0.07608182  0.06606054  0.016465943

Precision was used to select the optimal model using  the
 largest value.
The final value used for the model was mtry = 2.
```

ハイパーパラメータのそれぞれの値に対して，適合率 (Precision)，再現率 (Recall)，F 値 (F)，正解率 (Accuracy) の平均と標準偏差が算出されていることを確認できる．

4.1.6　予測モデルの構築

さて，前項のようにして最適なハイパーパラメータを決定したら，全データを用いて予測モデルを構築する．この処理はすでに train 関数の中で行われており，以下のように確認できる．また，この予測モデルを用いて未知のテストデータに対して予測を実行し，結果を評価してみよう．

```
> # 最適なハイパーパラメータを用いて全データに対して構築した予測モデル
> fit.rf$finalModel

Call:
 randomForest(x = x, y = y, mtry = param$mtry)
               Type of random forest: classification
                     Number of trees: 500
No. of variables tried at each split: 2

        OOB estimate of  error rate: 12.78%
Confusion matrix:
    yes   no class.error
yes  57  426   0.8819876
no    0 2850   0.0000000
> # テストデータに対する予測
> pred <- predict(fit.rf, churnTest)
> # 予測結果の評価
> (conf.mat <- table(pred, churnTest$churn))   # 混合行列
```

```
pred  yes   no
  yes  32    0
  no  192 1443
> (prec <- conf.mat["yes", "yes"]/sum(conf.mat["yes", ]))  # Precision
[1] 1
> (rec <- conf.mat["yes", "yes"]/sum(conf.mat[, "yes"]))   # Recall
[1] 0.1428571
> (acc <- sum(diag(conf.mat))/sum(conf.mat))  # Accuracy
[1] 0.884823
```

混合行列は，caretパッケージのconfusionMatrix関数を用いてより詳細な情報を出力することも可能である．

```
> # confusionMatrix関数による混合行列の出力
> confusionMatrix(data = pred, reference = churnTest$churn, positive = "yes")
Confusion Matrix and Statistics

          Reference
Prediction yes   no
       yes  32    0
       no  192 1443

               Accuracy : 0.8848
                 95% CI : (0.8685, 0.8998)
    No Information Rate : 0.8656
    P-Value [Acc > NIR] : 0.0107

                  Kappa : 0.2239
 Mcnemar's Test P-Value : <2e-16

            Sensitivity : 0.1429
            Specificity : 1.0000
         Pos Pred Value : 1.0000
         Neg Pred Value : 0.8826
             Prevalence : 0.1344
         Detection Rate : 0.0192
   Detection Prevalence : 0.0192
      Balanced Accuracy : 0.5714

       'Positive' Class : yes
```

複数の予測モデルを比較することも可能である．サポートベクタマシンによる予測も行って，ランダムフォレストの結果と比較してみよう．

```
> data(churn)
> set.seed(123)
> fit.svm <- train(churn ~ ., data = churnTrain, method = "svmRadial",
+     metric = "Precision", trControl = trainControl(summaryFunction = my.summary,
+         method = "cv", number = 10))
```

予測モデルの性能を比較するためには，resamples関数を用いるとよい．

```
> # 予測モデルの性能の比較
> resamp <- resamples(list(svm = fit.svm, rf = fit.rf))
> summary(resamp)

Call:
summary.resamples(object = resamp)
```

```
Models: svm, rf
Number of resamples: 10

Accuracy
      Min.   1st Qu. Median   Mean   3rd Qu.  Max.   NA's
svm 0.8559  0.8563  0.8606  0.8605  0.8641  0.8679   0
rf  0.8649  0.8709  0.8739  0.8728  0.8742  0.8802   0

F
      Min.   1st Qu. Median   Mean   3rd Qu.  Max.   NA's
svm 0.0400  0.0400  0.0800  0.08306 0.1176  0.1538    1
rf  0.1176  0.1887  0.2222  0.21620 0.2431  0.3103    0

Precision
    Min.  1st Qu. Median   Mean  3rd Qu. Max. NA's
svm 0.5      1      1    0.9444    1     1    1
rf  1.0      1      1    1.0000    1     1    0

Recall
      Min.   1st Qu.  Median    Mean   3rd Qu.   Max.   NA's
svm 0.0000  0.02051  0.04124  0.03941  0.05729  0.08333   0
rf  0.0625  0.10420  0.12500  0.12200  0.13840  0.18370   0
```

両方の予測モデルの適合率 (Precision)，再現率 (Recall)，F 値 (F)，正解率 (Accuracy) の最小値 (Min.)，第一四分位点 (1st Qu.)，中央値 (Median)，平均値 (Mean)，第三四分位点 (3rd Qu.)，最大値 (Max.)，欠損値の個数 (NA's) が表示されていることを確認できる．

モデル間の差異を分析することも可能である．そのために，`diff` 関数を用いて要約すればよい．

```
> # モデル間の差異の分析
> model.diff <- diff(resamp)
> summary(model.diff)

Call:
summary.diff.resamples(object = model.diff)

p-value adjustment: bonferroni
Upper diagonal: estimates of the difference
Lower diagonal: p-value for H0: difference = 0

Accuracy
    svm         rf
svm             -0.0123
rf  0.0005263

F
    svm        rf
svm            -0.1324
rf  0.00129

Precision
    svm        rf
svm            -0.05556
rf  0.3466

Recall
    svm        rf
svm            -0.08261
rf  0.0004379
```

caret パッケージにすでに実装されているアルゴリズム以外のものも，ユーザが追加することが

できる．そのためにはまず，caret パッケージで実装されているモデルはどのような情報を含んでいるかについて理解する必要がある．以下のように，getModelInfo 関数を用いてモデルの情報を取得する．

```
> # サポートベクタマシン(RBFカーネル)の情報を取得
> svmRadial.ModelInfo <- getModelInfo(model = "svmRadial", regex = FALSE)[[1]]
> names(svmRadial.ModelInfo)
 [1] "label"      "library"    "type"       "parameters" "grid"
 [6] "loop"       "fit"        "predict"    "prob"       "predictors"
[11] "tags"       "levels"     "sort"
```

以上の結果を見ると，13 個の情報を保持していることがわかる．これらの情報の意味は表 4.3 のとおりである．

表 4.3 caret パッケージが保持するモデルの情報

パラメータ	内容	データの型
library	予測モデルのフィッティングや予測に用いるパッケージの名称	character
type	予測の種別．"Classification"：クラス分類，"Regression"：回帰，もしくは両方を指定	character
parameters	ハイパーパラメータの名前，型，名称	data.frame
grid	ハイパーパラメータの探索範囲を生成する関数	function
fit	モデルをフィッティングする関数	function
predict	予測を行う関数	function
prob	クラス確率を算出する関数	function
sort	ハイパーパラメータを最も複雑なものからソートする関数	function
loop	【任意】予測モデルが複数のサブモデルの予測を返す場合に指定する関数	function
levels	【任意】クラス分類モデルに対して，予測値のカテゴリ水準を返す関数	function
label	【任意】予測モデルのラベル（例："Linear Discriminant Analysis"）	character
predictors	【任意】説明変数の名前のベクトル	character
varImp	【任意】説明変数の重要度を算出する関数	function

以下では，caret のホームページ [1] の説明を参考に，ラプラスカーネルのサポートベクタマシンを追加してみよう．

```
> # 1. 新規リストの作成
> svmLP <- list(type = "Classification", library = "kernlab", loop = NULL)
> # 2. ハイパーパラメータの指定
> prm <- data.frame(parameter = c("C", "sigma"), class = rep("numeric", 2),
+     label = c("Cost", "Sigma"))
> prm
  parameter   class label
1         C numeric  Cost
2     sigma numeric Sigma
> svmLP$parameters <- prm
```

```
> # 3. ハイパーパラメータのデフォルトの探索範囲の指定
> svmGrid <- function(x, y, len = NULL) {
+     library(kernlab)
+     sigmas <- sigest(as.matrix(x), na.action = na.omit, scaled = TRUE)
+     expand.grid(sigma = mean(sigmas[-2]), C = 2^((1:len) - 3))
+ }
> svmLP$grid <- svmGrid
> # 4. フィッティング関数の指定
> svmFit <- function(x, y, wts, param, lev, last, weights, classProbs, ...) {
+     ksvm(x = as.matrix(x), y = y, kernel = rbfdot, kpar = list(sigma = param$sigma),
+         C = param$C, prob.model = classProbs, ...)
+ }
> svmLP$fit <- svmFit
> # 5. 予測を実行する関数の指定
> svmPred <- function(modelFit, newdata, preProc = NULL, submodels = NULL) {
+     predict(modelFit, newdata)
+ }
> svmLP$predict <- svmPred
> # 6. クラス確率を推定する関数の指定
> svmProb <- function(modelFit, newdata, preProc = NULL, submodels = NULL) {
+     predict(modelFit, newdata, type = "probabilities")
+ }
> svmLP$prob <- svmProb
> # 7. ハイパーパラメータをソートする関数の指定
> svmSort <- function(x) x[order(x$C), ]
> svmLP$sort <- svmSort
> # 8. クラスの水準の指定
> svmLP$levels <- function(x) lev(x)
```

このようにして定義したラプラスカーネルのサポートベクタマシンにより予測モデルを構築するためには，以下のように train 関数の method 引数に定義したアルゴリズムの関数を指定すればよい．

```
> set.seed(123)
> # ラプラスカーネルのサポートベクタマシンの実行
> fit.lpSVM <- train(churn ~ ., data = churnTrain, method = svmLP,
+     preProc = c("center", "scale"), trControl = trainControl(method = "cv",
+         number = 10))
> fit.lpSVM
3333 samples
  19 predictor
   2 classes: 'yes', 'no'

Pre-processing: centered, scaled
Resampling: Cross-Validated (10 fold)

Summary of sample sizes: 3000, 3000, 2999, 2999, 3000, 3000, ...

Resampling results across tuning parameters:

  C     Accuracy   Kappa       Accuracy SD  Kappa SD
  0.25  0.8550871  0.00000000  0.001237777  0.00000000
```

```
0.50  0.8550871  0.00000000  0.001237777  0.00000000
1.00  0.8604889  0.06432135  0.004424808  0.04097264

Tuning parameter 'sigma' was held constant at a value of 0.00742499
Accuracy was used to select the optimal model using  the
 largest value.
The final values used for the model were C = 1 and sigma = 0.00742499.
```

4.1.7 予測モデル構築・評価における属性選択

4.1.5項では，リサンプリングとハイパーパラメータの最適化による予測モデル構築・評価のフレームワークをtrain関数を用いて実行する方法について説明した．予測モデル構築・評価を行うためには，これらの処理に加えて属性選択(feature selection)も行うことが多い．属性選択とは，より有効な予測モデルを構築するために，すべての特徴量を使用するのではなく重要な特徴量のみを抽出する処理である．3.5節で説明したように，属性選択には，大きく分けてフィルタ法(filter method)，ラッパ法(wrapper method)，埋め込み法(embedded method)の3つのアプローチがある．フィルタ法については3.5.2項で重点的に説明したため，ここでは，ラッパ法について重点的に扱う．

Ambroise[15]やSvetnik[99]では，各サンプルに対して，属性選択を行いながらハイパーパラメータのチューニングを行う方針が示されている．この方法は，"Recursive feature elimination"と呼ばれており，選択する特徴量の個数の集合を指定して，学習を行って各特徴量のランクを決定し，ランクが上位の属性から指定された個数分選択する手順を繰り返していく．

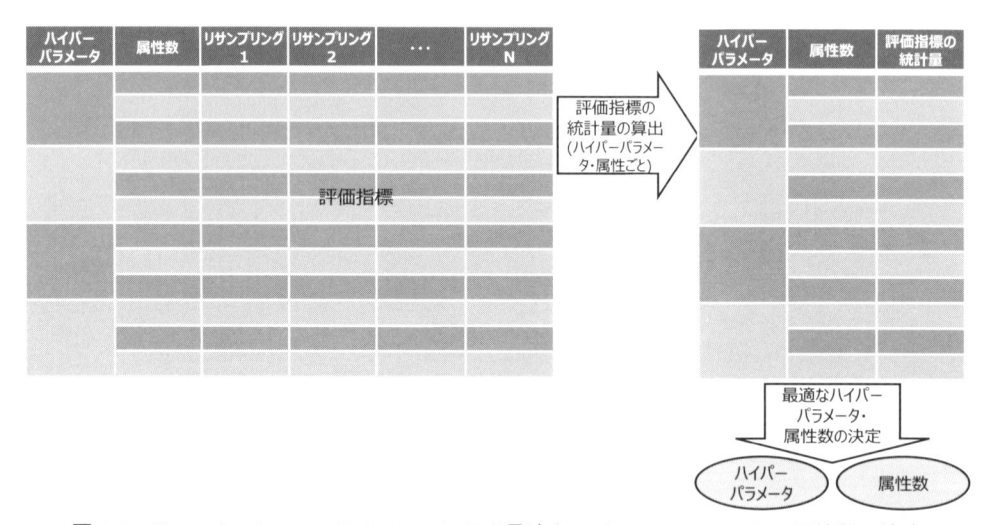

図 4.7　Recursive feature elimination による最適なハイパーパラメータ・属性数の決定

ハイパーパラメータのチューニングと属性選択を同時に行うためには，caretパッケージのrfe関数を用いればよい．churnデータセットに対して，以下の条件のもとでRecursive feature eliminationを適用してみよう．

- 属性数の集合
  {5, 10, 15}

- リサンプリング方法

  10-fold のクロスバリデーション

- 予測アルゴリズム

  ランダムフォレスト

```
> # Recursive Feature Eliminationの実行
> library(caret)
> library(C50)
> data(churn)
> set.seed(123)
> rfe.ctrl <- rfeControl(functions = rfFuncs, method = "cv", number = 10)
> system.time(fit.rf.rfe <- rfe(churn ~ ., data = churnTrain, method = "rf",
+     sizes = c(5, 10, 15), rfeControl = rfe.ctrl))
   user  system elapsed
263.586   0.145 263.506
```

rfe 関数の rfeControl 引数にはクロスバリデーションの fold 数などを指定する．rfeControl 引数に与える値は，rfeControl 関数により生成できる．この関数の引数について，表 4.4 に記す．

さて，このように Recursive feature elimination により属性選択を行いながら構築した予測モデルは，以下のようになっている．

```
> # Recursive feature eliminationにより構築した予測モデル
> fit.rf.rfe

Recursive feature selection

Outer resampling method: Cross-Validated (10 fold)

Resampling performance over subset size:

 Variables Accuracy  Kappa AccuracySD KappaSD Selected
         5   0.8944 0.5162    0.01661 0.06756
        10   0.9529 0.7950    0.01534 0.06868
        15   0.9589 0.8181    0.01295 0.06041        *
        69   0.9442 0.7371    0.01020 0.05463

The top 5 variables (out of 15):
   number_customer_service_calls, international_planyes,
   total_day_minutes, total_day_charge, total_intl_calls
```

特徴量の個数 (Variables) が 15 個のとき，評価指標である正解率 (Accuracy) が 0.9589 と最大になり，選択されていることを確認できる．

4.1.8 不均衡データへの対応

クラスによって属するデータ数に偏りのあるデータを不均衡データ (imbalanced data) と呼ぶ．現実の問題では，クラスのデータ数が偏っていることは珍しくない．たとえば，重大な疾病に罹患する患者を予測する場合，過去のデータでは実際に罹患した患者は罹患していない患者に比べて圧倒的に少ないだろう．また，機械の故障を予測する場合も，故障した実績のある機械は故障していない機械に比べて稀であろう．著者の経験でも，実務で直面するデータの大半は不均衡である．こうした不均衡データに対して何の工夫もせずに予測モデルを構築すると，予測精度が非常に悪化する場合があることが知られている [50]．

表 4.4　rfeControl 関数の引数

パラメータ	内容
functions	予測モデルのフィッティングや予測，属性の重要度の計算などを保持したリスト
rerank	特徴量を削減する度に各特徴量の重要度を再計算するかどうかを指定するフラグ（論理値）
method	外部のリサンプリング手法．"boot"：ブートストラップ．"cv"：クロスバリデーション．"LOOCV"：1つ抜きクロスバリデーション．"LGOCV"：訓練/テストデータの繰り返しの分割
number	フォールド数またはリサンプリングのイテレーション回数（数値）
repeats	フォールドの完全なセット数（k-フォールドのクロスバリデーションに対してのみ有効）
saveDetails	属性選択の過程における予測結果や属性の重要度を保存しておくかどうかを指定するフラグ（論理値）
verbose	各リサンプリングのイテレーションに対するログを出力するかどうかを指定するフラグ（論理値）
returnResamp	リサンプリングされた要約指標をどの程度保存するかを指定する文字列．"final"：最終結果のみを保存．"all"：すべての結果を保存．"none"：何も保存しない
p	訓練データの割合（数値）．クロスバリデーションに対してのみ有効
index	リサンプリングのイテレーションに対する要素のリスト．リストの各要素は各イテレーションにおいて訓練データとして使用されるデータの行を表す
timingSamps	サンプルの予測の時間計測に用いられる訓練データのデータ数（数値）
seeds	乱数種（数値）
allowParallel	並列計算を実行するかどうかを指定するフラグ（論理値）

ISLR パッケージの Caravan データセットを用いて，不均衡データでこのような事態が生じてしまうことを確認してみよう．このデータセットはデータマイニングのコンペティションである COIL2000 で使用されたものであり，保険会社のキャンペーンにおける顧客の購入有無について表したデータである．ISLR パッケージは，CRAN からインストールできる．

```
> # ISLRパッケージのインストール
> install.packages("ISLR", quiet = TRUE)
```

Caravan データセットは，訓練データは ISLR パッケージから取得できるが，テストデータについては UCI Machine Learning Repository[6] から取得して，以下のようにデータ加工を行う．Caravan データセットは 86 項目からなるが，1 項目から 64 項目まではカテゴリ変数であるため，R

で扱う型は因子 (factor) に変換しておく必要がある．その際に，訓練データとテストデータで水準が同じになるように調整しておく必要があることに留意されたい．

```
> # Caravanデータセットに対するRBFカーネルのサポートベクタマシンによる予測モデル構築・評価
> library(ISLR)
> library(kernlab)
> library(dplyr)
> # 訓練データとテストデータの作成
> Caravan.train <- Caravan
> Caravan.test <- read.csv("http://kdd.ics.uci.edu/databases/tic/ticeval2000.txt",
+     sep = "\t", header = FALSE, colClasses = "numeric")
> colnames(Caravan.test) <- colnames(Caravan.train)[-ncol(Caravan.train)]
> # カテゴリ変数の因子化
> idx.fac <- 1:64
> lvs.tr <- lapply(Caravan.train[, idx.fac], unique)
> lvs.te <- lapply(Caravan.test[, idx.fac], unique)
> lvs <- mapply(function(x, y) {
+     union(x, y) %>% as.integer %>% sort %>% as.character
+ }, lvs.tr, lvs.te)
> Caravan.train[, idx.fac] <- mapply(function(x, l) {
+     factor(x, levels = l)
+ }, Caravan.train[, idx.fac], lvs, SIMPLIFY = FALSE)
> Caravan.test[, idx.fac] <- mapply(function(x, l) {
+     factor(x, levels = l)
+ }, Caravan.test[, idx.fac], lvs, SIMPLIFY = FALSE)
> # 目的変数の作成・調整
> Caravan.train$Purchase <- factor(Caravan.train$Purchase, levels = c("Yes",
+     "No"))
> Caravan.test$Purchase <- scan("http://kdd.ics.uci.edu/databases/tic/tictgts2000.txt") %>%
+     factor(labels = c("Yes", "No"), levels = c(1, 0))
```

trainControl引数のsummaryFunction引数に指定する関数は，4.1.5項で定義したmy.summary関数を使用している．

このデータを用いて，RBFカーネルのサポートベクタマシンにより予測モデルを構築する．評価指標を再現率 (Recall) としているのは，正例と予測するサンプルが1件もなかった場合に適合率 (Precision) がNAとなり，ハイパーパラメータ間で比較ができない可能性があるためである．

```
> library(caret)
> # 訓練データのクラスデータ数
> table(Caravan.train$Purchase)

 Yes   No
 348 5474
> # RBFカーネルのサポートベクタマシンによる予測モデル構築
> ctrl <- trainControl(method = "cv", number = 10, summaryFunction = my.summary)
> fit.svm <- train(Purchase ~ ., data = Caravan.train, method = "svmRadial",
+     trControl = ctrl, metric = "Recall")
> fit.svm
Support Vector Machines with Radial Basis Function Kernel

5822 samples
  85 predictor
   2 classes: 'Yes', 'No'
```

```
No pre-processing
Resampling: Cross-Validated (10 fold)

Summary of sample sizes: 5238, 5239, 5239, 5240, 5239, 5239, ...

Resampling results across tuning parameters:

  C     Precision  Recall  F    Accuracy   Recall SD  Accuracy SD
  0.25  NaN        0       NaN  0.9402168  0          0.0006940756
  0.50  NaN        0       NaN  0.9402168  0          0.0006940756
  1.00  NaN        0       NaN  0.9402168  0          0.0006940756

Tuning parameter 'sigma' was held constant at a value of 0.01724638
Recall was used to select the optimal model using  the largest value.
The final values used for the model were sigma = 0.01724638 and C
 = 0.25.
> # 予測・評価
> pred <- predict(fit.svm, Caravan.test)
> table(pred, Caravan.test$Purchase)

pred   Yes   No
  Yes    0    0
  No   238 3762
```

この結果を見ると，訓練データ，テストデータともにすべてを負例と予測していることがわかる．このようにクラスの割合が不均衡なデータに対して，クラス分類を行うためのアルゴリズムが多数提案されている．これらのアルゴリズムを大別すると以下の2つに分類できる．

- サンプリングを用いた方法

  クラスのデータ数の不均衡を緩和するために，正例を複製して増加させる方法（オーバーサンプリングまたはアップサンプリング），負例を削減する方法（アンダーサンプリングまたはダウンサンプリング），この2つの方法を組み合わせた方法が複数提案されている．サンプリングを用いた方法の代表的な手法にSMOTE[74]があり，これはオーバーサンプリングとアンダーサンプリングを組み合わせた方法である．

- コスト考慮型学習

  コスト考慮型学習 (cost-sensitive learning) とは，正例を誤答したときのペナルティを重くすることにより，正例の予測をなるべく間違えないようにするアプローチである．コスト考慮型学習の定式化は予測アルゴリズムごとに異なるのが通常である．付録Bでは，ランダムフォレスト，サポートベクタマシンのコスト考慮型学習について説明する．

オーバーサンプリングやアンダーサンプリングは，caretパッケージのupSample関数，downSample関数を用いて実行できる．またunbalancedパッケージにはオーバーサンプリングやアンダーサンプリングに関するいくつかのアルゴリズムが提供されている．

サンプリングの代表的な手法にSMOTE[74]がある．このアルゴリズムは，図4.8に示すように，正例をオーバーサンプリングするとともに負例をアンダーサンプリングすることにより，不均衡データのクラスのバランスを調整する．

SMOTEは，DMwRパッケージのSMOTE関数やunbalancedパッケージのubSMOTE関数に実装されている．ここではDMwRパッケージを使用して，上記のCaravanデータセットに対してSMOTEを

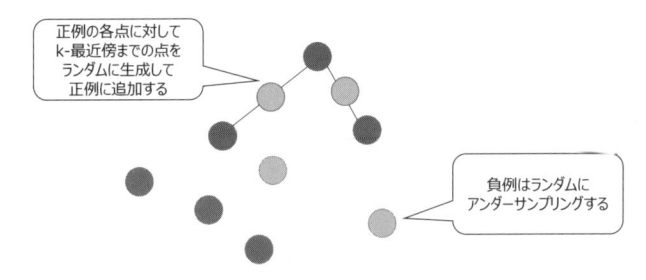

図 4.8　SMOTE アルゴリズム [74]

実行する．その後，RBF カーネルのサポートベクタマシンにより予測モデルを構築する．

```
> library(DMwR)
> set.seed(123)
> # SMOTEの実行
> Caravan.train.sm <- SMOTE(Purchase ~ ., data = Caravan.train, perc.over = 1000,
+     perc.under = 100)
> # SMOTEにより調整したデータのクラスのデータ数
> table(Caravan.train.sm$Purchase)

 Yes   No
3828 3480
> # RBFカーネルのサポートベクタマシンによる予測モデルの構築
> ctrl <- trainControl(method = "cv", number = 10, summaryFunction = my.summary)
> fit.svm.sm <- train(Purchase ~ ., data = Caravan.train.sm, method = "svmRadial",
+     trControl = ctrl, metric = "Precision")
> fit.svm.sm
Support Vector Machines with Radial Basis Function Kernel

7308 samples
  85 predictor
   2 classes: 'Yes', 'No'

No pre-processing
Resampling: Cross-Validated (10 fold)

Summary of sample sizes: 6577, 6577, 6577, 6577, 6577, 6577, ...

Resampling results across tuning parameters:

  C     Precision  Recall     F          Accuracy   Precision SD
  0.25  0.9665737  0.9064864  0.9354960  0.9345942  0.007344333
  0.50  0.9742797  0.9085759  0.9401899  0.9395205  0.008590887
  1.00  0.9791880  0.9085731  0.9424717  0.9419821  0.007154837
  Recall SD   F SD        Accuracy SD
  0.01802757  0.01130633  0.01114508
  0.01816174  0.01090549  0.01074644
  0.01854016  0.01103280  0.01074101

Tuning parameter 'sigma' was held constant at a value of 0.01758556
Precision was used to select the optimal model using  the
 largest value.
The final values used for the model were sigma = 0.01758556 and C = 1.
```

ここで，SMOTE 関数の主要な引数について説明する．

- perc.over 引数

  正例をどの程度増加させるかを指定する引数である．具体的には，perc.over/100 倍だけ正例

を増加させる．上記の例では，`perc.over=` 1000 と設定しているため，1000/100 = 10 倍だけ正例を増加させることになる．

- `perc.under` 引数
  負例をどの程度調整するかを指定する引数である．具体的には，負例のデータ数が（正例のデータ数 + 人工的に増加させた正例のデータ数）× `perc.under`/100 となるように調整する．上記の例では，`perc.under=` 100 と設定しているため，（正例のデータ数 + 人工的に増加させた正例のデータ数）となるように負例のデータ数を調整する．

以上のようにSMOTEによりクラスのデータ数を調整したデータに対して構築した予測モデルを用いて，テストデータに対して予測を行って精度を評価してみよう．

```
> # テストデータに対する予測
> pred <- predict(fit.svm.sm, Caravan.test)
> # 予測結果の評価
> (conf.mat <- table(pred, Caravan.test$Purchase))   # 混合行列

pred   Yes   No
  Yes   17   99
  No   221 3663
> (prec <- conf.mat["Yes", "Yes"]/sum(conf.mat["Yes", ]))   # Precision
[1] 0.1465517
> (rec <- conf.mat["Yes", "Yes"]/sum(conf.mat[, "Yes"]))   # Recall
[1] 0.07142857
> (acc <- sum(diag(conf.mat))/sum(conf.mat))   # Accuracy
[1] 0.92
```

SMOTEによって不均衡データの各クラスのデータ数を調整した後は，若干ではあるもののテストデータに対しても正例と予測しており，精度が改善していることを確認できる．データ数の調整を入念に行えば，さらなる精度向上も望める可能性もある．

また，最近，MenardiとTorelliによってROSE[36]というアルゴリズムが提唱され，作者自身によって実装されたROSEパッケージが提供されるようになった．ROSEパッケージは，本書執筆時点ではCRANからインストールできる．

```
> # ROSEパッケージのインストール
> install.packages("ROSE", quiet = TRUE)
```

次の例は，Caravanデータセットに対してROSEを適用してRBFカーネルのサポートベクタマシンにより予測モデルを構築している．

```
> library(caret)
> library(ROSE)
> set.seed(123)
> # ROSEの実行
> dat <- ROSE(Purchase ~ ., data = Caravan.train, seed = 123)$data
> table(dat$Purchase)

  No  Yes
2942 2879
> # サポートベクタマシンによる予測モデルの構築
> fit.svm.rs <- train(Purchase ~ ., data = dat, method = "svmRadial",
+     trControl = trainControl(summaryFunction = my.summary, method = "cv",
```

```
+            number = 10))
> fit.svm.rs
Support Vector Machines with Radial Basis Function Kernel

5821 samples
  85 predictor
   2 classes: 'No', 'Yes'

No pre-processing
Resampling: Cross-Validated (10 fold)

Summary of sample sizes: 5239, 5239, 5240, 5239, 5239, 5239, ...

Resampling results across tuning parameters:

  C     Precision  Recall     F          Accuracy   Precision SD
  0.25  0.8458843  0.7702329  0.8061014  0.8127494  0.01869416
  0.50  0.8918605  0.7967358  0.8414355  0.8483065  0.01498469
  1.00  0.9349156  0.8307264  0.8795996  0.8850730  0.01390024
  Recall SD   F SD         Accuracy SD
  0.01806787  0.012990471  0.012442836
  0.01946304  0.012086386  0.010877373
  0.01309693  0.006182127  0.005822237

Tuning parameter 'sigma' was held constant at a value of 0.01683435
Accuracy was used to select the optimal model using  the
 largest value.
The final values used for the model were sigma = 0.01683435 and C = 1.
```

テストデータに対して予測を行って精度を評価してみよう．

```
> # テストデータに対する予測
> pred <- predict(fit.svm.rs, Caravan.test)
> # 予測結果の評価
> (conf.mat <- table(pred, Caravan.test$Purchase))  # 混合行列

pred  Yes   No
  No  129  3037
  Yes 109   725
> (prec <- conf.mat["Yes", "Yes"]/sum(conf.mat["Yes", ]))  # Precision
[1] 0.1306954
> (rec <- conf.mat["Yes", "Yes"]/sum(conf.mat[, "Yes"]))  # Recall
[1] 0.4579832
> (acc <- sum(diag(conf.mat))/sum(conf.mat))  # Accuracy
[1] 0.2135
```

以上ではサンプリングによる不均衡データへの対処方法について説明してきたが，不均衡データに対するもう1つのアプローチにコスト考慮型学習(cost sensitive learning)がある．コスト考慮型学習の定式化は，アルゴリズムごとに異なるのが一般的である．A章にサポートベクタマシン，ランダムフォレストにおけるコスト考慮型学習の定式化について説明したので参照してほしい．ここでは，サポートベクタマシンに対してコスト考慮型学習を実行してみよう．次の例は，Caravanデータセットに対してRBFカーネルのサポートベクタマシンを用いてコスト考慮型学習を実行している．ここでは，正例，負例の重みを10対1に設定してみよう．

```
> set.seed(123)
> # サポートベクタマシンに対するコスト考慮型学習の実行
> fit.svm.csl <- train(Purchase ~ ., data = Caravan.train, method = "svmRadial",
```

```
+         class.weights = c(Yes = 10, No = 1), trControl = trainControl(summaryFunction = my.summary,
+             method = "cv", number = 10))
> fit.svm.csl
Support Vector Machines with Radial Basis Function Kernel

5822 samples
  85 predictor
   2 classes: 'Yes', 'No'

No pre-processing
Resampling: Cross-Validated (10 fold)

Summary of sample sizes: 5240, 5239, 5238, 5238, 5239, 5239, ...

Resampling results across tuning parameters:

  C     Precision  Recall     F          Accuracy   Precision SD
  0.25  0.1586521  0.4307563  0.2314948  0.8306117  0.03314266
  0.50  0.1557488  0.4105042  0.2252091  0.8330187  0.03456890
  1.00  0.1409212  0.3357983  0.1980705  0.8385167  0.04163718
  Recall SD  F SD        Accuracy SD
  0.1167393  0.05169388  0.01108402
  0.1178957  0.05323988  0.01287235
  0.1091145  0.05938964  0.01355999

Tuning parameter 'sigma' was held constant at a value of 0.01735294
Accuracy was used to select the optimal model using  the
 largest value.
The final values used for the model were sigma = 0.01735294 and C = 1.
> # テストデータに対する予測
> pred <- predict(fit.svm.csl, Caravan.test)
> # 予測結果の評価
> (conf.mat <- table(pred, Caravan.test$Purchase))  # 混合行列

pred  Yes   No
  Yes  81  472
  No  157 3290
> (prec <- conf.mat["Yes", "Yes"]/sum(conf.mat["Yes", ]))  # Precision
[1] 0.1464738
> (rec <- conf.mat["Yes", "Yes"]/sum(conf.mat[, "Yes"]))  # Recall
[1] 0.3403361
> (acc <- sum(diag(conf.mat))/sum(conf.mat))  # Accuracy
[1] 0.84275
```

不均衡データに関する研究は，He らによるサーベイ [42] がまとまっている．また，He と Ma が編者となり刊行した書籍 [82] は最先端の研究成果も含む不均衡データに焦点を当てた書籍である．興味のある読者は参照されたい．

4.1.9 並列計算による高速化

クロスバリデーションやグリッドサーチによるハイパーパラメータの最適化はそれぞれ独立した処理であり，並列計算が可能である．caret パッケージはこのような並列計算に対応している．

R-2.14.0 から標準で parallel パッケージが導入されて，並列計算を容易に実行できるようになった．parallel 以外にも snow などの並列計算用のパッケージが開発されている．こうした並列計算用のバックエンドのパッケージに依存せずに統一的な記述で並列計算を実行するために，foreach パッケージが開発されている．caret パッケージはこの foreach パッケージを使用して並列計算を

実行している．

ここでは，parallel パッケージを foreach パッケージで使用するためのラッパーとなる doParallel パッケージを使用して並列計算を実行してみよう．doParallel パッケージは，本書の執筆時点では CRAN からインストールできる．

```
> # doParallelパッケージのインストール
> install.packages("doParallel", quiet = TRUE)
```

次の例では，並列計算を実行する場合と実行しない場合で計算時間を比較している．

```
> library(caret)
> library(C50)
> library(doParallel)
> data(churn)
> ctrl.par <- trainControl(method = "cv", number = 10, summaryFunction = my.summary)
> # 並列計算を実行するかどうかを指定するフラグの確認
> ctrl.par$allowParallel
[1] TRUE
> # 並列計算の実行
> cl <- makeCluster(detectCores())
> registerDoParallel(cl)
> system.time(fit.svm.par <- train(churn ~ ., data = churnTrain,
+     method = "rf", metric = "Precision", trControl = ctrl.par))
   user  system elapsed
 12.197   0.032 146.608
> stopCluster(cl)
> # 並列計算の非実行
> registerDoSEQ()
> ctrl.nopar <- trainControl(method = "cv", number = 10, summaryFunction = my.summary,
+     allowParallel = FALSE)
> system.time(fit.svm.nopar <- train(churn ~ ., data = churnTrain,
+     method = "rf", metric = "Precision", trControl = ctrl.nopar))
   user  system elapsed
476.897   0.141 476.623
```

trainControl 関数の allowParallel 引数に TRUE を指定した場合は並列計算を実行し，FALSE を指定した場合は並列計算を実行しない．makeCluster 関数に使用するコアの個数を指定して，ワーカープロセスのクラスタを生成する．ここでは，detectCores 関数により論理コアの個数を計算している．著者の計算環境の論理コア数は 8 である．続いて，registerDoParallel 関数を用いてこれらのワーカープロセスを登録している．このようにクラスタを生成し登録しておくと，クロスバリデーションやハイパーパラメータの最適化の処理において，caret パッケージ内部で自動的に並列計算が実行される．並列計算の実行が終了したら，stopCluster 関数を用いて登録したクラスタを停止させる．

一方で，並列計算を実行しない場合は，registerDoSEQ 関数により逐次計算を実行することを指定してから，train 関数の trControl 引数の allowParallel に FALSE を指定して実行する．

以上の並列計算を実行する場合と実行しない場合を比較すると，並列計算を実行した場合は 146.608 秒，実行しない場合は 476.623 秒となり，約 3.25 倍の高速化を実現できていることを確認できる．

本書では紙面の関係上，R での並列計算の詳細については説明しない．著者による R のハイパ

フォーマンスコンピューティングに関する書籍 [116] などを参照してほしい．

4.1.10 複数の予測モデルの結合

予測モデルは，単一のアルゴリズムだけでなく複数のアルゴリズムによる予測結果を結合してより精度の高いモデルを構築することもある．Kaggle[5] などのデータマイニングのコンペティションにおいて上位に入賞するアルゴリズムは，複数のモデルを組み合わせる方法が主流となっているようである．

このように複数のモデルを組み合わせる方法には，スタッキング (stacking/stacked generalization)[26] やカスケード (cascading/cascade generalization) などがある．スタッキングは，複数のモデルのメタ学習により1段上のレベルで学習するメタモデルを構築する．カスケードは，分類器をカスケード状に段階的に組み合わせることで予測精度を向上させる方法である．スタッキングやカスケードについては，元田 [115], Hastie[95], Alpaydin[28] などの文献で詳しく説明されている．

ここでは，予測モデルをスタッキングにより組み合わせて，メタモデルを構築してみよう．`caret`パッケージで構築した予測モデルをスタッキングにより組み合わせて，メタモデルを構築する`caretEnsemble`パッケージがCRANで公開されている．

```
> # caretEnsembleパッケージのインストール
> install.packages("caretEnsemble", quiet = TRUE)
```

`caretEnsemble`パッケージの`caretList`関数を用いて`churn`データセットに対してサポートベクタマシン，ランダムフォレスト，勾配ブースティングの3つの予測モデルを構築してみよう．勾配ブースティングは`gbm`パッケージで実行する．`gbm`パッケージは，CRANからインストールできる．

```
> library(caretEnsemble)
> library(C50)
> library(GGally)
> data(churn)
> # gbmパッケージのインストール
> install.packages("gbm", quiet = TRUE)
> library(gbm)
> set.seed(123)
> folds <- 10  # fold数
> repeats <- 1   # 反復数
> ctrl <- trainControl(method = "cv", number = folds, classProbs = TRUE,
+     savePredictions = TRUE, summaryFunction = twoClassSummary,
+     index = createMultiFolds(churnTrain$churn,
+         k = folds, times = repeats))
> # 複数の予測モデルの構築
> model.list <- caretList(churn ~ ., data = churnTrain, metric = "ROC", trControl = ctrl,
+     methodList = c("svmRadial", "rf", "gbm"), verbose = FALSE)
> model.list
$svmRadial
Support Vector Machines with Radial Basis Function Kernel

3333 samples
  19 predictor
   2 classes: 'yes', 'no'

No pre-processing
```

```
Resampling: Cross-Validated (10 fold)

Summary of sample sizes: 3000, 3000, 2999, 2999, 3000, 3000, ...

Resampling results across tuning parameters:

  C     ROC        Sens       Spec       ROC SD      Sens SD
  0.25  0.8717166  0.4593963  0.9666667  0.02888514  0.07516343
  0.50  0.8717741  0.4613095  0.9666667  0.02889669  0.06913079
  1.00  0.8718976  0.4593112  0.9663158  0.02883980  0.06509965
  Spec SD
  0.01240538
  0.01184120
  0.01124268

Tuning parameter 'sigma' was held constant at a value of 0.00742499
ROC was used to select the optimal model using  the largest value.
The final values used for the model were sigma = 0.00742499 and C = 1.

$rf
Random Forest

3333 samples
  19 predictor
   2 classes: 'yes', 'no'

No pre-processing
Resampling: Cross-Validated (10 fold)

Summary of sample sizes: 3000, 3000, 2999, 2999, 3000, 3000, ...

Resampling results across tuning parameters:

  mtry  ROC        Sens       Spec       ROC SD      Sens SD
   2    0.9000562  0.1158163  1.0000000  0.04255776  0.03595988
  35    0.9080741  0.7452806  0.9898246  0.04280925  0.08610495
  69    0.9016578  0.7350340  0.9873684  0.04997522  0.07706175
  Spec SD
  0.000000000
  0.008344355
  0.009673017

ROC was used to select the optimal model using  the largest value.
The final value used for the model was mtry = 35.

$gbm
Stochastic Gradient Boosting

3333 samples
  19 predictor
   2 classes: 'yes', 'no'

No pre-processing
Resampling: Cross-Validated (10 fold)

Summary of sample sizes: 3000, 3000, 2999, 2999, 3000, 3000, ...

Resampling results across tuning parameters:

  interaction.depth  n.trees  ROC        Sens       Spec
  1                   50      0.8613533  0.1966412  0.9807018
  1                  100      0.8727427  0.3061224  0.9715789
  1                  150      0.8761332  0.3661990  0.9687719
```

```
2                  50        0.9022148   0.4925595   0.9870175
2                 100        0.9108544   0.6376276   0.9852632
2                 150        0.9139337   0.6583333   0.9856140
3                  50        0.9137605   0.6541667   0.9912281
3                 100        0.9165032   0.7267432   0.9919298
3                 150        0.9184202   0.7453231   0.9922807
ROC SD       Sens SD       Spec SD
0.03819156   0.07063918    0.008145256
0.03321503   0.08301554    0.012427417
0.02889831   0.08095817    0.009422285
0.03903676   0.06722029    0.005975223
0.02830999   0.08411852    0.005177999
0.03146713   0.06737577    0.005084694
0.04147421   0.08915924    0.004453668
0.03220581   0.06308808    0.004692960
0.02921421   0.07321901    0.004906708

Tuning parameter 'shrinkage' was held constant at a value of 0.1
ROC was used to select the optimal model using  the largest value.
The final values used for the model were n.trees =
 150, interaction.depth = 3 and shrinkage = 0.1.

attr(,"class")
[1] "caretList"
> # 各予測モデルにより推定されたクラス確率の散布図
> pred.each <- (1 - predict(model.list, churnTest)) %>% as.data.frame %>%
+     mutate(churn = churnTest$churn)
> ggpairs(pred.each, colour = "churn", shape = "churn", pointsize = 6)
```

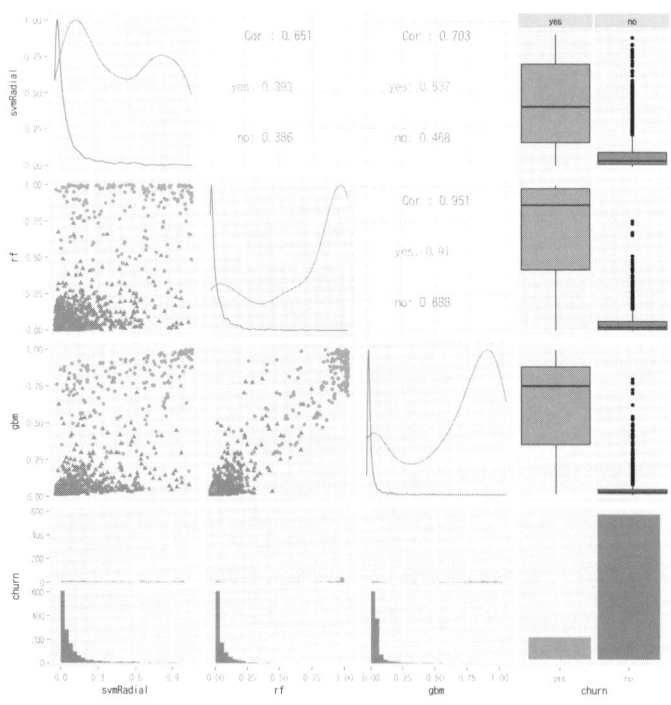

図 4.9 サポートベクタマシン（RBF カーネル），ランダムフォレスト，勾配ブースティングによるクラス確率の散布図

図 4.9 を見ると，クラス確率の推定結果の相関は，ランダムフォレストと勾配ブースティングの

間ではある程度高いが，RBFカーネルのサポートベクタマシンと他の2つの予測モデルの間ではそれほど高くないことが確認できる．

以上の予測モデルに対して，caretStack関数を用いてスタッキングを実行して各予測モデルにより推定されたクラス確率の散布図をプロットしてみよう．

```
> # ロジスティック回帰を用いたスタッキング
> glm.stacking <- caretStack(model.list, method = "glm", metric = "ROC",
+     trControl = trainControl(method = "cv", number = 10, savePredictions = TRUE,
+         classProbs = TRUE, summaryFunction = twoClassSummary))
> # 各予測モデルにより推定されたクラス確率の散布図
> pred.stacking <- (1 - predict(model.list, churnTest)) %>% as.data.frame %>%
+     mutate(stacking = 1 - predict(glm.stacking, churnTest, type = "prob")$yes,
+         churn = churnTest$churn)
> ggpairs(pred.stacking, colour = "churn", shape = "churn", pointsize = 6)
```

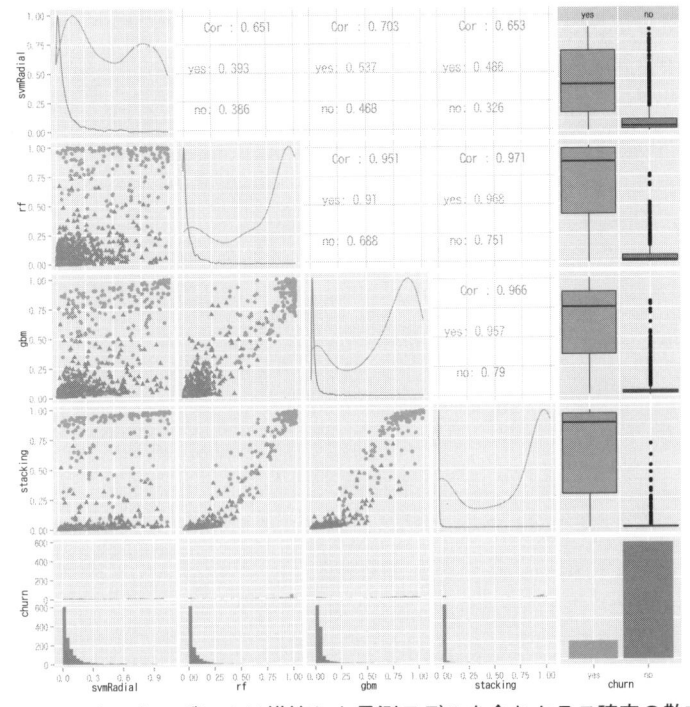

図4.10　スタッキングにより構築した予測モデルを含むクラス確率の散布図

図4.10を見ると，スタッキングにより構築した予測モデルのほうが正例をより正確に予測できているのではないかと推測できる．そこで，図4.11のようにテストデータに対する各予測モデルのROC曲線をプロットすると，スタッキングにより結合した予測モデルのほうが特異度 (Specificity) が大きい領域，すなわち横軸の左側の領域ではランダムフォレストや勾配ブースティングを用いた予測モデルよりもROC曲線が概ね上側にあることを確認できる．一方で，特異度が小さい領域，すなわち横軸の右側の領域では特にランダムフォレストを用いた予測モデルよりもROC曲線が概ね下側にあることを確認できる．AUCは，スタッキングにより結合した予測モデルでは0.9302であるのに対し，RBFカーネルのサポートベクタマシンでは0.874，ランダムフォレスト

では 0.9258，勾配ブースティングでは 0.9238 となっており，AUC を評価指標とする場合は全体的にスタッキングによって予測モデルを結合した効果を確認できる．

```
> # 各予測モデルのテストデータに対するROC曲線
> response <- pred.stacking$churn
> lvs <- rev(levels(pred.stacking$churn))
> roc.svm <- roc(response = response, predictor = pred.stacking$svmRadial,
+     levels = lvs)
> roc.rf <- roc(response = response, predictor = pred.stacking$rf, levels = lvs)
> roc.gbm <- roc(response = response, predictor = pred.stacking$gbm, levels = lvs)
> roc.stacking <- roc(response = response, predictor = pred.stacking$stacking,
+     levels = lvs)
> plot(roc.svm, lty = "dashed", legacy.axes = TRUE)

Call:
roc.default(response = response, predictor = pred.stacking$svmRadial,     levels = lvs)

Data: pred.stacking$svmRadial in 1443 controls (response no) < 224 cases (response yes).
Area under the curve: 0.874
> lines(roc.rf, col = "green", lty = "dotted")
> lines(roc.gbm, col = "blue", lty = "dotdash")
> lines(roc.stacking, col = "red")
> legend("bottomright", legend = c("svmRadial", "rf", "gbm", "stacking"),
+     col = c("black", "green", "blue", "red"), lty = c("dashed", "dotted",
+         "dotdash", "solid"))
> # AUC
> auc(roc.svm)
Area under the curve: 0.874
> auc(roc.rf)
Area under the curve: 0.9258
> auc(roc.gbm)
Area under the curve: 0.9238
> auc(roc.stacking)
Area under the curve: 0.9302
```

R でメタ学習を実行する方法は，いくつか提供されている．たとえば，Sapp らにより提案された Subsemble[91] は，予測対象のデータをいくつかの部分集合に分割し，各部分集合に対して特定のアルゴリズムを適用して組み合わせる手法である．R では CRAN で提供されている subsemble パッケージを使用することにより，Subsemble を実行できる．

4.1.11 実データに対する分析：顧客の解約予測

これまで説明してきた内容を実際のデータに適用して予測を行う例を示す．ここでは，国際的なデータ解析コンテストである KDD Cup 2009[4] で行われたユーザ行動の予測を題材として取り上げることにする．このコンテストの概要は，以下のとおりである．

- データ
  オランダの電気通信会社の顧客データであり，訓練データとテストデータがそれぞれ 50,000 サンプル提供されている．
- タスク
  サービスの契約について，テストデータの各顧客が以下の3つの各行動をとるかどうかを予測するモデルを構築する．

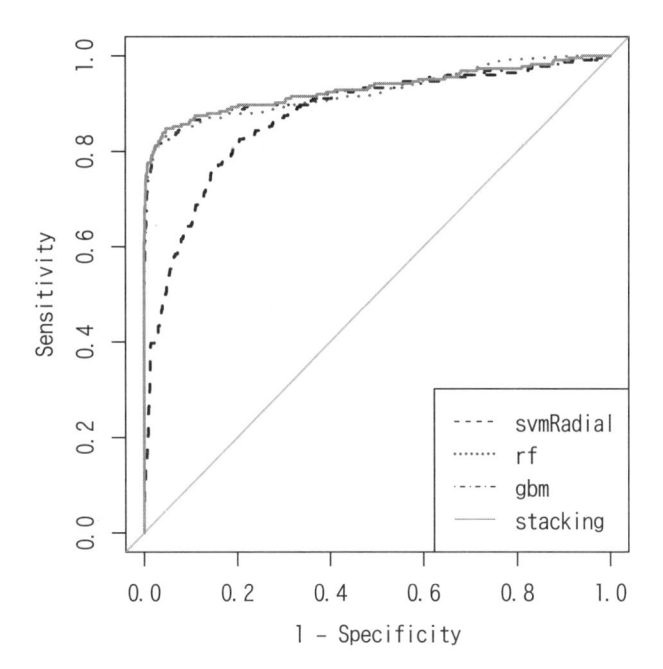

図 4.11 サポートベクタマシン（RBF カーネル），ランダムフォレスト，勾配ブースティング，スタッキングにより構築した予測モデルによる ROC 曲線

- 解約 (churn)
- クロスセル (appetency)
- アップセル (up-selling)

- 評価方法

  構築した予測モデルをテストデータに適用して，3つの予測の AUC の平均値を評価指標とする．

ここでは，各顧客の解約を予測するモデルの構築および評価を行ってみよう．データは KDD Cup 2009 のウェブページ [4] で公開されており，特徴量が 15,000 個の大規模なデータ (large data) と，230 個の小規模なデータ (small data) の 2 種類が提供されている．ここでは，簡単のため小規模なデータを解析することにする．

なお，このコンテストの上位入賞者の抄録が収められた文献 [35] は，KDD Cup 2009 のように，大量の特徴量をハンドリングしなければならないケースにおけるさまざまな示唆が散りばめられており，非常に参考になる．是非，一読されたい．また，Zumel and Mount[75] の 6 章では，KDD Cup 2009 のデータセットを対象に，カテゴリが多い特徴量の扱い，数値の特徴量の離散化方法など，実践的な内容が説明されており，本書でも参考にしている．

まず，KDD Cup 2009 のウェブページ [4] からデータを取得し解凍する．訓練データの特徴量 ("`orange_small_train.data.zip`")，テストデータの特徴量 ("`orange_small_test.data.zip`")，訓練データのクラスラベル ("`orange_small_train_churn.labels`") の 3 個のファイルをダウンロードする．

```
> # KDDCUP2009のサイトのアドレス
> url <- "http://www.sigkdd.org/sites/default/files/kddcup/site/2009/files"
> inputdir <- "data/KddCup2009"
> dir.create(inputdir)
> # 訓練データの取得・解凍
> fn.train <- "orange_small_train.data.zip"
> download.file(file.path(url, fn.train), file.path(inputdir, fn.train),
+     quiet = TRUE)
> unzip(file.path(inputdir, fn.train), exdir = inputdir)
> # テストデータの取得・解凍
> fn.test <- "orange_small_test.data.zip"
> download.file(file.path(url, fn.test), file.path(inputdir, fn.test), quiet = TRUE)
> unzip(file.path(inputdir, fn.test), exdir = inputdir)
> # 解約の有無を表すフラグデータの取得
> download.file(file.path(url, "orange_small_train_churn.labels"), file.path(inputdir,
+     "orange_small_train_churn.labels"), quiet = TRUE)
```

続いて，これらのデータを読み込む．特徴量のデータはタブ区切りであるため，第2章で説明したreadrパッケージのread_tsv関数を用いる．これらのデータは1–190列目は数値，191–230列目はカテゴリ変数であるため，col_types引数には190個連続した"d"と40個連続した"c"を並べて"ddd…dccc…ccc"と指定する．

```
> # データの読み込み
> library(readr)
> library(dplyr)
> col_types <- paste(c(rep("d", 190), rep("c", 40)), collapse = "")
> inputdir <- "data/KddCup2009"
> # 訓練データ
> train.data <- read_tsv(file.path(inputdir, "orange_small_train.data"),
+     col_types = col_types)
> train.data %>% dim
[1] 50000   230
> # テストデータ
> test.data <- read_tsv(file.path(inputdir, "orange_small_test.data"), col_types = col_types)
> test.data %>% dim
[1] 50000   230
```

訓練データ，テストデータともに，50,000レコード，230フィールドから構成されることを確認できる．本書では訓練データを用いて予測モデルを構築するプロセスを説明するため，テストデータは使用しない．

なお，KDD Cup 2009のようなデータマイニングのコンペティションでは，正解付きの訓練データと，正解なしのテストデータが与えられて，テストデータに対して予測を行うことが一般的である．テストデータは訓練データと同時に与えられるため，特徴量の分布や統計量などが訓練データと大きく変わらないかどうかについて検証することは即座に実行できる．

しかし，実務においては構築した予測モデルを適用して予測する対象のデータは，モデル構築時点では得られていないことが一般的である．そのため，予測モデルの実適用においては，モデルの構築に用いたデータとモデルを適用するデータの傾向が大きく変化しないことを確認したうえで適用する必要がある．

さて，訓練データについては，正例（解約した顧客）と負例（解約していない顧客）の特徴量の分布の比較を行うため，目的変数となる各顧客が解約したかどうかを表すラベルもあらかじめ結合しておく．正例はラベルが "1"，負例はラベルが "−1" であることを確認できる．次のように，dplyr パッケージの mutate 関数を用いてラベルを結合する．

```
> inputdir <- "data/KddCup2009"
> # 解約の有無を表すラベルの読み込み
> churn <- scan(file.path(inputdir, "orange_small_train_churn.labels"))
> # 正例と負例のデータ数の確認
> table(churn)
churn
   -1     1
46328  3672
> # ラベルのデータ型を因子に変換
> churn <- factor(churn, levels = c(1, -1))
> # 解約の有無を表すフラグの結合
> train.data <- train.data %>% mutate(churn = churn)
```

以上により，正例（ラベルが "1"）が 3,672 件に対して，負例（ラベルが "−1"）が 46,328 件となっており，正例の割合は $3672/(3672+46328) = 0.07344$ となり，約 7.3% であることがわかる．

続いて，読み込んだデータの分布をプロットしたり基本統計量を算出したりして，データの概要を理解する．著者の経験では，実際のデータ分析においてはまず各特徴量に対して分布や基本統計量を算出しておいて，後々の分析で事あるごとに参照できるようにすることが多い．しかし，紙面の関係もあるため，ここでは特徴量に対して欠損値の個数，およびユニーク値を求めるにとどめることにする．ユニーク値とは，ここでは値の集合から重複のない要素を抽出した集合という意味で用いている．なお，以下では 2.2.1 項で説明した dplyr パッケージの summarise_each 関数を用いて列ごとに集計を行っている．チェイン関数も含めて dplyr パッケージの機能を駆使しており，違和感があるかもしれないが，慣れると自然な思考回路と同様の記述で非常に簡潔に記述できるので是非習熟してほしい．

独自に定義した count.missing 関数は 1 つの列のデータを入力として欠損値の個数を返す関数である．また，count.uniq 関数は，1 つの列のデータを入力としてユニーク値を返す関数である．

```
> library(dplyr)
> # 区分点のリスト(10%刻み)
> probs <- seq(0, 1, by = 0.1)
> # 欠損値を集計する関数
> count.missing <- function(x) {
+     ifelse(is.character(x), sum(x == ""), sum(is.na(x)))
+ }
> # 欠損値の個数の区分点(数値)
> NAs <- train.data %>% select(Var1:Var190) %>% summarise_each(funs(count.missing)) %>%
+     unlist
> quantile(NAs, probs = probs)
      0%      10%      20%      30%      40%      50%      60%      70%
     0.0   5009.0  12582.0  48421.0  48513.0  48759.0  48871.0  49298.0
     80%      90%     100%
 49298.0  49676.5  50000.0
> # 欠損値の個数の区分点(カテゴリ変数)
> NAs <- train.data %>% select(Var190:Var230) %>% summarise_each(funs(count.missing)) %>%
+     unlist
```

```
> quantile(NAs, probs = probs)
  0%  10%  20%  30%  40%  50%  60%   70%   80%   90%  100%
   0    0    0    0    1  143 1934 25408 37216 49180 50000
> # ユニーク値を集計する関数
> count.uniq <- function(x) {
+     length(unique(x))
+ }
> # ユニーク値の個数の区分点(数値)
> uniqVals.n <- train.data %>% select(Var1:Var190) %>% summarise_each(funs(count.uniq))
> quantile(uniqVals.n, probs = probs)
Source: local data frame [1 x 11]

  0% 10% 20% 30%  40%  50% 60%   70% 80%   90% 100%
1  1   3   6  14 26.2 48.5 101 269.2 524 821.9 48511
> # ユニーク値の個数の区分点(カテゴリ変数)
> uniqVals.c <- train.data %>% select(Var191:Var230) %>% summarise_each(funs(count.uniq))
> quantile(uniqVals.c, probs = probs)
Source: local data frame [1 x 11]

  0% 10% 20% 30% 40%  50%  60% 70%  80%   90%  100%
1  1   2   3   4 5.6 10.5 23  86.7 2471 5138 15416
```

以上の結果で注目すべきことは欠損値の多さである．たとえば数値の特徴量については，欠損値の個数の10%点が5,009となっている．すなわち，欠損値が約5,000サンプル以下に抑えられている特徴量が全体の10%にも満たないことを示している．さらに，30%点は48,421となっており，全50,000サンプルのうち値が入力されているサンプルが約3.2%以下となる特徴量が全体の実に70%もあることを示している．

また，カテゴリ変数のユニーク値の区分点を見ると，最大15,416個のカテゴリをもつ特徴量が存在していることがわかる．他にも，50%点が10.5であることから，40個のカテゴリ変数のうち半数が10個を超えるカテゴリをもつこともわかる．

以上のデータの概要を理解しただけでも，このデータの特徴と検討事項について以下のようにまとめられる．

- 欠損値が存在する特徴量が多数存在する．そのため欠損値への対応方法を考えなければならない（3.2節に関連）．
- 特徴量が230個と比較的多い．すべてを使用する必要があるのか，部分的に使用するので問題がないかについて調べる必要がある．部分的に使用するのであればどの特徴量を使用すべきかについて検討しなければならない（3.5節に関連）．
- カテゴリ変数の水準が非常に多い項目が存在する．水準を集約するなどして，適切な対処方法を検討する必要がある．

KDD Cup 2009で提供されているデータは，行方向が顧客，列方向が特徴量となっており，一見したところ機械学習のアルゴリズムに即座に入力できるように思えるかもしれない．しかし，欠損値の存在やカテゴリの多さなど，予測モデルで使用する特徴量を作成してもなお，そのまま予測モデルに入力できるとは限らない．第3章で説明したデータの前処理・変換の手法は，本節で説明してきた予測モデルの構築や次節で説明する頻出パターンの抽出の前作業として行うだけでなく，こ

のように特徴量を作成した後の前処理にも使用する手法であることを強調しておきたい.

さて,話を解約予測モデルの構築に戻そう.まずは,すべてのデータが欠損値であったり,ユニーク値が1つしかない特徴量を除外したうえで分析を進めることにする.以下では,1つの特徴量に対してこのようなデータではないかどうかを判定する not.allna.and.uniq.one 関数を定義して,数値,カテゴリ変数のそれぞれに対して条件を満たす特徴量を抽出している.

```
> # すべてが欠損,または1つの値しか入力されていないかどうかを判定する関数
> not.allna.and.uniq.one <- function(x) {
+     # すべてが欠損しているかどうかの判定
+     is.na.all <- all(is.na(x))
+     # 1つの値しか入力されていないかどうかの判定
+     is.uniq.one <- length(unique(x)) == 1
+     # いずれの条件もFALSEのときに真値(TRUE)を返す
+     res <- !(is.na.all | is.uniq.one)
+     res
+ }
> # 数値,カテゴリ変数に対して条件を満たす特徴量の抽出
> is.used.n <- train.data %>% select(Var1:Var190) %>%
+     summarise_each(funs(not.allna.and.uniq.one)) %>% unlist
> train.data.n <- train.data %>% select(which(is.used.n), churn)
> is.used.c <- train.data %>% select(Var191:Var230) %>%
+     summarise_each(funs(not.allna.and.uniq.one)) %>% unlist
> train.data.c <- train.data %>% select(which(is.used.c) + 190, churn)
```

続いて,各特徴量が目的変数に対してどの程度説明力をもつかについて検証するために,訓練データを説明力の算出に用いるデータと,算出した説明力の検証に用いるデータに分割する.ここでは,前者を「推定用データ」,後者を「検証用データ」と呼ぶことにして,約7:3の割合でサンプリングする.以下では,Rに標準で提供されている base パッケージの sample 関数を用いて各サンプルが推定用データに含まれるかどうかを表す論理値を生成し,上記で抽出した訓練データの数値,およびカテゴリ変数の特徴量それぞれに対してデータを分割している.

```
> set.seed(123)
> is.train <- sample(c(TRUE, FALSE), nrow(train.data), replace = TRUE, prob = c(0.7,
+     0.3))
> # 推定用データ(特徴量の説明力の推定に用いるデータ)
> tr.n <- train.data.n %>% filter(is.train)
> tr.c <- train.data.c %>% filter(is.train)
> # 検証用データ(推定した説明力の検証に用いるデータ)
> te.n <- train.data.n %>% filter(!is.train)
> te.c <- train.data.c %>% filter(!is.train)
```

以降では,数値の特徴量とカテゴリ変数の特徴量にわけて,推定用データを用いて特徴量の説明力を推定し,検証用データを用いて推定した説明力が汎化性能をもつかどうかについて検証する.ここでの汎化性能とは,推定用データと同等の説明力が検証用データでも示されることという意味で使用している.説明力の指標としては,3.5節での属性選択で説明した情報利得,情報利得比などを用いることも考えられる.しかし,KDD Cup 2009 においては予測モデルの評価は AUC(Area Under the Curve) によって行われていたことを参考に,AUCを用いることにする.4.1.5項で説明したように,AUCを求めるにあたってはROC曲線が求められる必要がある.そのためには真陽性率,偽陽性率を算出できる必要があり,各サンプルが正例に属する確率を何かしらの方法により推

定しなければならない.

数値の特徴量に対しては，以下のように`caret`パッケージの`filterVarImp`関数を用いることにより各特徴量のAUCを算出することが可能である．`filterVarImp`関数は，第1引数に特徴量のデータフレームまたは行列を指定し，第2引数に目的変数のベクトルを指定することにより，返り値として行方向に特徴量，列方向に各クラスを正例としたときのAUCを算出する．求めたいのは解約を正例としたときのAUCであるため，以下では返り値のAUCの行列から"X1"という列名がついたデータを抽出している.

```
> # 数値の特徴量に対するAUCの算出
> library(caret)
> # 推定用データのAUC
> auc.tr.n <- filterVarImp(tr.n %>% select(-churn), tr.n$churn)
> auc.tr.n %>% head(3)
            X1        X.1
Var1 0.5164385 0.5164385
Var2 0.5000000 0.5000000
Var3 0.4066004 0.4066004
> # 検証用データのAUC
> auc.te.n <- filterVarImp(te.n %>% select(-churn), te.n$churn)
> auc.te.n %>% head(3)
            X1        X.1
Var1 0.5900456 0.5900456
Var2 0.5014620 0.5014620
Var3 0.3997976 0.3997976
> # データの結合
> auc.n.all <- data.frame(train = auc.tr.n$X1, test = auc.te.n$X1, Var = rownames(auc.tr.n))
```

特徴量の汎化性能を議論するために，横軸に推定用データのAUC，縦軸に検証用データのAUCとして，散布図をプロットしてみよう．以下では`ggplot2`パッケージの`geom_text`関数を用いて特徴量のラベルをプロットしている．また，推定用データと検証用データでAUCがどの程度乖離したかについて理解を促進させるために，`geom_abline`関数を用いて推定用データと検証用データが同一になる直線を描いている.

```
> library(ggplot2)
> # 数値の特徴量に対する推定用データと検証用データのAUCの散布図
> p <- ggplot(data = auc.n.all, aes(x = train, y = test)) + geom_text(aes(label = Var),
+     hjust = -1, size = 2.5) + geom_abline(slope = 1, intercept = 0) + xlab("AUC(推定用データ)") +
+     ylab("AUC(検証用データ)") + theme_bw()
> print(p)
```

プロットされた図4.12を見ると，多くの特徴量で推定用データ，検証用データともにAUCが0.5〜0.6付近に密集していることを確認できる．一方で，たとえば図中央下部のVar87のように推定用データに比べて検証用データのAUCがかなり低くなる特徴量も散見される．また逆に，図中央上部のVar46やVar36のように推定用データに比べて検証用データのAUCがかなり高くなる特徴量も見られる．ここで理解を深めるために，推定用データと検証用データのVar46のヒストグラムを比較してみよう.

```
> library(ggplot2)
> # 推定用データと検証用データのVar46の結合
```

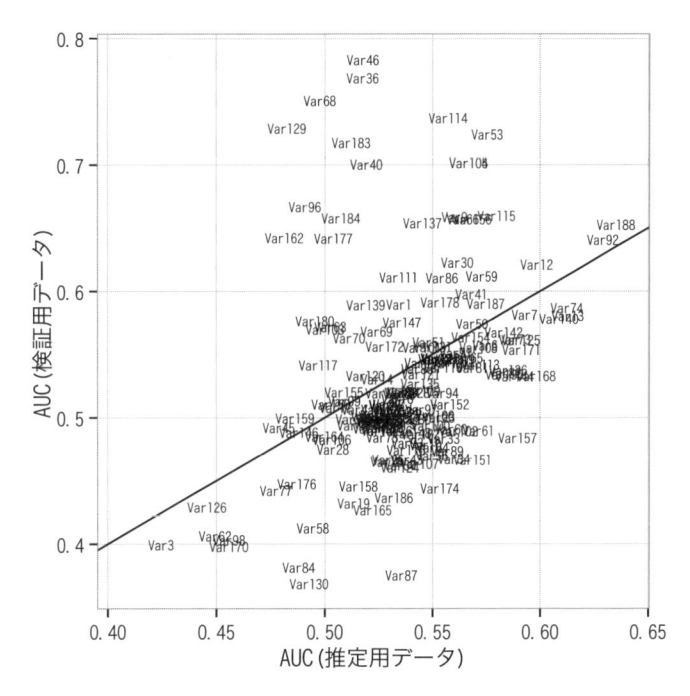

図 4.12 数値の特徴量に対する推定用データと検証用データの AUC の散布図

```
> Var46.all <- rbind(data.frame(Var46 = tr.n$Var46, type = rep("推定用",
+     nrow(tr.n))), data.frame(Var46 = te.n$Var46, type = rep("検証用",
+     nrow(te.n))))
> # ヒストグラムのプロット
> p <- ggplot(data = Var46.all, aes(x = Var46, y = ..count..)) + geom_histogram() +
+     ylab("件数") + theme_bw() + facet_grid(type ~ ., scale = "free_y")
> print(p)
```

図 4.13 を見ると，Var46 は推定用データと検証用データでいずれも 0 付近の値が多いこと，両者とも 1,000 以上に外れ値と思われるサンプルをもつこと，両者は特に図の左側で Var46 の値が比較的小さい領域では若干分布の形状が異なる可能性があることなどを確認できる．最初の点については実際に計算してみるとわかるが，Var46 は欠損値ではない 1,241 個のサンプルのうち約 56% が値が 0 となっている．

これらの結果は，推定用データと検証用データの選択に依存している可能性もあるため，図 4.12 から即座に以上の特徴量が AUC という評価指標について不安定な性質を有していると結論付けることはできない．しかし，少なくともデータの選び方によっては，このように不安定な特徴量が分析対象のデータの中に存在しているという知見を得ることができる．また，以上の結果から，数値の特徴量の中には極端に大きな値をとる外れ値や，値が 0 の割合が非常に大きいものなどがあり，そのままの値で扱うことが必ずしも適切ではない場合があるのではないかという仮説が立てられる．このような場合の対処方法として，いくつかの選択肢が考えられる．たとえば，外れ値を検出して除去したり，数値を離散化してカテゴリ変数として扱うなどの対処方法である．ここでは，後者の方法（"binning" と呼ばれる離散化）にしたがって離散化してみよう．

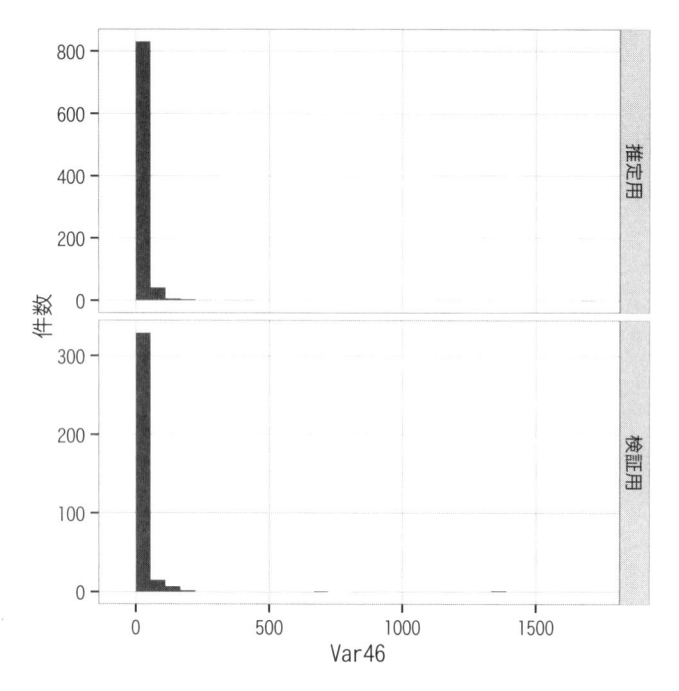

図4.13　Var46のヒストグラム

まず，欠損値が多い特徴量は一般には予測に寄与しないので，これまでは保留してきたが，ここで除去しよう．以下のように，1つの特徴量に対して欠損値の個数を算出する `count.missing` 関数を定義して，2.2.1項で説明した `dplyr` パッケージの `summarise_each` 関数を用いて各特徴量の欠損値の個数を算出している．ここでは欠損値の割合が95%以下となる特徴量のみを抽出している．なお，`summarise_each` 関数を適用した後にチェイン関数で `unlist` 関数を連結しているのは，ベクトルに変換するためである．

```
> library(dplyr)
> # 1つの特徴量に対して欠損値の個数を算出する関数
> count.missing <- function(x) {
+     sum(is.na(x))
+ }
> # 各特徴量に対する欠損値の個数の算出
> n.miss <- train.data.n %>% select(-churn) %>% summarise_each(funs(count.missing)) %>%
+     unlist
> # 欠損値の割合が95%以下の特徴量の抽出
> ok <- n.miss <= 0.95 * nrow(train.data.n)
> train.data.n.rm.missing <- train.data.n %>% select(which(ok), churn)
```

続いて，`train.data.n.rm.missing` オブジェクトに対して，3.4節で説明した等頻度間隔区間により離散化すると以下のようになる．

```
> library(infotheo)
> library(dplyr)
> # 等頻度間隔による離散化
```

```
> discretize.num <- function(x, nbins = 10) {
+     # 離散化するとデータフレームが返されるのでベクトルに変換
+     x.binned <- discretize(x, disc = "equalfreq", nbins = nbins) %>% unlist
+     # カテゴリ変数として使用できるように文字列に変換
+     # (欠損値も1つのカテゴリとして扱われる)
+     isna <- is.na(x.binned)
+     x.binned[!isna] <- paste0("C", x.binned[!isna])
+     x.binned[isna] <- "MISS"
+     x.binned
+ }
> # 訓練データの数値の特徴量を離散化
> tr.churn <- train.data.n.rm.missing$churn
> tr.n.binned <- train.data.n.rm.missing %>% select(-churn) %>% mutate_each(funs(discretize.num)) %>%
+     mutate(churn = churn)
```

ここでは一様に離散化したが，数値の特徴量の中にはさまざまな分布のものが混在していることに注意する必要がある．著者の経験では，特徴量の個数が少ないときは個別に分布を見ながら，外れ値の除去や置換，離散化方法などを検討することが多い．

以上では，数値の特徴量に対する説明力の評価と予測モデルを構築する方法について説明してきた．少し長くなってしまったので，要点についてまとめておこう．

- 外れ値が存在したり，0の割合の多い特徴量が存在しており，そのままの値を使用すると不適切である可能性がある．
- そのため，ここでは数値の特徴量を離散化する方針で特徴量を変換した．

次に，カテゴリ変数の特徴量について解析していこう．カテゴリ変数も数値と同様に，まずは単一の特徴量のAUCを推定し，その汎化性能を評価するという方針で進めることにする．ここで問題になるのが，カテゴリ変数のAUCをどのように推定するかという点である．これについては「推定用データ」でカテゴリごとの正例の割合を算出し，これを用いて各サンプルが正例に属する確率を推定する方針をとる．そして，「検証用データ」に対してこの確率を適用することにより同様にAUCを算出する．最後に，推定用データと検証用データのAUCを比較することにより，カテゴリ変数の特徴量の汎化性能を評価する．

まず，現状ではカテゴリ変数の欠損値は" "という値となっている．これはのちにクラスごとのサンプルの件数を集計するためにRで標準で提供されているbaseパッケージのtable関数を使用する際などに，件数を抽出するためインデックスとして使用しづらいという問題点がある．そこで，"MISS"という文字列に置換しておこう．以下では，欠損値を置換するblank2MISS関数を定義して，置換を実行する．その際，2.2.1項で説明したmutate_each関数を用いて各特徴量に対してblank2MISS関数を適用して置換を実行している．なお，目的変数に対してはこの処理を行わないので，select関数で除いた後にmutate_each関数を適用し，最後にmutate関数で目的変数を再度結合している．

```
> library(dplyr)
> # 欠損値の値を置換する関数
> blank2MISS <- function(x) {
+     ifelse(x == "", "MISS", x)
```

```
+ }
> # カテゴリ変数の特徴量に対する欠損値の値の置換
> churn.tr <- tr.c$churn
> tr.c <- tr.c %>% select(-churn) %>% mutate_each(funs(blank2MISS)) %>% mutate(churn = churn.tr)
> churn.te <- te.c$churn
> te.c <- te.c %>% select(-churn) %>% mutate_each(funs(blank2MISS)) %>% mutate(churn = churn.te)
```

続いて，「推定用データ」であるtr.cオブジェクトを用いて，カテゴリごとにクラス確率を推定し，「検証用データ」に対してこのクラス確率を用いることにより，それぞれのAUCを算出してみよう．以下では，「推定用データ」を用いて特徴量ごとに各カテゴリの正例の割合を算出し，カテゴリからクラス確率を推定するctg2prob関数を定義し，推定用データと検証用データそれぞれに対して，AUCを算出している．なお，AUCの算出にあたっては，各特徴量のデータとカテゴリごとの正例の割合の2つが必要である．そのため，ベクトルやリストのデータを2つ引数に受け取って，それぞれの要素のペアごとに演算を実行するmapply関数を使用していることに注意してほしい．mapply関数は，Rで標準で提供されているbaseパッケージに実装されている．また，AUCの推定にあたってはこれまでと同様に，caretパッケージのfilterVarImp関数を使用する．

```
> library(dplyr)
> library(caret)
> # 推定用データを用いて特徴量ごとに各カテゴリの正例の割合を算出
> churn.tr <- tr.c$churn
> pos.rate <- lapply(tr.c %>% select(-churn), function(x) {
+     tapply(-(churn.tr %>% as.integer) + 2, x, mean, na.rm = TRUE)
+ })
> pos.rate %>% head(1)
$Var191
      MISS      r__I
0.07428920 0.04862024
> # カテゴリからクラス確率を推定する関数
> # (x: 特徴量のベクトル, p:カテゴリごとのクラス確率のベクトル)
> ctg2prob <- function(x, p) {
+     p[x]
+ }
> # 推定用データのAUC
> tr.cp <- mapply(ctg2prob, tr.c %>% select(-churn), pos.rate)
> class(tr.cp)
[1] "matrix"
> auc.tr.c <- filterVarImp(tr.cp, churn.tr)
> auc.tr.c %>% head(3)
              X1        X.1
Var191 0.4960245 0.4960245
Var192 0.6213563 0.6213563
Var193 0.4422226 0.4422226
> auc.tr.c %>% dim
[1] 38  2
> # 検証用データのAUC
> te.cp <- mapply(ctg2prob, te.c %>% select(-churn), pos.rate)
> class(te.cp)
[1] "matrix"
> churn.te <- te.c$churn
> auc.te.c <- filterVarImp(te.cp, churn.te)
```

```
> auc.te.c %>% head(3)
              X1        X.1
Var191 0.4962837 0.4962837
Var192 0.5434731 0.5434731
Var193 0.4517041 0.4517041
> auc.te.c %>% dim
[1] 38  2
> # データの結合
> auc.c.all <- data.frame(train = auc.tr.c$X1, test = auc.te.c$X1, Var = rownames(auc.tr.c))
```

上記の処理の最後で，推定用データと検証用データのAUCを結合するときに，検証用データのAUCのみに現れている特徴量を対象としている．これは，推定用データには存在せず検証用データには存在するカテゴリがあり，クラス確率の推定ができず，`filterVarImp`関数がAUCが算出できないと判断して返り値に含まれないためである．

カテゴリ変数の汎化能力を検証するために，横軸を推定用データのAUC，縦軸を検証用データのAUCとして，散布図をプロットしてみよう．

```
> library(ggplot2)
> # カテゴリ変数の特徴量に対する推定用データと検証用データのAUCの散布図
> p <- ggplot(data = auc.c.all, aes(x = train, y = test)) + geom_text(aes(label = Var),
+     hjust = -1, size = 2.5) + xlab("AUC(推定用データ)") + ylab("AUC(検証用データ)") +
+     theme_bw() + geom_abline(slope = 1, intercept = 0)
> print(p)
```

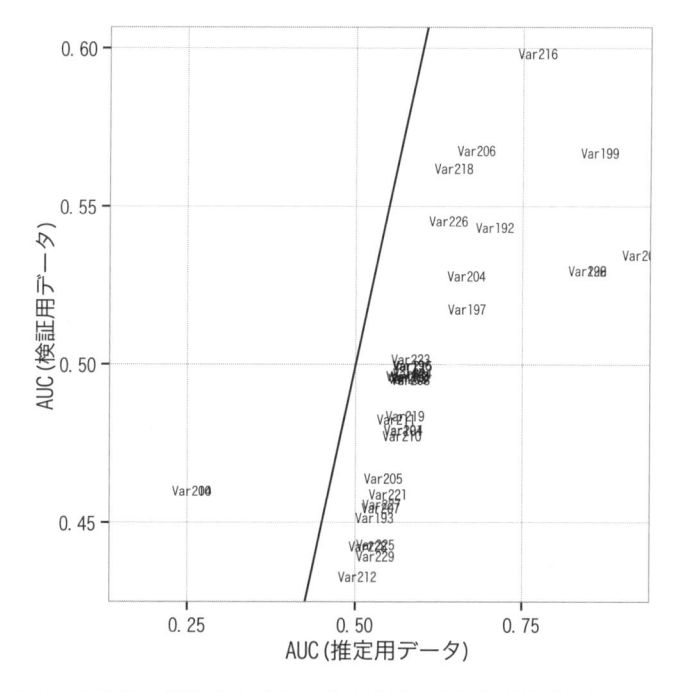

図4.14 カテゴリ変数の特徴量に対する推定用データと検証用データのAUCの散布図

図4.14を見ると，おおむね推定用データのAUCに対して検証用データのAUCは低い値になっ

ていることを確認できる．これは，カテゴリ数があまりに大きな特徴量が存在しているため，推定用データに対してオーバーフィッティングした結果を招いているためと推定できる．この問題を解決するためには，カテゴリの集約が必要だと考えられる．

以上により，カテゴリ数があまりに多い特徴量について，次の示唆を得る．

- 訓練データに容易にオーバーフィッティングしてしまう傾向にある．
- 訓練データには存在しないカテゴリがテストデータに存在する可能性があり，ハンドリングが難しい．

以上で判明した問題に対処していこう．詳細は割愛するが，KDD Cup2009 においてメルボルン大学のチームは初期に訓練データの目的変数の値に応じて観測数が 1,000 未満のカテゴリを 20 個のカテゴリに集約して，出現頻度が低く正例の割合が大きいカテゴリは 1 つのカテゴリに集約し，また出現頻度が高く正例の割合が小さいカテゴリは別のカテゴリに集約していたと報告している [35]．しかし，このアプローチも訓練データに対して良い予測を行うように調整しているため，オーバーフィッティングを起こしてしまったようである．そこで，25 よりも多いカテゴリをもつカテゴリ変数に対して，以下のルール

- 1,000 個以上の観測値をもつカテゴリはそのまま残す．
- 500–999 個の観測値をもつカテゴリを新たなカテゴリに集約する．
- 250–499 個の観測値をもつカテゴリを新たなカテゴリに集約する．
- 1–250 個の観測値をもつカテゴリを新たなカテゴリに集約する．

を設けて，置換を行ったと報告されている．

メルボルン大学のチームが対象としたデータは特徴量が 15,000 個の大規模なデータであり，本書が対象としている小規模なデータとは異なる．しかし，大いに参考になる方法だと思われるので，メルボルン大学のチームが実行した方法を参考に，カテゴリ変数の集約を実行してみよう．まずは準備として，推定用データに対してカテゴリ変数を集約してクラス確率を算出する `calc.pos.rate.agg` 関数を定義してクラス確率を算出するとともに，集約したカテゴリに対して各サンプルのクラス確率を算出する `ctg2prob.agg` 関数を定義しよう．

```
> library(dplyr)
> library(caret)
> # 集約後のカテゴリのクラス確率を算出する関数
> # (x: 特徴量のベクトル, churn: 目的変数のベクトル)
> calc.pos.rate.agg <- function(x, churn) {
+     # 各カテゴリのデータ数の集計
+     count <- table(x)
+     # 欠損値は1つのカテゴリとして残す
+     is.missing <- names(count) == "MISS"
+     # (0, 250), [250, 500), [501, 1000), [1000, Inf) で分割
+     count.cut <- cut(count[!is.missing], breaks = c(0, 250, 500, 1000,
+         Inf), right = FALSE) %>% as.character
+     # 分割後のクラス確率の算出
+     names(count.cut) <- names(count[!is.missing])
```

```
+       count.cut <- c(count.cut, MISS = "MISS")
+       lvs <- count.cut[x]
+       prob <- tapply(-(churn %>% as.integer) + 2, lvs, mean, na.rm = TRUE)
+       prob
+ }
> # 集約後のカテゴリのクラス確率の算出
> pos.rate.agg <- lapply(tr.c %>% select(-churn), calc.pos.rate.agg, churn = tr.c$churn)
> # 集約したカテゴリに対して各サンプルのクラス確率を算出する関数
> ctg2prob.agg <- function(x, p) {
+       count <- table(x)
+       # 欠損値は1つのカテゴリとして残す
+       is.missing <- names(count) == "MISS"
+       # (0, 250), [250, 500], [501, 1000), [1000, Inf) で分割
+       count.cut <- cut(count[!is.missing], breaks = c(0, 250, 500, 1000,
+           Inf), right = FALSE) %>% as.character
+
+       names(count.cut) <- names(count[!is.missing])
+       count.cut <- c(count.cut, MISS = "MISS")
+       p[count.cut[x]]
+ }
> # 推定用データのAUC
> tr.cp.agg <- mapply(ctg2prob.agg, tr.c %>% select(-churn), pos.rate.agg)
> auc.tr.c.agg <- filterVarImp(tr.cp.agg, churn.tr)
> auc.tr.c.agg %>% head(3)
              X1        X.1
Var191 0.4960245 0.4960245
Var192 0.4871667 0.4871667
Var193 0.4810246 0.4810246
> auc.tr.c.agg %>% dim
[1] 38  2
> # 検証用データのAUC
> te.cp.agg <- mapply(ctg2prob.agg, te.c %>% select(-churn), pos.rate.agg)
> auc.te.c.agg <- filterVarImp(te.cp.agg, churn.te)
> auc.te.c.agg %>% head(3)
              X1        X.1
Var191 0.5000000 0.5000000
Var192 0.4906337 0.4906337
Var193 0.4860988 0.4860988
> auc.te.c.agg %>% dim
[1] 38  2
> # データの結合
> auc.c.agg.all <- data.frame(train = auc.tr.c.agg$X1, test = auc.te.c.agg$X1,
+     Var = rownames(auc.tr.c.agg))
```

このように推定した結果について，横軸を推定用データのAUC，縦軸を検証用データのAUCとする散布図をプロットしてみよう．

```
> library(ggplot2)
> # 集約したカテゴリ変数の特徴量に対する推定用データと検証用データのAUCの散布図
> p <- ggplot(data = auc.c.agg.all, aes(x = train, y = test)) + geom_text(aes(label = Var),
+     size = 2.5, hjust = -1) + xlab("AUC(推定用データ)") + ylab("AUC(検証用データ)") +
+     geom_abline(slope = 1, intercept = 0) + theme_bw()
> print(p)
```

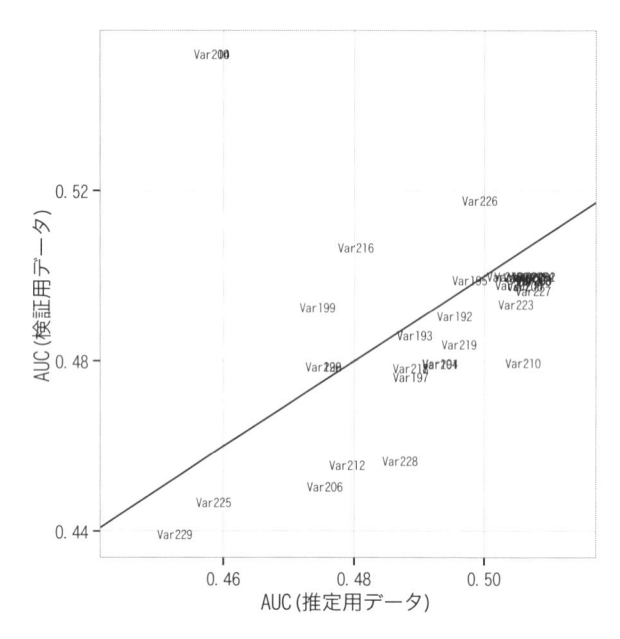

図 4.15 集約したカテゴリ変数の特徴量に対する推定用データと検証用データの AUC の散布図

図 4.15 を見ると，個々の特徴量の AUC はそれほど説明力があるものとはいえないものの，カテゴリの集約前に比べて推定用データと検証用データで AUC の値が大きく変化しないようになったことを確認できる．そこで，カテゴリの集約は予測モデルの安定性を増加させるうえで有効であると考えて，訓練データ全体に対してカテゴリの集約を行う．

train.data.c オブジェクトに対して，136 ページで定義した集約したカテゴリに対して各サンプルのクラス確率を算出する ctg2prob.agg 関数を適用して，カテゴリを集約する．133 ページで定義した空白を "MISS" という文字列に変換する blank2MISS 関数により一度変換しておいて，その後目的変数を結合する．

```
> library(dplyr)
> library(caret)
> # カテゴリ変数の特徴量に対する欠損値の値の置換
> churn <- train.data.c$churn
> tr.c.na <- train.data.c %>% select(-churn) %>% mutate_each(funs(blank2MISS)) %>%
+     mutate(churn = churn)
> # 集約後のカテゴリのクラス確率を算出する関数
> pos.rate.all <- lapply(tr.c.na %>% select(-churn), calc.pos.rate.agg, churn = tr.c.na$churn)
> # カテゴリを集約したデータ
> tr.cp.all <- mapply(ctg2prob.agg, tr.c.na %>% select(-churn), pos.rate.all)
```

以上のようにしてカテゴリ変数を集約して作成した tr.cp.all オブジェクト，および 132 ページで数値の特徴量を等頻度間隔区間により離散化して作成した tr.n.binned オブジェクトを用いて，訓練データの特徴量を構築してみよう．ここで，1 点気をつけなければならない点がある．それは，211 番目の特徴量である Var211 は欠損値がなく，元々存在していた 2 つのカテゴリである L84s（40,299 件）と Mtgm（9,701 件）が両方とも 1,000 件以上のため，上記の方法に従ってカテゴリを集約すると 1 つのカテゴリとなってしまっている点である．

```
> library(caret)
> # 訓練データの特徴量
> train.feature <- data.frame(tr.n.binned %>% select(-churn), tr.cp.all,
+     row.names = NULL)
> # 特徴量のサイズ
> train.feature %>% dim
[1] 50000    81
> # Var212は欠損値がなく集約された1つのカテゴリの正例の割合が入力されている
> table(train.feature$Var211)

0.07344
 50000
```

このように元々欠損値もなくカテゴリも多いわけではない特徴量を犠牲にするのは本意ではないが，ここでは紙面の関係上，使用しない方針とする．また，数値を離散化した変数を因子に変換しておく．このようにして作成した特徴量を用いて，caretパッケージのtrain関数により簡易的に3-foldのクロスバリデーションを実行して決定木 (CART) により予測モデルを構築してみよう．

```
> # 数値を離散化した変数の因子への変換
> is.num.disc <- sapply(train.feature, class) == "character"
> train.feature[, is.num.disc] <- lapply(train.feature[, is.num.disc], factor)
> # 決定木による予測
> ctrl <- trainControl(method = "cv", number = 3, summaryFunction = twoClassSummary,
+     classProbs = TRUE)
> fit.rp <- train(churn ~ ., data = train.feature, method = "rpart", trControl = ctrl,
+     metric = "ROC")
> fit.rp
CART

50000 samples
   80 predictor
    2 classes: '1', '-1'

No pre-processing
Resampling: Cross-Validated (3 fold)

Summary of sample sizes: 33333, 33334, 33333

Resampling results across tuning parameters:

  cp            ROC        Sens         Spec       ROC SD
  0.0005446623  0.5031917  0.018246187  0.9966759  0.11784793
  0.0006808279  0.5305013  0.013071895  0.9979926  0.08622102
  0.0008169935  0.4871516  0.007352941  0.9990934  0.01120454
  Sens SD       Spec SD
  0.010536788   0.0017677945
  0.006380923   0.0011673461
  0.008291578   0.0008492492

ROC was used to select the optimal model using  the largest value.
The final value used for the model was cp = 0.0006808279.
```

この結果を見ると，最も高いAUCの値を示しているのは決定木の複雑さが 0.0006808279 のときで，AUCの値は 0.5305013 となっていることを確認できる．まだまだAUCの値が 0.5 前後と低いが，これをベースラインのモデルとして特徴量の追加や選択，不均衡データの調整，他の学習アルゴリズムの使用などにより予測精度が向上するかどうかについて検証すればよい．

4.1.12 実データに対する分析：顧客の購買予測

実データを用いた予測のもう1つの例として，POS(Point of Sales)データを用いた顧客の購買予測を取り上げよう．使用するデータは，中国の食料品店において4カ月に渡って収集したPOSデータであるTafengデータセットとする．Tafengデータセットは，Chun-Nan Hsu教授の承諾を得て，本書のサポートページで"Tafeng.zip"という圧縮ファイルで，"Tafeng.csv"というファイル名で提供されている．その際，ファイルの構成を説明した"README.txt"というライセンスについて説明した"LICENCE.txt"をご一読いただきたい．Tafengデータセットは，中国の食料品店で2000年11月から2001年2月までのPOSデータを収録しており，以下のようなフォーマットのデータである．

```
Time,CustID,Age,Area,ProductSubClass,ProductID,Amount,Asset,SalesPrice
2000-11-01 00:00:00,00046855   ,D ,E ,110411,4710085120468,3,51,57
2000-11-01 00:00:00,00539166   ,E ,E ,130315,4714981010038,2,56,48
2000-11-01 00:00:00,00663373   ,F ,E ,110217,4710265847666,1,180,135
2000-11-01 00:00:00,00340625   ,A ,E ,110411,4710085120697,1,17,24
2000-11-01 00:00:00,00236645   ,D ,H ,712901,8999002568972,2,128,170
2000-11-01 00:00:00,01704129   ,B ,E ,110407,4710734000011,1,38,46
2000-11-01 00:00:00,00841528   ,C ,E ,110102,4710311107102,1,20,28
2000-11-01 00:00:00,00768566   ,K ,E ,110401,4710088410382,1,44,55
2000-11-01 00:00:00,00217361   ,F ,E ,130401,4711587809011,1,76,90
```

1列目(Time)が購入時刻，2列目(CustID)が顧客ID，3列目(Age)が顧客の年齢，4列目(ProductSubClass)が商品のサブクラス，5列目(ProductID)が商品ID，6列目(Amount)が購入数量，7列目(Asset)が在庫量，8列目(SalesPrice)が購入金額である．

4.1.11項で取り上げた顧客の解約予測では，あらかじめ顧客ごとの特徴量が構築されていた．それに対して，Tafengデータセットを用いた予測では，元データを用いていくつもの予測問題の設定が可能である．また，特徴量を元データから構築する必要もある．ここでは，以下の予測問題を仮定する．

- 予測対象
  予測対象は，Tafengデータセットに収録されている32,266人の顧客とする
- 予測のタイミング
  月末に各顧客が翌月来店するかどうかを予測する
- 予測期間
  2001年2月
- 予測する事象
  2001年2月に各顧客が食料品店で購買を行うかどうか

予測期間は2001年2月であるが，そのために予測モデルを構築しておかなければならない．図4.12に示すように，予測モデルの構築は2000年11月から12月までのデータを用いて説明変数を作成し，2001年1月のデータを用いて目的変数を作成する．また，予測モデルを用いた予測は，2000年12月から2001年1月までのデータを用いて説明変数を作成し，予測を実行する．

まずは，Tafengデータセットを読み込んで，顧客のデモグラフィック属性と購買履歴に分割する．

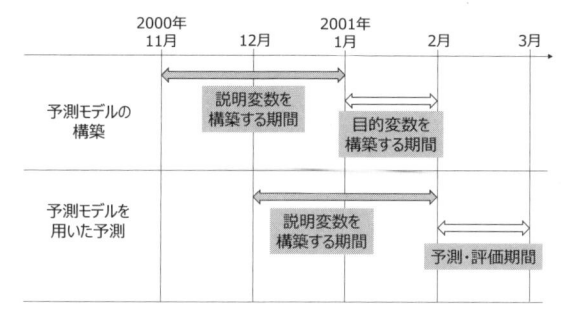

図4.16 Tafengデータセットを用いた顧客の購買予測の問題設定

```
> library(dplyr)
> # Tafengデータセットの読み込み
> tafeng <- read.csv("data/Tafeng/Tafeng.csv", colClasses = c(rep("character", 6),
+     rep("numeric", 3)))
> head(tafeng, 3)
                 Time  CustID Age Area ProductSubClass     ProductID
1 2000-11-01 00:00:00 00046855   D    E          110411 4710085120468
2 2000-11-01 00:00:00 00539166   E    E          130315 4714981010038
3 2000-11-01 00:00:00 00663373   F    E          110217 4710265847666
  Amount Asset SalesPrice
1      3    51         57
2      2    56         48
3      1   180        135
> # デモグラ属性
> demog <- tafeng %>% select(CustID, Age, Area) %>% unique
> head(demog, 3)
    CustID Age Area
1 00046855   D    E
2 00539166   E    E
3 00663373   F    E
> # 購買履歴
> purchase.hist <- tafeng %>% select(Time, CustID, ProductSubClass,
+     ProductID, Amount, Asset, SalesPrice) %>% mutate(Time = as.Date(Time))
> head(purchase.hist, 3)
        Time   CustID ProductSubClass     ProductID Amount Asset
1 2000-11-01 00046855          110411 4710085120468      3    51
2 2000-11-01 00539166          130315 4714981010038      2    56
3 2000-11-01 00663373          110217 4710265847666      1   180
  SalesPrice
1         57
2         48
3        135
```

続いて，購買履歴から顧客が直近いつ購入したか(Recency)，どのくらい頻繁に購入したか(Frequency)，購買に使った金額はいくらか(Money)について集計する．これらは英語の頭文字をとってRFM分析と呼ばれ，顧客分析の定石ともいえる手法である．以下の処理においては，Rで日付を表すデータ型として頻繁に使用されるDate型のオブジェクトに対して，lubridateパッケージのyear関数およびmonth関数を使用して，年，月を抽出している．lubridateパッケージは，CRANからインストールできる．

```
> # lubridateパッケージのインストール
> install.packages("lubridate", quiet = TRUE)
> library(dplyr)
```

```
> library(tidyr)
> library(lubridate)
> # 集計のために年月(YYYY-MM)を列に追加
> ph <- purchase.hist %>% mutate(ym = sprintf("%4d-%02d", year(Time), month(Time)))
> head(ph, 3)
        Time    CustID ProductSubClass      ProductID Amount Asset
1 2000-11-01  00046855          110411  4710085120468      3    51
2 2000-11-01  00539166          130315  4714981010038      2    56
3 2000-11-01  00663373          110217  4710265847666      1   180
  SalesPrice      ym
1         57 2000-11
2         48 2000-11
3        135 2000-11
> # 顧客IDごと年月ごとのRFMの集計
> freq.M <- ph %>% group_by(CustID, ym) %>% summarise(Freq = length(unique(Time)))
> head(freq.M, 3)
Source: local data frame [3 x 3]
Groups: CustID

    CustID      ym Freq
1 00001069 2000-11    1
2 00001069 2001-01    1
3 00001069 2001-02    2
> money.M <- ph %>% group_by(CustID, ym) %>% summarise (SalesPrice = sum(SalesPrice))
> head(money.M, 3)
Source: local data frame [3 x 3]
Groups: CustID

    CustID      ym SalesPrice
1 00001069 2000-11        187
2 00001069 2001-01        971
3 00001069 2001-02        786
> recency.M <- ph %>% group_by(CustID, ym) %>% summarise (LastPurchase = Time[length(Time)])
> head(recency.M, 3)
Source: local data frame [3 x 3]
Groups: CustID

    CustID      ym LastPurchase
1 00001069 2000-11   2000-11-13
2 00001069 2001-01   2001-01-21
3 00001069 2001-02   2001-02-03
> # ワイド形式への変換
> freq.M.w <- freq.M %>% as.data.frame %>% spread(ym, Freq, fill = 0)
> head(freq.M.w, 3)
    CustID 2000-11 2000-12 2001-01 2001-02
1 00001069       1       0       1       2
2 00001113       3       0       1       0
3 00001250       0       0       0       2
> money.M.w <- money.M %>% as.data.frame %>% spread(ym, SalesPrice, fill = 0)
> head(money.M.w, 3)
    CustID 2000-11 2000-12 2001-01 2001-02
1 00001069     187       0     971     786
2 00001113    1602       0     628       0
3 00001250       0       0       0    1583
> recency.M.w <- recency.M %>% as.data.frame %>% spread(ym, LastPurchase)
> head(recency.M.w, 3)
    CustID 2000-11 2000-12 2001-01 2001-02
1 00001069   11274      NA   11343   11356
2 00001113   11288      NA   11328      NA
3 00001250      NA      NA      NA   11357
```

こうして作成したデータを用いて，訓練データを作成してみよう．そのために，訓練データ，テストデータの作成において共通して使用できる関数を定義しておこう．以下の makedata 関数は，説明変数を構築するために使用する期間を表す expl.term 引数，目的変数を構築するために使用する期間を表す res.term 引数，予測を実施する日付を表す pred.date 引数を受け取り，説明変数と目的変数が結合されたデータを返り値とする関数である．

```
> makedata <- function(expl.term=c("2000-11", "2000-12"), res.term="2001-01", pred.date="2000-12-31")
+ {
+     # 予測に使用するデータを作成する
+     # expl.term: 説明変数を構築するために使用する期間(YYYY-MM形式)
+     # res.term: 目的変数を構築するために使用する期間(YYYY-MM形式)
+     # pred.date: 予測を実施する日付(YYYY-MM-DD形式)
+     library(dplyr)
+     # サンプルの使用有無を表すフラグ
+     ok <- rowSums(freq.M.w[, expl.term]) > 0
+     # 顧客ID
+     custid <- freq.M.w[ok , "CustID"]
+     # Frequency
+     freq <- rowSums(freq.M.w[ok, expl.term])
+     # Money
+     money <- rowSums(money.M.w[ok, expl.term])
+     # 最新の購買日
+     most.recent <- apply(recency.M.w[ok, expl.term], 1, max, na.rm=TRUE)
+     # Recency
+     recency <- as.integer(as.Date(pred.date))-most.recent
+     # 説明変数(RFM)
+     rfm <- data.frame(freq=freq, money=money, recency=recency)
+     # 説明変数(デモグラ)
+     dmg <- demog %>% filter(CustID %in% custid)
+     idx.dmg <- match(custid, dmg$CustID)
+     # 説明変数(RFM + デモグラ)
+     x <- rfm %>% data.frame(., dmg[idx.dmg, c("Age", "Area")])
+     # 目的変数を追加
+     x <- x %>% data.frame(., res=factor(as.integer(freq.M.w[ok, res.term] > 0), levels=c(1, 0)))
+     x
+ }
```

ここでは，RBF カーネルのサポートベクタマシンを使用し，評価指標を Precision として 10-fold のクロスバリデーションにより適合率の評価を行いながら，予測モデルを構築してみよう．予測モデルの評価指標として適合率 (Precision)，再現率 (Recall)，F 値，正解率 (Accuracy) を算出する my.summary 関数は以前にも 4.1.5 項で説明したが，間隔が若干空いてしまっていることもありここで再掲する．

```
> library(caret)
> # 予測モデルの評価指標がPrecision, Recall, F値, Accuracy
> my.summary <- function(data, lev = NULL, model = NULL) {
+     if (is.character(data$obs))
```

```
+           data$obs <- factor(data$obs, levels = lev)
+     conf <- table(data$pred, data$obs)    # 混合行列
+     prec <- conf[1, 1]/sum(conf[1, ])     # Precsion
+     rec <- conf[1, 1]/sum(conf[, 1])      # Recall
+     f.value <- 2 * prec * rec/(prec + rec)  # F値
+     acc <- sum(diag(conf))/sum(conf)      # Accuracy

+     out <- c(Precision = prec, Recall = rec, F = f.value, Accuracy = acc)
+     out
+ }
> # 訓練データの作成
> train.data <- makedata(expl.term = c("2000-11", "2000-12"), res.term = "2001-01",
+     pred.date = "2000-12-31")
> train.data %>% head(3)
  freq money recency Age Area res
1    1   187      48   K    E   1
2    3  1602      34   K    F   1
4    1   364      27   K    G   0
> # 予測モデルの構築(RBFカーネルのサポートベクタマシン,
> # 10-foldのクロスバリデーションにより検証)
> fit.svm <- train(res ~ ., data = train.data, method = "svmRadial", metric = "Precision",
+     trControl = trainControl(summaryFunction = my.summary, method = "cv",
+         number = 10))
> fit.svm
Support Vector Machines with Radial Basis Function Kernel

23589 samples
    5 predictor
    2 classes: '1', '0'

No pre-processing
Resampling: Cross-Validated (10 fold)

Summary of sample sizes: 21230, 21230, 21230, 21229, 21230, 21231, ...

Resampling results across tuning parameters:

  C     Precision  Recall     F          Accuracy   Precision SD
  0.25  0.7377437  0.4797096  0.5812896  0.6614526  0.01430198
  0.50  0.7358259  0.4881015  0.5867608  0.6632328  0.01436693
  1.00  0.7295159  0.4943303  0.5891721  0.6623423  0.01395552
  Recall SD   F SD         Accuracy SD
  0.01038756  0.009360744  0.007412822
  0.01226655  0.009886273  0.007406200
  0.01382244  0.010697429  0.007585373

Tuning parameter 'sigma' was held constant at a value of 0.03921728
Precision was used to select the optimal model using  the
 largest value.
The final values used for the model were sigma = 0.03921728 and C
 = 0.25.
```

評価用のデータを用いて，構築した予測モデルを検証してみよう．

```
> # 検証用データの作成
> test.data <- makedata(expl.term = c("2000-12", "2001-01"), res.term = "2001-02",
+     pred.date = "2001-01-31")
> test.data %>% head(3)
  freq money recency Age Area res
```

```
1   1   971    10   K   E   1
2   1   628    25   K   F   0
4   1   364    58   K   G   0
> # 2011年2月の顧客購買有無の予測
> pred <- predict(fit.svm, test.data)
> # 混合行列
> conf <- table(pred, test.data$res)
> # 評価指標
> (prec <- conf[1, 1]/sum(conf[1, ]))   # Precision
[1] 0.7448538
> (rec <- conf[1, 1]/sum(conf[, 1]))    # Recall
[1] 0.4791667
> (F.value <- 2 * prec * rec/(prec + rec))   # F値
[1] 0.5831751
> (acc <- sum(diag(conf))/sum(conf))    # Accuracy
[1] 0.654499
```

評価用のデータでも，訓練データと同様の精度で予測できることを確認できる．

4.2 頻出パターンの抽出

パターンマイニング (pattern mining) とは，トランザクションデータから頻出するパターンを抽出する手法である．この手法を用いることにより，たとえば，POSデータから頻繁に購入されている商品の組合せを抽出することができる．パターンマイニングの手法として，頻出パターンマイニング，系列パターンマイニングなどの手法が提案されている．

4.2.1 頻出パターンマイニング

頻出パターンマイニング (frequent pattern mining) は，アイテム集合に頻繁に現れる組合せパターンを抽出する手法である．たとえば，スーパーマーケットのPOSデータに対して頻出パターンマイニングを実行すると，「ビールとおむつ」のように同時に購入される商品の組合せを抽出できる．抽出するパターンとして，アイテムの組合せ（アイテムセット，itemset），アソシエーションルール (association rule) などがある．

抽出されたパターンを評価する指標として，支持度，確信度，リフトなどが用いられることが多い．

- 支持度（サポート，support）は，抽出されたパターンが全トランザクションデータの中で出現する割合を表している．すなわち，全トランザクション数を M，パターン X が出現するトランザクション数を $N(X)$ とすると，パターン X の支持度 $support(X)$ は，次式

$$support(X) = \frac{N(X)}{M} \tag{4.16}$$

で定義される．

- 確信度（コンフィデンス，confidence）は，条件部が発生したときに結論部が発生する割合を表している．すなわち，条件部を X，結論部を Y として，条件部が出現するトランザクション数を $N(X)$，条件部かつ結論部が出現するトランザクション数を $N(X \cap Y)$ とすると，ルー

ル $X \to Y$ の確信度 $confidence(X \to Y)$ は，次式

$$confidence(X \to Y) = \frac{N(X \cap Y)}{N(X)} \tag{4.17}$$

で定義される．

- リフト (lift) は，2つのアイテムが同時にパターンの中に含まれやすさについて定量化する指標である．

  アイテム X とアイテム Y がそれぞれ独立に発生するとすれば，それぞれが発生する確率，すなわちサポートの積で X と Y が発生する確率を求められるだろう．

  一方で，現実には必ずしも2つのアイテムは独立に発生するとは限らない．冒頭に挙げた「ビールとおむつ」の例のように，同時に購入されやすい商品はPOSデータに一緒に現れる可能性が高いといえるだろう．

  このように，2つのアイテムが同時にパターンの中に含まれやすさを定量化するために，リフトは，2つのアイテムが同時に含まれる確率がそれぞれ独立に含まれると仮定したときの確率に比べてどの程度大きいかという観点でパターンの現れやすさを定量化する指標である．各アイテムが現れる確率としてサポートを使用すると，X と Y の組合せを $\{X, Y\}$ と表記することにすれば，X と Y のリフト $lift(X, Y)$ は，次式

$$lift(X, Y) = \frac{support(\{X, Y\})}{support(X) support(Y)} \tag{4.18}$$

で定義される．

頻出パターンマイニングの代表的な手法にAprioriがある [81, 80]．この手法は arules パッケージの apriori 関数に実装されている．arules パッケージは，CRANからインストールできる．

```
> # arulesパッケージのインストール
> install.packages("arules", quiet = TRUE)
```

arules パッケージに付属している Groceries データセットに対して，Aprioriを実行してアソシエーションルールを抽出してみよう．Groceries データセットは食料雑貨店におけるPOSデータであり，9,835個のトランザクションから構成される．各トランザクションに含まれるアイテムは，169個のカテゴリに分類される．

```
> library(arules)
> library(dplyr)
> data(Groceries)
> # トランザクションデータの要約
> summary(Groceries)
transactions as itemMatrix in sparse format with
 9835 rows (elements/itemsets/transactions) and
 169 columns (items) and a density of 0.02609146

most frequent items:
      whole milk other vegetables       rolls/buns             soda
            2513             1903             1809             1715
```

```
                yogurt          (Other)
                  1372            34055

element (itemset/transaction) length distribution:
sizes
   1    2    3    4    5    6    7    8    9   10   11   12   13   14
2159 1643 1299 1005  855  645  545  438  350  246  182  117   78   77
  15   16   17   18   19   20   21   22   23   24   26   27   28   29
  55   46   29   14   14    9   11    4    6    1    1    1    1    3
  32
   1

   Min. 1st Qu.  Median    Mean 3rd Qu.    Max.
  1.000   2.000   3.000   4.409   6.000  32.000

includes extended item information - examples:
       labels level2           level1
1 frankfurter sausage meet and sausage
2     sausage sausage meet and sausage
3  liver loaf sausage meet and sausage
> # Aprioriの実行
> rules <- apriori(Groceries, parameter = list(support = 0.001, confidence = 0.5))

Parameter specification:
 confidence minval smax arem  aval originalSupport support minlen
        0.5    0.1    1 none FALSE            TRUE   0.001      1
 maxlen target   ext
     10  rules FALSE

Algorithmic control:
 filter tree heap memopt load sort verbose
    0.1 TRUE TRUE  FALSE TRUE    2    TRUE

apriori - find association rules with the apriori algorithm
version 4.21 (2004.05.09)        (c) 1996-2004   Christian Borgelt
set item appearances ...[0 item(s)] done [0.00s].
set transactions ...[169 item(s), 9835 transaction(s)] done [0.00s].
sorting and recoding items ... [157 item(s)] done [0.00s].
creating transaction tree ... done [0.01s].
checking subsets of size 1 2 3 4 5 6 done [0.02s].
writing ... [5668 rule(s)] done [0.00s].
creating S4 object  ... done [0.00s].
> # 抽出したルールの確認
> rules
set of 5668 rules
> # リフト値の上位3ルールを調べる
> rules %>% sort(by = "lift") %>% head(3) %>% inspect
  lhs                    rhs               support    confidence lift
1 {Instant food products,
   soda}              => {hamburger meat}  0.001220132 0.6315789 18.99565
2 {soda,
   popcorn}           => {salty snack}     0.001220132 0.6315789 16.69779
3 {flour,
   baking powder}     => {sugar}           0.001016777 0.5555556 16.40807
```

このように抽出したルールは，arulesVizパッケージを用いて可視化できる．arulesVizパッケージは，CRANからインストールできる．

148　第4章　パターンの発見

```
> # arulesVizパッケージのインストール
> install.packages("arulesViz", quiet = TRUE)
```

次の例では，横軸を支持度，縦軸を確信度として散布図をプロットしている．図4.17において点の濃淡がリフト値を表している．

```
> library(arulesViz)
> # サポートとコンフィデンスの散布図のプロット
> plot(rules)
```

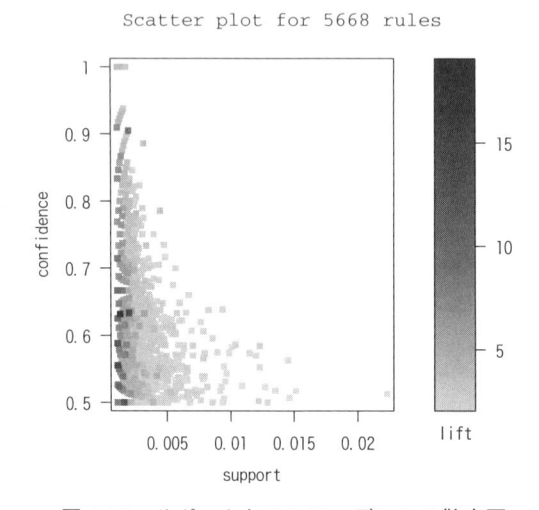

図4.17　サポートとコンフィデンスの散布図

軸を支持度とリフト値にしたい場合は，以下のようにmeasure引数に"support"と"lift"を，shading引数に"confidence"を指定すればよい．その結果が図4.18にプロットされる．

```
> # サポートとリフト値の散布図のプロット
> plot(rules, measure = c("support", "lift"), shading = "confidence")
```

さて，以上で見てきたように，頻出パターンマイニングは図4.19に示す流れに従って実行する．

1. データの読み込み
   ファイルからデータを読み込む．read.transactions関数などを用いる．
2. パターンの抽出
   パターンを抽出するにあたって，パターンの抽出条件を指定する．たとえば，アイテムの最低個数や特定のアイテムが現れているパターンのみを抽出するといった条件である．
   apriori関数で設定可能なパターンの抽出条件は，抽出するアイテムセットやルールに制約を課すパラメータ，実行性能を制御するパラメータ，アイテムの出現に制約を課すパラメータに分類できる．
   - 抽出するパターンの出現頻度や種類に制約を課すパラメータ
     抽出するパターンの出現頻度や種類に課す制約は，parameter引数に指定する．抽出する

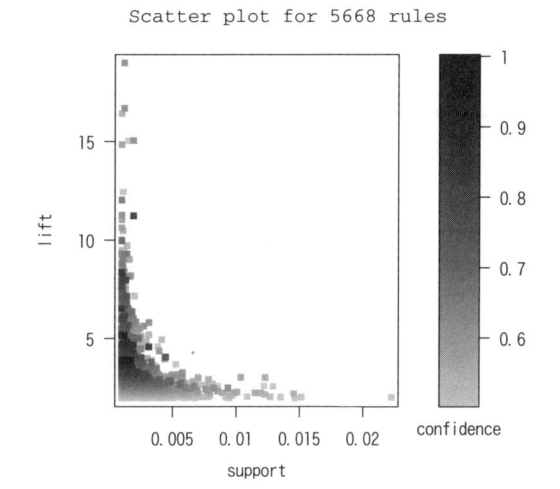

図 4.18 サポートとリフト値の散布図

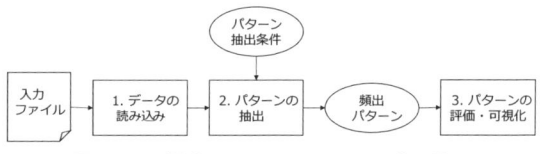

図 4.19 頻出パターンマイニングの流れ

パターンに含まれるアイテムセットの最小サポート (support), 最小アイテム数 (minlen), 最大アイテム数 (maxlen), 抽出するパターンの種類 (target) などを指定する. 抽出するパターンの種類 (target) には, "frequent itemsets"（頻出アイテムセット）, "maximally frequent itemsets"（極大集合）, "closed frequent itemsets"（飽和集合）, "rules"（相関ルール）, "hyperedgesets" の5つを指定できる.

- 実行性能を制御するパラメータ
  apriori 関数の実行性能を制御するパラメータは, control 引数に指定する. アイテムのソート (sort), 途中経過の出力 (verbose) などがある. sort に指定できる値は, "1"（アイテムの出現頻度の昇順でソート）, "−1"（アイテムの出現頻度の降順でソート）, "0"（ソートしない）, "2"（アイテムが出現するトランザクション数の昇順でソート）, "−2"（アイテムが出現するトランザクション数の降順でソート）の5つがある.

- 出現するアイテムに制約を課すパラメータ
  抽出するパターンに現れるアイテムに課す制約は, appearance 引数に指定する. 抽出するパターンの条件部や結論部に出現することを許容したり, 逆に出現を禁止するアイテムを指定する. 指定できるパラメータとして, 条件部に出現可能なアイテム (lhs), 結論部に出現可能なアイテム (rhs), 条件部と結論部の双方に出現可能なアイテム (both), 出現を禁止するアイテム (none), これらのパラメータに指定されていないアイテムに対する制御方法の指定 (default) などがある.

3. パターンの評価・可視化

抽出したパターンを評価したり，可視化したりする．

Apriori 以外の頻出パターンマイニングの代表的な手法として，FP-Growth [52] がある．この手法は，図 4.20 に示すように，FP-tree と呼ばれる木構造を構築しながら深さ優先探索により頻出パターンを抽出する手法である．

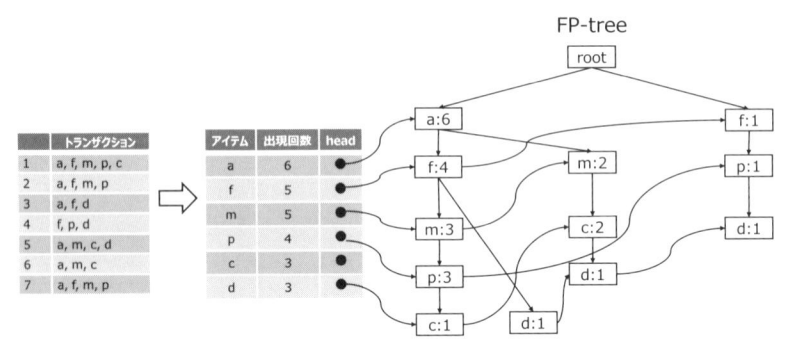

図 4.20 　FP-growth アルゴリズム

残念ながら，本書を執筆している時点ではRでFP-Growthを実行するためのパッケージは提供されていないようである．ここでは，図 4.21 に示す arules パッケージの作者である Christian Borgelt のウェブページで公開されている FP-Growth の実行ファイルを使用してみよう．

図 4.21 　Christian Borgelt のウェブページ (http://www.borgelt.net/software.html)

FP-Growth の実行ファイルの入力形式に合わせるために，Groceries データセットのアイテム集合の括弧を除去してからファイルに出力する．

```
> # Groceriesデータセットのトランザクションの抽出
> gr <- as(Groceries, "data.frame")
> # アイテムの集合の括弧の除去
```

```
> gr <- sapply(gr, function(x) gsub("[{}]", "", x))
> # トランザクションのアイテムの集合のファイル出力
> dir.create("data/Groceries")
> write.table(gr, "data/Groceries/Groceries.txt", row.names = FALSE, col.names = FALSE,
+     quote = FALSE)
```

続いて，コマンドラインからFP-growthを実行する．ここでは，最小サポートを0.1(10%)，最小アイテム数を2とする．fpgrowthコマンドのオプションについては，表4.5を参照してほしい．

```
$ ./fpgrowth -s0.1 -m2 -k"," -v" (%1S)" -f"," \
  data/Groceries/Groceries.txt output/fpgrowth/fpgrowth_Groceries.txt
./fpgrowth - find frequent item sets with the fpgrowth algorithm
version 6.5 (2015.02.25)        (c) 2004-2014   Christian Borgelt
reading data/Groceries/Groceries.txt ... [169 item(s), 9835 transaction(s)] done [0.01s].
filtering, sorting and recoding items ... [157 item(s)] done [0.00s].
sorting and reducing transactions ... [6866/9835 transaction(s)] done [0.00s].
writing output/fpgrowth/fpgrowth_Groceries.txt ... [13335 set(s)] done [0.01s].
```

出力したファイルを見ると，カンマ区切りで抽出したパターンに現れるアイテムの集合，およびそのサポートが括弧内に表示されていることを確認できる．

```
other vegetables, whole milk (7)
rolls/buns, whole milk (6)
rolls/buns, other vegetables, whole milk (2)
rolls/buns, other vegetables (4)
soda, whole milk (4)
soda, rolls/buns, whole milk (0.9)
soda, rolls/buns (4)
soda, other vegetables, whole milk (1)
soda, other vegetables, rolls/buns, whole milk (0.4)
soda, other vegetables, rolls/buns (1)
```

4.2.2 実データに対する分析：POSデータの頻出パターンマイニング

以上の例では，元々パッケージに付属していたデータセットを使用したが，実際のデータ分析においては分析対象のデータを読み込みパターンマイニングを実行する必要がある．ここでは，4.1.12項で顧客の購買予測に用いたTafengデータセットから，必要なデータセットを作成しパターンマイニングを実行してみよう．

まずパターンマイニングに必要なデータセットを作成しよう．

```
> library(dplyr)
> # Tafengデータセットの読み込み
> tafeng <- read.csv("data/Tafeng/Tafeng.csv", colClasses = c(rep("character", 6),
+     rep("numeric", 3)))
> tafeng %>% head(3)
                 Time  CustID Age Area ProductSubClass      ProductID
1 2000-11-01 00:00:00 00046855   D    E          110411 4710085120468
2 2000-11-01 00:00:00 00539166   E    E          130315 4714981010038
3 2000-11-01 00:00:00 00663373   F    E          110217 4710265847666
  Amount Asset SalesPrice
1      3    51         57
```

表 4.5 Borgelt による fpgrowth コマンドの引数

引数	説明	値の範囲	デフォルト値
-t	抽出するパターンの種類	s: 頻出アイテムセット, c: 飽和集合, m: 極大集合	s
-m	抽出するアイテムセットに含まれるアイテム数の最小値	正の整数	1
-n	抽出するアイテムセットに含まれるアイテム数の最大値	正の整数	制限なし
-s	抽出するアイテムセットの最小支持度（正の値の場合はパーセンテージ，負の値の場合はトランザクション数）	数値	10%
-e	追加する評価指標	文字列	なし
-d	追加する評価指標の最小値	正の数値	10%
-g	スキャン可能な形式で出力する指定（文字列のクォート）	–	–
-H	出力におけるレコードのヘッダ	文字列	""
-k	出力におけるアイテムのセパレータ	文字列	" "
-v	アイテムセットの情報の出力形式	文字列	" (%1S)"
-q	出現頻度に関するアイテムのソート	1: 昇順, −1: 降順, 0: ソートしない, 2: トランザクションのサイズの和に関する昇順, −2: トランザクションのサイズの和に関する降順	2
-j	トランザクションのソートにクイックソートを使用するかどうかを表すフラグ	–	デフォルトはヒープソート
-a	使用する FP-Growth アルゴリズムの種類	数値	simple
-x	完全な拡張 (perfect extensions) を用いて剪定を行わない指定	–	–
-z	ヘッド・テイル剪定を使用しない指定（極大集合を抽出する場合のみ）	–	–
-b	空白を表す文字列	文字列	" t"
-f	フィールドのセパレータ	文字列	" t,"
-r	レコードのセパレータ	文字列	"n"
-C	コメントを表す文字列	文字列	"#"
-!	追加的なオプション情報の表示	–	–

```
2       2      56            48
3       1     180           135
> # パターンマイニングの入力データの作成（各レコードが日ごとユーザごとの商品のサブクラスの集合）
> psc.by.T.CID <- tafeng %>% group_by(Time, CustID) %>% summarise(ProductSubClass
+     = paste(unique(ProductSubClass), collapse = ","), Age = unique(Age), Area = unique(Area))
> psc.by.T.CID <- psc.by.T.CID %>% as.data.frame
> psc.by.T.CID %>% head(3)
                 Time    CustID
1 2000-11-01 00:00:00 00038317
2 2000-11-01 00:00:00 00045902
3 2000-11-01 00:00:00 00045957
                                                       ProductSubClass
1                                                      130315,120105
2                                           100304,130204,100511,100113
3                                                              110217
  Age Area
1   J    E
2   H    E
3   G    E
> write.table(psc.by.T.CID[, "ProductSubClass", drop = FALSE], "data/Tafeng/Tafeng_busket.csv",
+     quote = FALSE, row.names = FALSE, col.names = FALSE)  # 購買データ
> write.csv(psc.by.T.CID[, c("Time", "CustID", "Age", "Area")], "data/Tafeng/Tafeng_
+     busket_tidinfo.csv", row.names = FALSE)  # デモグラ属性データ
```

続いて，作成したデータを用いて Apriori を実行してみよう．ここでは，read.transactions 関数によりデータを読み込んでいる．また，パターンの抽出条件は最小サポートを 0.1%，最小コンフィデンスを 0.1% としている．

```
> # TafengデータセットへのAprioriの実行
> library(arules)
> # バスケットデータの読み込み
> tafeng.busket <- read.transactions("data/Tafeng/Tafeng_busket.csv", sep = ",")
> # バスケットデータの要約
> summary(tafeng.busket)
transactions as itemMatrix in sparse format with
 119578 rows (elements/itemsets/transactions) and
 2012 columns (items) and a density of 0.002908667

most frequent items:
 100205 130315 500201 110217 130206 (Other)
  14679  11361  10748  10461  10342  642208

element (itemset/transaction) length distribution:
sizes
    1     2     3     4     5     6     7     8     9    10    11
19844 17023 14780 11880 10064  8285  6568  5407  4351  3633  3000
   12    13    14    15    16    17    18    19    20    21    22
 2349  1963  1659  1411  1196   973   795   677   594   487   391
   23    24    25    26    27    28    29    30    31    32    33
  357   304   228   205   176   146   150    99    95    57    52
   34    35    36    37    38    39    40    41    42    43    44
   58    53    24    33    26    25    21    18    13    18    13
   45    46    47    48    49    50    51    52    53    54    55
    7     6     7     5     9     4     1     8     8     2     3
   57    59    60    61    63    65    66    67    68    71    73
    1     1     2     1     1     1     2     1     1     1     1
   74    76    79    84
    1     1     1     1
```

```
   Min. 1st Qu.  Median    Mean 3rd Qu.    Max.
  1.000   2.000   4.000   5.852   8.000  84.000

includes extended item information - examples:
  labels
1 100101
2 100102
3 100103
> # Aprioriの実行(最小support=0.1%, 最小confidence=0.1%)
> apriori.tafeng <- apriori(tafeng.busket, parameter = list(minlen = 2, support = 0.001,
+     confidence = 0.001))

Parameter specification:
 confidence minval smax arem  aval originalSupport support minlen
      0.001    0.1    1 none FALSE            TRUE   0.001      2
 maxlen target   ext
     10  rules FALSE

Algorithmic control:
 filter tree heap memopt load sort verbose
    0.1 TRUE TRUE  FALSE TRUE    2    TRUE

apriori - find association rules with the apriori algorithm
version 4.21 (2004.05.09)        (c) 1996-2004   Christian Borgelt
set item appearances ...[0 item(s)] done [0.00s].
set transactions ...[2012 item(s), 119578 transaction(s)] done [0.22s].
sorting and recoding items ... [671 item(s)] done [0.02s].
creating transaction tree ... done [0.11s].
checking subsets of size 1 2 3 4 done [0.08s].
writing ... [11957 rule(s)] done [0.00s].
creating S4 object  ... done [0.03s].
> apriori.tafeng %>% summary
set of 11957 rules

rule length distribution (lhs + rhs):sizes
   2    3    4
8452 3465   40

   Min. 1st Qu.  Median    Mean 3rd Qu.    Max.
  2.000   2.000   2.000   2.296   3.000   4.000

summary of quality measures:
    support           confidence           lift
 Min.   :0.001004   Min.   :0.008175   Min.   :  0.6167
 1st Qu.:0.001171   1st Qu.:0.043837   1st Qu.:  1.5360
 Median :0.001455   Median :0.092450   Median :  2.0180
 Mean   :0.001926   Mean   :0.120312   Mean   :  2.7962
 3rd Qu.:0.002074   3rd Qu.:0.159827   3rd Qu.:  3.2047
 Max.   :0.025306   Max.   :0.759717   Max.   :184.7853

mining info:
          data ntransactions support confidence
 tafeng.busket        119578   0.001      0.001
> # リフト値の上位3ルールを調べる
> apriori.tafeng %>% sort(by = "lift") %>% head(3) %>% inspect
  lhs          rhs        support    confidence lift
1 {530119} => {530125} 0.001480205 0.5331325  184.7853
2 {530125} => {530119} 0.001480205 0.5130435  184.7853
3 {570103} => {570102} 0.001555470 0.5181058  164.3344
```

抽出した頻出パターンに対してさらに分析を進めて，各パターンがどのようなユーザや曜日などで多く現れているかについて知見を得ることは有益である．supportingTransactions 関数を使用すると，抽出した頻出パターンが出現する TID(Transaction ID) を抽出できる．

```
> # 頻出パターンが出現するTIDの抽出
> st <- supportingTransactions(apriori.tafeng, tafeng.busket)
> st.list <- as(st, "list")
> st.list %>% head(1)
$`{100211} => {100205}`
  [1]    256    375    513    835   1097   1222   1263   1273   1450
 [10]   1792   1956   2120   2522   2689   2943   3359   3501   4027
 [19]   4411   4582   4676   4724   5118   5412   5427   5446   5625
 [28]   6110   6452   7374   7547   9380   9468   9499  10330  10645
 [37]  11392  11657  12236  12268  12532  12953  13535  14748  14904
 [46]  15013  15798  15805  16056  16408  16719  16943  17087  17549
 [55]  17750  18809  19267  19579  20036  20320  20671  20807  21969
 [64]  22356  22860  23273  23328  24787  25637  25973  26062  26651
 [73]  27042  28260  28264  29178  31069  31291  32208  32228  32806
 [82]  35430  35574  37393  37689  37977  38118  38390  38748  39929
 [91]  40616  40734  40880  42003  42895  43326  44754  45243  47234
[100]  47878  48181  48714  48842  49215  49230  49238  49441  49529
[109]  49770  49969  50343  50846  51082  51112  53768  55200  55838
[118]  56360  57129  57178  57586  57726  58578  59678  59743  61365
[127]  62852  65143  65675  66515  67182  67224  68199  70163  72096
[136]  72401  73197  74770  75246  75516  75976  78135  78324  79876
[145]  80467  82145  82631  83467  83873  84448  88306  88712  89179
[154]  90634  92952  94957  95599 105157 105533 107168 107781 110195
[163] 111496 113384 114747 114842 114977 115455 115975 118793
> # TIDの情報(日付, 顧客ID, 年代コード, 地域コード)
> tid.info <- read.csv("data/Tafeng/Tafeng_busket_tidinfo.csv")
> tid.info %>% head(3)
                 Time CustID Age Area
1 2000-11-01 00:00:00  38317   J    E
2 2000-11-01 00:00:00  45902   H    E
3 2000-11-01 00:00:00  45957   G    E
> # 各頻出パターンに対して年代コードの件数の集計
> lv <- sort(unique(tid.info$Age))
> tid.info$Age <- factor(tid.info$Age, levels = lv)
> count.by.Age <- sapply(st.list, function(x) table(tid.info[as.integer(x), "Age"]))
> count.by.Age <- t(count.by.Age)
> count.by.Age %>% head(3)
                      A  B  C  D  E  F  G  H  I  J  K
{100211} => {100205}  3 13 29 33 33 30 11  2  4  7  5
{100205} => {100211}  3 13 29 33 33 30 11  2  4  7  5
{570103} => {570102}  4 25 66 54  8  8  7  6  3  2  3
> count.by.Age %>% tail(3)
                                        A B  C  D  E  F  G  H  I  J  K
{100102,100205,100312} => {110401}      5 9 30 47 38 17 11  0  0  1  4
{100102,100205,110401} => {100312}      5 9 30 47 38 17 11  0  0  1  4
{100205,100312,110401} => {100102}      5 9 30 47 38 17 11  0  0  1  4
> # 各頻出パターンに対して地域コードの件数の集計
> count.by.Area <- sapply(st.list, function(x) table(tid.info[as.integer(x), "Area"]))
> count.by.Area <- t(count.by.Area)
> count.by.Area %>% head(3)
                      A B  C  D  E  F  G  H
{100211} => {100205}  6 9 18  7 57 40 19 14
{100205} => {100211}  6 9 18  7 57 40 19 14
{570103} => {570102}  7 4 23 15 52 60 21  4
> count.by.Area %>% tail(3)
                      A B  C  D  E  F  G  H
```

```
{100102,100205,100312} => {110401} 1 4 18 6 52 50 19 12
{100102,100205,110401} => {100312} 1 4 18 6 52 50 19 12
{100205,100312,110401} => {100102} 1 4 18 6 52 50 19 12
```

さて，以上ではパターンマイニングに入力するデータをRで作成したが，一般的にはパターンマイニングを実行する対象のトランザクションデータはRで加工するには大規模であることが多いと思われる．著者の場合はPythonやPerlなどのスクリプト言語で加工してから，パターンマイニングを実行することが多い．また，特に大規模なデータになると，Hadoopなどを用いることもあるだろう．本書のサポートページでPythonのスクリプトを提供しているので参考にしてほしい．

4.2.3 冗長性の低いパターンの抽出

パターンマイニングでは，一般的に膨大な数のパターンが抽出される．この事象はアイテムの組合せや順列の数が膨大になることに起因しており，少量のトランザクションから大量のパターンが抽出されることも決して珍しくない．このような背景の下，頻出パターンマイニングで抽出されたパターンから重要なパターンを抽出することは，大きな技術的課題の1つといえるだろう．抽出された膨大な数のパターンからなるべく個数が少なく情報量が多いパターンを列挙するために，いくつかのアプローチが提案されている．代表的なアプローチとして，極大集合(maximal itemset)，飽和集合(closed itemset)，generator，Redundancy-Aware Top-K Patterns[27]などがある．ここでは，Redundancy-Aware Top-K Patternsについて説明しよう．

Xinらはパターン間の冗長性を考慮したうえで重要なパターンを列挙するアルゴリズムを提案している[27]．このアルゴリズムは"Redundancy-Aware Top-K Patterns"と呼ばれており，その概要は以下のとおりである．

まずは，以下の10レコードからなる小さなデータセットを例にとり，このアルゴリズムの考え方について説明する．このデータセットは，たとえば1行目はアイテムbとアイテムcが同時に生起したことを表している．

```
b c
a d e
b c d
a b c d
b c
a b d
d e
a b c d
c d e
a b c
```

このデータセットに対して，最小サポートを0.3にしてパターンマイニングを実行すると以下の結果を得る．行頭の連番は以後の説明のために付与したものである．たとえば1行目はアイテムcとアイテムbの組合せがサポート0.6で生起したことを表している．

```
1. c,b 0.6
2. d,c 0.4
3. d,b,c 0.3
4. d,b 0.4
5. a,b 0.5
6. a,d,b 0.3
7. a,d 0.4
```

```
8. a,c,b 0.4
9. a,c 0.4
10. e,d 0.3
```

これらのパターンが元々のトランザクションデータのどのレコードに出現していたかについて調べてみると以下のようになる．

```
1. c,b 0.6    1, 3, 4, 5, 8, 10
2. d,c 0.4    3, 4, 8, 9
3. d,b,c 0.3  3, 4, 8
4. d,b 0.4    3, 4, 6, 8
5. a,b 0.5    1, 4, 6, 8, 10
6. a,d,b 0.3  4, 6, 8
7. a,d 0.4    2, 4, 6, 8
8. a,c,b 0.4  1, 4, 8, 10
9. a,c 0.4    1, 4, 8, 10
10. e,d 0.3   2, 7, 9
```

これを見ると，たとえば

- 「8. a,c,b」と「9. a,c」はどちらも番号 1, 4, 8, 10 のレコードに出現している．
- サポートが最も高い「1. c,b」と2番目の「5. a,b」は，番号 1, 4, 8, 10 のレコードで共通に出現している．

といったことがわかる．

1番目の考察から，「9. a,c」が出現するときは，さらに b も追加された「8. a,c,b」が必ず出現していることがわかる．また，2番目の考察から，サポートがトップ2のパターンも異なるトランザクションで独立に現れるのではなく，トランザクションの共通部分があることがわかる．

このように，パターンの間でトランザクションの重なりがあることにより，パターンは独立ではなく，お互いに何かしらの関係をもつことになる．Xin らはこの関係を「冗長性」(redundancy) という概念により定量化している．Xin らの論文では，

$$冗長性 = (2つのパターン間の距離) \times (2つのパターンの重要性の最小値) \quad (4.19)$$

として冗長性を定義している．ここで，2つのパターン間の距離を定義する方法はさまざまなものがあるが，代表的なものとして，2つのパターンが出現するトランザクションが一致する程度を定量化する Jaccard 係数

$$J = J(p, q) = \frac{\|T(p) \cap T(q)\|}{\|T(p) \cup T(q)\|} \quad (4.20)$$

を1から減じたものを距離に用いることが考えられる．ここで，$T(p)$ はパターン p が出現するトランザクションの集合であり，$\|S\|$ は集合 S の要素数を表す．すなわち，次式

$$dist(p, q) = 1 - J(p, q) = 1 - \frac{\|T(p) \cap T(q)\|}{\|T(p) \cup T(q)\|} \quad (4.21)$$

によりパターン p と q の間の距離 $dist(p, q)$ を定義する．

この冗長性の定義に従うと，たとえば，

- 「1. c,b」と「5. a,b」は，レコード 1, 3, 4, 5, 6, 8, 10 でどちらか少なくとも一方が現れ，レコード 1, 4, 8, 10 で共通に出現しているため，冗長性は

$$\left(1 - \frac{4}{7}\right) \times \min(0.6, 0.5) = \frac{1.5}{7} \tag{4.22}$$

と計算できる．

- 「8. a,c,b」と「9. a,c」は，レコード 1, 4, 8, 10 で共通に現れているため，冗長性は

$$\frac{4}{4} \times \min(0.4, 0.4) = 0.4 \tag{4.23}$$

と計算できる．

さて，サポートなどの各パターンの重要性が与えられると，以上のようにして 2 つのパターン間の冗長性を定義できるので，選び出したパターンの集合に対して次のように評価指標を定義する．

$$\text{パターンの集合の評価指標} = \text{各パターンの重要性の和} - \text{各パターン間の冗長性の和} \tag{4.24}$$

この定義に従えば，たとえば先の例で 5 個のパターンを選ぶならば，10 個のパターンから 5 個のパターンを選ぶ $_{10}C_5$ 通りの集合から，重要度が高く，冗長性の低い集合を選択できそうである．しかし，このようにすべての集合を列挙して，重要度と冗長性を考慮して集合を評価することは NP-hard な問題である．そこで，論文では貪欲的にパターンを選択する方法が提案されている．この方法を定式化すると，以下のようになる．

パターンの集合の評価

k 個のパターンの集合 $\mathcal{P}^k = \{p_1, \ldots, p_k\}$ の有益さを評価してみよう．前提として各パターンの重要度 $S(p)$ が求められているとする．重要度の指標として，サポート，コンフィデンス，リフトなどが用いられる．

各パターンが独立の場合は，評価関数 G は各パターンの重要度の和，すなわち，次式

$$G_{\text{ind}}(\mathcal{P}^k) = \sum_{i=1}^{k} S(p_i) \tag{4.25}$$

で定義できるだろう．しかし，一般的にはパターン間には冗長性があるため，評価関数は，次式

$$G_{\text{ind}}(\mathcal{P}^k) = \sum_{i=1}^{k} S(p_i) - L(\mathcal{P}^k) \tag{4.26}$$

となる．ここで，L はパターンの集合 $\mathcal{P}^k$ に対して定まる冗長性である．

MAS と MMS 上記のパターン集合に対する評価の定式化においては，冗長性 L をどのように定義するかがポイントとなる．Xin らは，

- MAS(Maximal Average Significance)

- MMS(Maximal Marginal Significance)

という2つの指標を提案している．以下では，パターンの個数 k は外生的に指定するものとする．

- MAS(Maximal Average Significance)
  MASは，パターンの集合 $\mathcal{P}^k$ の冗長性 L を $\mathcal{P}^k$ の要素間の冗長性の平均値として定義する指標である．すなわち，以下で定義する指標 G_{as} が最大となる k 個のパターンの集合 $\mathcal{P}^k$ を抽出する．

$$G_{as}(\mathcal{P}^k) = \sum_{i=1}^{k} S(p_i) - \frac{1}{k-1} \sum_{i=1}^{i=k} \sum_{j=1}^{i-1} R(p_i, p_j) \tag{4.27}$$

ここで，$R(p_i, p_j)$ はパターン p_i と p_j の間の冗長性であり，パターン間の距離 $D(p_i, p_j)$ を用いて次式

$$R(p_i, p_j) = (1 - D(p_i, p_j)) \times \min\left(S(p_i), S(p_j)\right) \tag{4.28}$$

で定義される．

- MMS(Maximal Marginal Significance)
  以下で定義する指標 G_{ms} が最大となる k 個のパターンの集合 $\mathcal{P}^k$ を抽出する．ここで，$w(\mathrm{MST}_\mathcal{P})$ は極大木のエッジの重みの和を表す．

$$G_{ms}(\mathcal{P}^k) = \sum_{i=1}^{k} S(p_i) - w(\mathrm{MST}_\mathcal{P}) \tag{4.29}$$

MAS も MMS も最適解を求めることは NP-hard であるため，貪欲的に近似解を求めていく．i 個目までのパターンが抽出されたとき，パターン $p \in \mathcal{P}/\mathcal{P}^i$ に対して，それまでに抽出されたパターンとの冗長性を求めることにより p を採用することによるゲイン $g(p)$ を評価する．すなわち，ゲイン $g(p)$ を次式

$$g(p) = \begin{cases} S(p) - \frac{1}{\|\mathcal{P}^i\|} \sum_{q \in \mathcal{P}^i} R(p, q) & (MAS) \\ S(p) - \max_{q \in \mathcal{P}^i} R(p, q) & (MMS) \end{cases} \tag{4.30}$$

で定義する．

上式を用いて k 個のパターンを抽出すると計算量は $O(k^2 n)$ となる．しかし，i 回目までに抽出されなかったパターンに対しては，i 回目に算出したゲインを用いてインクリメンタルに $i+1$ 回目のゲインを計算することにより，計算量を削減できる．すなわち，パターン p に対して以下のように i 回目のゲイン $g^i(p)$ を用いて $i+1$ 回目のゲイン $g^{i+1}(p)$ を算出する．ここで，p_i は i 回目に抽出されたパターンを表す．

$$g^{(i+1)}(p) = \begin{cases} S(p) - \frac{1}{i} \left\{ (i-1)\left(S(p) - g^{(i)}(p)\right) + R(p, p_i) \right\} & (MAS) \\ S(p) - \max\left(S(p) - g^{(i)}(p), R(p, p_i)\right) & (MMS) \end{cases} \tag{4.31}$$

このように逐次的にゲインを更新していくことにより，計算量を $O(kn)$ に削減できる．

以上で説明した "Redundancy-Aware Top-K patterns" を実装する．ここでは，Groceries データセットに対して MAS アルゴリズムを適用してみよう．Groceries データセットに対する頻出

第4章 パターンの発見

アイテムセットの抽出は以前も行っているが，少し間隔が空いていることもありその処理も再掲する．

```
> library(arules)
> library(dplyr)
> # 頻出パターンの抽出
> data(Groceries)
> # Groceriesデータセットに対する頻出アイテムセットの抽出
> # (最小サポート=0.1%, 最小アイテム数=2)
> apriori.gr <- apriori(Groceries, parameter = list(support = 0.001, minlen = 2,
+     target = "frequent itemsets"))

Parameter specification:
 confidence minval smax arem  aval originalSupport support minlen
        0.8    0.1    1 none FALSE            TRUE   0.001      2
 maxlen            target   ext
     10 frequent itemsets FALSE

Algorithmic control:
 filter tree heap memopt load sort verbose
    0.1 TRUE TRUE  FALSE TRUE    2    TRUE

apriori - find association rules with the apriori algorithm
version 4.21 (2004.05.09)        (c) 1996-2004   Christian Borgelt
set item appearances ...[0 item(s)] done [0.00s].
set transactions ...[169 item(s), 9835 transaction(s)] done [0.00s].
sorting and recoding items ... [157 item(s)] done [0.00s].
creating transaction tree ... done [0.00s].
checking subsets of size 1 2 3 4 5 6 done [0.01s].
writing ... [13335 set(s)] done [0.00s].
creating S4 object  ... done [0.01s].
> # 抽出するパターン数
> k <- 10
> # 頻出アイテムセット間の距離
> dissim <- dissimilarity(apriori.gr, method = "jaccard")
> # 各アイテムセットのサポート
> support <- apriori.gr@quality$support
> # 各アイテムセットのゲイン(初期値はサポート)
> gain <- support
> names(gain) <- seq(gain)
> # アイテムセット間の冗長性
> redundancy <- as.matrix(dissim) * outer(support, support, "pmin")
> # 抽出されたアイテムセットの番号
> idx.list <- NULL
> # 冗長性を考慮したトップ10のアイテムセットの抽出
> for (i in seq(k)) {
+     # イテレーションiにおいて抽出するアイテムセットの番号
+     if (is.null(idx.list)) {
+         idx.i <- which.max(gain) %>% names %>% as.integer
+     } else {
+         idx.i <- which.max(gain[-idx.list]) %>% names %>% as.integer
+     }
+     # 抽出したアイテムセットの番号の追加
+     idx.list <- c(idx.list, idx.i)
+     # ゲインの更新
```

```
+       gain[-idx.list] <- support[-idx.list] - 1/i * ((i-1) * (support[-idx.list] -
+           gain[-idx.list]) + redundancy[-idx.list, idx.i])
+ }
> # 抽出されたアイテムセット
> apriori.gr %>% as("data.frame") %>% idx.list[]
                                items    support
2981      {other vegetables,whole milk} 0.07483477
2980           {whole milk,rolls/buns} 0.05663447
2978              {whole milk,yogurt} 0.05602440
2971      {root vegetables,whole milk} 0.04890696
2966      {tropical fruit,whole milk} 0.04229792
2975               {whole milk,soda} 0.04006101
2960        {whole milk,bottled water} 0.03436706
2926             {whole milk,pastry} 0.03324860
2903 {whole milk,whipped/sour cream} 0.03223183
2936         {citrus fruit,whole milk} 0.03050330
> # 元々のトップ10アイテムセット
> apriori.gr %>% sort(by="support") %>% seq(k)[] %>% inspect
    items                    support
1   {other vegetables,
     whole milk}             0.07483477
2   {whole milk,
     rolls/buns}             0.05663447
3   {whole milk,
     yogurt}                 0.05602440
4   {root vegetables,
     whole milk}             0.04890696
5   {root vegetables,
     other vegetables}       0.04738180
6   {other vegetables,
     yogurt}                 0.04341637
7   {other vegetables,
     rolls/buns}             0.04260295
8   {tropical fruit,
     whole milk}             0.04229792
9   {whole milk,
     soda}                   0.04006101
10  {rolls/buns,
     soda}                   0.03833249
```

以上の結果を見ると，元々，サポートの順で5番目にあった "root vegetables" と "other vegetables" の組合せが Redundancy-Aware Top-k patterns では抽出されていないことなどを確認できる．

4.2.4 系列パターンマイニング

系列パターンマイニング (sequential pattern mining) は，系列データからパターンを抽出するための手法である．系列データとは，同質のデータを直列に並べたデータである．系列パターンマイニングのアルゴリズムとして，Zaki による SPADE[65]，Pei らによる PrefixSpan[52] などが提案されている．系列パターンマイニングの手法についてまとめた文献として，Mooney and Roddick などがある [21]．

ここでは，Zaki によって提唱され，arulesSequences パッケージに実装されている SPADE[65] を実行する．SPADE は，Apriori と似たアイディアでデータベースを走査することにより，頻出する系列パターンを抽出するアルゴリズムである．arulesSequences パッケージは，CRAN からインストールできる．

```
> # arulesSequencesパッケージのインストール
> install.packages("arulesSequences", quiet = TRUE)
```

まずは，簡単な例で SPADE を実行してみよう．ここでは，aurlesSequences パッケージに付属する zaki データセットを用いることにする．zaki データセットは以下のようなデータである．

```
1 10 2 C D
1 15 3 A B C
1 20 3 A B F
1 25 4 A C D F
2 15 3 A B F
2 20 1 E
3 10 3 A B F
4 10 3 D G H
4 20 2 B F
4 25 3 A G H
```

以上を見ればわかるように，zaki データセットは各行がスペースで区切られた 4 列以上のデータからなる．1 列目は系列番号 (Sequence ID)，2 列目はトランザクション番号 (Transaction ID)，3 列目はアイテム数，4 列目以降がアイテムをスペース区切りで表記している．このデータセットに対して，SPADE を適用する．なお，arulesSequences パッケージに実装されているのは，系列間の間隔も指定可能な CSPADE である．

まずは read_baskets 関数を用いてデータセットを読み込む．

```
> library(arulesSequences)
> # データの読み込み
> zaki <- read_baskets(con = system.file("misc", "zaki.txt", package = "arulesSequences"),
+     info = c("sequenceID", "eventID", "SIZE"))
> as(zaki, "data.frame")
   transactionID.sequenceID transactionID.eventID transactionID.SIZE
1                         1                    10                   2
2                         1                    15                   3
3                         1                    20                   3
4                         1                    25                   4
5                         2                    15                   3
6                         2                    20                   1
7                         3                    10                   3
8                         4                    10                   3
9                         4                    20                   2
10                        4                    25                   3
         items
1        {C,D}
2      {A,B,C}
3      {A,B,F}
4    {A,C,D,F}
5      {A,B,F}
6          {E}
7      {A,B,F}
8      {D,G,H}
9        {B,F}
10     {A,G,H}
```

read_baskets関数のcon引数に読み込むファイルを指定し，info引数に各列の名前を指定している．続いて，zakiデータセットに対してcspade関数を用いてCSPADEを実行しよう．cspade関数のparameter引数にはサポートを0.4に設定している．

```
> # CSPADEの実行
> csp.zaki <- cspade(zaki, parameter = list(support = 0.4), control = list(verbose = TRUE))

parameter specification:
support : 0.4
maxsize :  10
maxlen  :  10

algorithmic control:
bfstype  : FALSE
verbose  : TRUE
summary  : FALSE
tidLists : FALSE

preprocessing ... 1 partition(s), 0 MB [0.33s]
mining transactions ... 0 MB [0.18s]
reading sequences ... [0.034s]

total elapsed time: 0.54s
> csp.zaki
set of 18 sequences
```

この結果を見ると，18個の系列パターンが抽出されていることがわかる．抽出した系列パターンは，summary関数により要約できる．

```
> # 抽出した系列パターンの要約
> summary(csp.zaki)
set of 18 sequences with

most frequent items:
    A     B     F     D (Other)
   11    10    10     8     28

most frequent elements:
   {A}   {D}   {B}   {F} {B,F} (Other)
     8     8     4     4     4       3

element (sequence) size distribution:
sizes
1 2 3
8 7 3

sequence length distribution:
lengths
1 2 3 4
4 8 5 1

summary of quality measures:
    support
 Min.   :0.5000
 1st Qu.:0.5000
 Median :0.5000
 Mean   :0.6528
 3rd Qu.:0.7500
 Max.   :1.0000
```

```
includes transaction ID lists: FALSE

mining info:
 data ntransactions nsequences support
 zaki           10          4     0.4
```

この結果を見ると，抽出した系列パターンの長さについては長さ1が4個，長さ2が8個，長さ3が5個，長さ4が1個，サポートの最小値は0.5，平均値が0.6528，最大値が1.0 であることなどがわかる．

抽出した系列パターンは，以下のようにして確認できる．

```
> # 抽出した系列パターンの確認
> as(csp.zaki, "data.frame")
          sequence support
1             <{A}>    1.00
2             <{B}>    1.00
3             <{D}>    0.50
4             <{F}>    1.00
5           <{A,F}>    0.75
6           <{B,F}>    1.00
7         <{D},{F}>    0.50
8       <{D},{B,F}>    0.50
9         <{A,B,F}>    0.75
10          <{A,B}>    0.75
11        <{D},{B}>    0.50
12        <{B},{A}>    0.50
13        <{D},{A}>    0.50
14        <{F},{A}>    0.50
15    <{D},{F},{A}>    0.50
16      <{B,F},{A}>    0.50
17  <{D},{B,F},{A}>    0.50
18    <{D},{B},{A}>    0.50
```

系列パターンマイニングの多くの手法を実装したライブラリにSPMF[33]がある．SPMFはJavaで開発されており，GPL v3ライセンスの下に配布されている．本書執筆時点の最新版はv0.96r7であり，系列パターンマイニング，頻出アソシエーションルールマイニング，アイテムセットマイニング，系列ルールマイニング，クラスタリングのアルゴリズムが86個提供されている．

図4.22に示すようにSPMFには専用のウェブサイト (http://www.philippe-fournier-viger.com/spmf) が開設されており，実行ファイルやソースコード，データセットの取得，アルゴリズムの実行方法の参照などを行うことができる．

SPMFを使用するためには，Java1.7以上が必要である．SPMFは，jarファイルとソースコードを提供している．ここでは，Javaがインストールされていれば特に設定などを行うことなくそのまま使用することが可能であるjarファイルを使用することにしよう．jarファイルは，以下のページから取得する．

http://www.philippe-fournier-viger.com/spmf/spmf.jar

SPMFの系列パターンマイニングの入力データは，以下のように独特の形式である．これは，先ほどCSPADEを実行したZakiデータセットの例である．

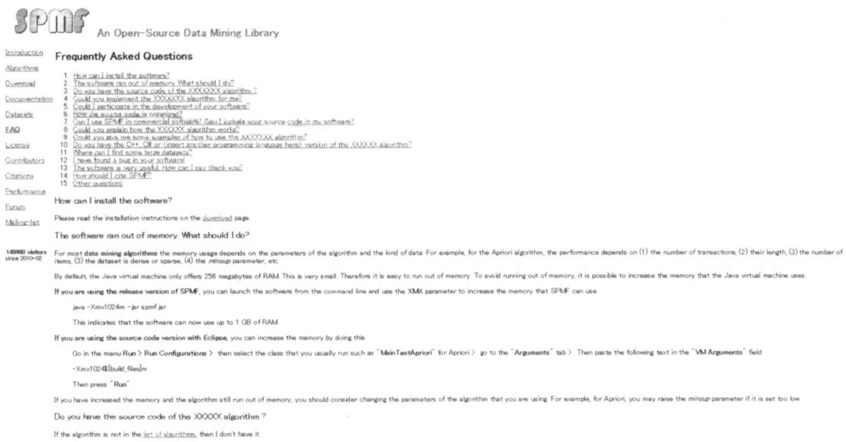

図 4.22　SPMF のウェブページ (http://www.philippe-fournier-viger.com/spmf)

```
3 4 -1 1 2 3 -1 1 2 6 -1 1 3 4 6 -1 -2
1 2 6 -1 5 -1 -2
1 2 6 -1 -2
4 7 8 -1 2 6 -1 1 7 8 -1 -2
```

この形式のデータは，

- 各行のデータは 1 つの系列を表している．
- 1 行のデータは，各トランザクションのアイテムが "−1" で区切られ，最後に "−2" が付与されている．

という規則によって並べられている．まずは，先ほど CSPADE を実行するために使用した zaki データセットをこの形式に変換しよう．

```
> library(arulesSequences)
> library(dplyr)
> zaki <- read_baskets(con = system.file("misc", "zaki.txt", package = "arulesSequences"),
+     info = c("sequenceID", "eventID", "SIZE"))
> # アイテムの数値とラベルの対応
> zaki@itemInfo[] <- seq(nrow(zaki@itemInfo))
> # spmf入力データの作成
> zaki.df <- as(zaki, "data.frame")
> zaki.spmf.in <- zaki.df %>% mutate(items = gsub(",", " ", gsub("[{}]",
+     "", items))) %>% group_by(transactionID.sequenceID) %>%
+     summarise(items = paste(c(items,-2), collapse = " -1 "))
> zaki.spmf.in
Source: local data frame [4 x 2]

  transactionID.sequenceID                                items
1                        1 3 4 -1 1 2 3 -1 1 2 6 -1 1 3 4 6 -1 -2
2                        2                    1 2 6 -1 5 -1 -2
3                        3                         1 2 6 -1 -2
4                        4          4 7 8 -1 2 6 -1 1 7 8 -1 -2
> # ファイル出力
> dir.create("data/SPMF")
> write.table(zaki.spmf.in$items, "data/SPMF/zaki_spmf.txt", row.names = FALSE,
```

```
+     col.names = FALSE, quote = FALSE)
```

このように作成したデータに対して，PrefixSpanを実行してみよう．コマンドライン上で以下のように"spmf.jar"を用いて実行する．ここでは，出力するディレクトリを"output/SPMF"，出力ファイル名を"prefixspan_result.txt"，最小サポートを20%としている．

```
# PrefixSpanの実行
$ java -jar spmf.jar run PrefixSpan data/SPMF/zaki_spmf.txt output/SPMF/prefixspan_result.txt 20%
=============  PREFIXSPAN - STATISTICS =============
 Total time ~ 319 ms
 Frequent sequences count : 3917
 Max memory (mb) : 9.626647949218753917
===================================================
```

出力ファイルは以下のようになっている．1行目は「1」だけの系列が4個あること，2行目は「1と6がこの順に並ぶ系列が1個あること」などを表している．

```
1 -1 #SUP: 4
1 -1 6 -1 #SUP: 1
1 -1 6 -1 6 -1 #SUP: 1
1 -1 6 -1 1 -1 #SUP: 1
1 -1 6 -1 1 4 -1 #SUP: 1
```

また，SPMFのjarファイルをダブルクリックすると図4.23のようにグラフィカルなユーザインタフェース(GUI)が起動する．このGUIを用いて簡便にアルゴリズムを実行することも可能である．

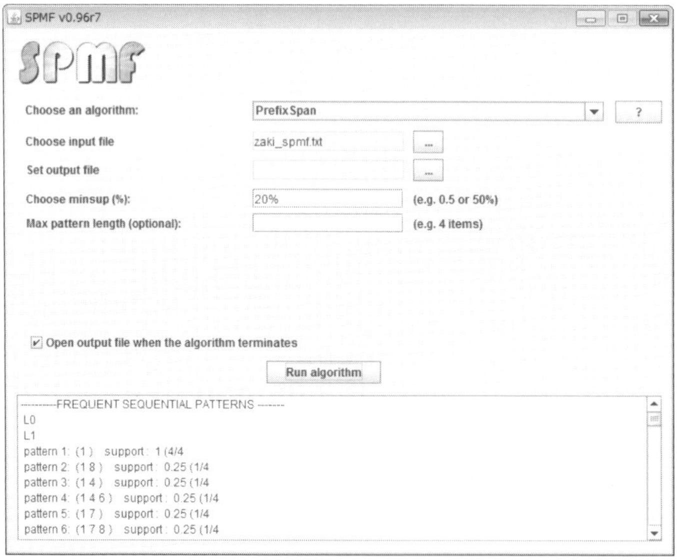

図4.23　SPMFのGUI

4.2.5　実データに対する分析：POSデータの系列パターンマイニング

頻出パターンマイニングでも説明に用いたTafengデータセットを用いて，もう少し実践的な分析を行ってみよう．

4.2 頻出パターンの抽出

まず，系列パターンマイニングの入力データを作成する．Tafeng データセットを読み込んで，以下の2つのファイルを作成する．

- 系列パターンの入力データ (data/Tafeng/Tafeng_seq.csv)
  顧客ごと日付ごとに商品のサブクラスの集合 (ProductSubClass) を抽出して，1列目に顧客 ID(CustID)，2列目に日付 (Time)，3列目にアイテム数 (n)，4列目にアイテムの集合 (ProductSubClass) を並べる．
- 各トランザクションの顧客属性データ (data/Tafeng/Tafeng_seq_tidinfo.csv)
  顧客ごと日付ごとの各トランザクションの顧客属性を出力する．1列目に顧客 ID(CustID)，2列目に日付 (Time)，3列目に顧客の年代 (Age)，4列目に顧客が居住する地域 (Area) を並べる．顧客 ID，日付を付与したのは，後々，上記の系列パターンの入力データと対応づけられるようにするためである．

```
> library(dplyr)
> # Tafengデータセットの読み込み
> tafeng <- read.csv("data/Tafeng/Tafeng.csv", colClasses = c(rep("character",
+     6), rep("numeric", 3)))
> # 系列パターンマイニングの入力データの作成（各レコードがユーザごと日ごとの商品のサブクラスの集合）
> psc.by.CID.T <- tafeng %>% group_by(CustID, Time) %>% summarise(n =
+     length(unique(ProductSubClass)), ProductSubClass = paste(unique(ProductSubClass),
+     collapse = ","), Age = unique(Age), Area = unique(Area))
> psc.by.CID.T %>% head(3)
Source: local data frame [3 x 6]
Groups: CustID

    CustID                Time n                      ProductSubClass
1 00001069 2000-11-13 00:00:00 2                          100314,100205
2 00001069 2001-01-21 00:00:00 2                          110333,100311
3 00001069 2001-02-03 00:00:00 5 100101,120106,110117,110108,100314
Variables not shown: Age (chr), Area (chr)
> write.table(psc.by.CID.T[, c("CustID", "Time", "n", "ProductSubClass"),
+     drop = FALSE], "data/Tafeng/Tafeng_seq.csv", quote = FALSE, row.names = FALSE,
+     col.names = FALSE)
> write.csv(psc.by.CID.T[, c("CustID", "Time", "Age", "Area")],
+     "data/Tafeng/Tafeng_seq_tidinfo.csv", row.names = FALSE)
```

以上のようにして作成したファイルを読み込んで CSPADE を実行してみよう．

```
> library(arulesSequences)
> # Tafengデータセットの系列データの読み込み
> tafeng.seq <- read_baskets("data/Tafeng/Tafeng_seq.csv", info = c("sequenceID",
+     "eventID", "SIZE"))
> # CSPADEの実行
> csp.tafeng <- cspade(tafeng.seq, parameter = list(support = 0.001), control =
+ list(verbose = TRUE))

parameter specification:
support : 0.001
maxsize :    10
maxlen  :    10
```

```
algorithmic control:
bfstype  : FALSE
verbose  : TRUE
summary  : FALSE
tidLists : FALSE

preprocessing ... 1 partition(s), 3.67 MB [0.58s]
mining transactions ... 148.92 MB [28s]
reading sequences ... [2269s]

total elapsed time: 2297.36s
```
> # 抽出したパターンの要約
> summary(csp.tafeng)
```
set of 2116810 sequences with

most frequent items:
      2       1       3       4       5 (Other)
1930621 1909042 1752565 1457171  986720  735471

most frequent elements:
    {2}     {1}     {3}     {4}     {5} (Other)
1930610 1905801 1752565 1457171  986720  735741

element (sequence) size distribution:
sizes
      1       2       3       4       5       6       7       8       9      10
    266    1479    5876   19163   54269  121560  246109  445106  614651  608331

sequence length distribution:
lengths
      1       2       3       4       5       6       7       8       9      10
    151    1051    4813   17667   53307  121847  247887  446431  615176  608455
     11
     25

summary of quality measures:
    support
 Min.   :0.0009918
 1st Qu.:0.0010847
 Median :0.0012087
 Mean   :0.0014212
 3rd Qu.:0.0015186
 Max.   :0.3150995

includes transaction ID lists: FALSE

mining info:
       data ntransactions nsequences support
 tafeng.seq        119578      32266   0.001
```

第5章

データ分析の例

本章では，これまでに説明してきた事項を実際のデータに適用して一連の分析を行う例を示す．ここでの分析対象は，米国のダートマス大学で行われた StudentLife Study という実証実験を通して得られた StudentLife データセット [103] とする．

5.1 StudentLife Study の概要

StudentLife Study は，スマートフォンのセンサーアプリを用いて学生のデータを収集し，学生の作業負荷がストレス，睡眠，活動，気分，社交性，メンタル，および学問的な成績等に与える影響を調べた研究である．

2013年春学期に，ダートマス大学の1クラス48人の学生を対象に，10週間に渡り実施された．学生は，Android Nexus 4s を手渡され，毎日7時から24時までスマートフォンのセンサーにより位置，速度，音量等が計測された．

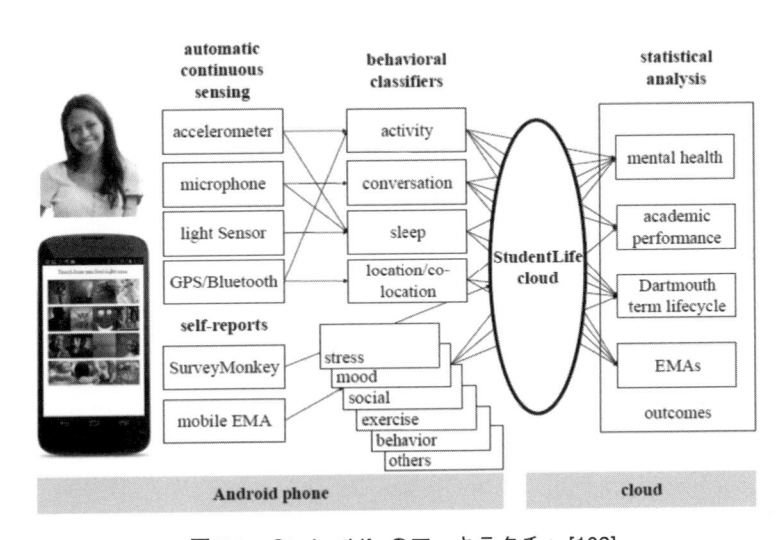

図 5.1　StudentLife のアーキテクチャ [103]

StudentLife のアーキテクチャは，図 5.1 のようになっている [103]．このアーキテクチャでは，データの発生および取得は Android のスマートフォンからの自動的・連続的なセンシング (automatic continuous sensing) や学生自身によるレポート (self-reports) によって行われる．センシングされたデータは，スマートフォンの中で独自の行動の分類器 (behavioral classifiers) を用いて学生の行動を推定している．推定される行動は，会話や歩行，ランニング，睡眠などである．

このようにして取得されたデータ，および推定された結果は一時的にスマートフォンに蓄積され，充電する際に Wi-Fi 環境でサーバーにアップロードされている．こうして蓄積されたデータに対して，Wang らは学生のメンタルヘルス (mental health)，学問の成績 (academic performance) などの解析を行っている [103]．

以下，5.2 節ではダートマス大学のウェブページから StudentLife データセットを取得してデータの概要を理解する．次に，5.3 節ではデータの理解に基づいて，分析計画を立案する．ここでは，Chen らによる研究 [20] に従って，学生の飲食品の購買行動を予測するモデルを構築するための分析フローや処理を定義する．続いて，5.4 節では定義した分析フローや処理に従って，学生の飲食品の購買行動を予測するモデルを構築するために用いる特徴量を生成する．このように，実施したい分析が決定されている場合は，データの前処理や変換は必要なデータ加工や集計を行う．最後に，5.5 節では作成した特徴量を用いて予測モデルを構築する．

以上のように，ここでは StudentLife データセットのデータ理解を先に行い，その後，このデータセットを用いた分析計画を立案している．これは，StudentLife Study が学術的な実証研究であること，学生の飲食品の購買を予測する Chen らによる研究 [20] があること，および既にダートマス大学のページでデータが提供されていることなどを鑑みた結果である．一方で，実際のデータ分析では 1.3 節で説明した CRISP-DM にもあるように，まず現状を認識して解決したい課題を同定するのが先で，その後，必要なデータを収集して課題を解決するために十分なデータであるかどうかを検証するというプロセスが望ましい．なお，以降の目的は，StudentLife データセットやその分析方法自体を説明することにあるのではなく，実際のデータ解析で頻繁に遭遇すると思われるタイムスタンプ付きのログデータを用いて，必要な分析を実行するための考え方や実行方法について例示することにある．そのため，顧客のマーケティング分析や機械の不具合に関する分析など，他分野のデータ分析を実施するにあたっても本章で説明する考え方や手順は有益だと著者は考えている．

5.2 データの理解

5.2.1 データの取得

StudentLife データセットは，ダートマス大学のウェブサイト (http://studentlife.cs.dartmouth.edu/dataset/dataset.tar.bz2) から取得できる．bzip2 形式で圧縮された状態でも約 5.0GB あり，解凍して展開すると約 11.0GB にもなるややサイズの大きいデータであるため，ダウンロードおよび解凍する際は注意してほしい．このデータを作業ディレクトリ配下の data/StudentLife ディレクトリに配置する．解凍ツールやコマンドを用いて展開すると，dataset ディレクトリと rawaccfeat ディレクトリが生成される．dataset ディレクトリにはさまざまなデータが格納されている．一

方，rawaccfeat ディレクトリにはデータベースをダンプしたデータが格納されている．ここでは，dataset ディレクトリに格納されている主要なデータについて概観する．データの詳細については，StudentLife のページ (http://studentlife.cs.dartmouth.edu/dataset.html) に説明があるので参照してほしい．

5.2.2 データの概要

続いて，取得したデータについて理解していこう．この作業は，実際のデータ分析においてはデータベースの定義書等のドキュメントを参照しながら，データ項目を理解していくプロセスに対応している．

dataset ディレクトリには，以下の 9 個のサブディレクトリ

- EMA（学生への質問と回答）
- calendar（カレンダー）
- dinning（学生の飲食品購買履歴）
- sensing（センサーデータ）
- survey（学生への調査結果）
- app_usage（スマートフォンアプリの使用履歴）
- call_log（学生のスマートフォンを用いて通話した履歴）
- education（学生が受講した授業や課題の締め切り，成績等）
- sms（スマートフォンからショートメールを送受信した履歴）

がある．これらのうち，センサーデータ (sensing) と，学生の飲食品購入のログデータ (dinning) が後々の分析で中心的な役割を果たすので，以降の項ではこれらのデータのやや詳細な内容について説明する．

5.2.3 センサーデータ

センサーデータは，data/StudentLife/sensing ディレクトリに格納されている．この中には，9 個のサブディレクトリが存在し，それぞれが異なるセンサーデータに対応する．

- activity（身体的な行動の推定結果）
- audio（音の推定結果）
- conversation（会話の時間の推定結果）
- bluetooth（Bluetooth のスキャン）
- dark（光のセンサー）
- gps（GPS の位置情報）
- phonecharge（スマートフォンを充電した時間）
- phonelock（スマートフォンをロックした時間）
- wifi（Wi-Fi の接続履歴）
- wifi_location（Wi-Fi の接続履歴から推定した位置情報）

この中で，特に学生の行動を表す activity，会話時間の conversation，Wi-Fiの接続履歴から推定した位置情報 wifi_location は以後の分析で使用する．

conversation には，スマートフォンのアプリによって推定された会話の開始時間と終了時間の2項目が記録されている．また，wifi_location には，Wi-Fiの接続履歴から推定された位置情報として，時刻，推定位置の2項目が記録されている．

学生の行動を表す activity は以下のようになっている．StudentLife のアプリは，ユーザの行動や睡眠時間 (sleep duration)，社交性 (sociability) を自動的に推測する．ユーザの行動とは静止 (stationary)，歩行 (walking)，ランニング (running)，運転 (driving)，サイクリング (cycling) などである．社交性とは会話の回数やその長さなどである．このアプリは，Android のバックグラウンドのサービスとして連続的に稼働している．アプリはまた，加速度計，近接度，音，ライトセンサーの読書，位置，配置（たとえば配置されている Bluetooth のデバイスの個数），アプリケーションの使用データを収集している．アプリによって推定されたユーザの行動や他のセンサーデータは一時的にスマートフォンに蓄積されて，充電する際に Wi-Fi 環境でサーバにアップロードされる仕組みになっている．

StudentLife アプリの中には行動分類器があり，前処理済みの加速度計の系列から特徴量を抽出し，決定木を適用してユーザの行動を推定する．10分間の静止以外の割合を計算し，割合が閾値を上回ったら，その期間ユーザは動いていたという意味でアクティブであると定義する．このようにして推定されたユーザのアクティブ/イナクティブの推定結果は，ディレクトリ sensing/activity にユーザごとに "activity_uN.csv" というファイル名で格納されている．"0" が静止 (Stationary)，"1" が歩行 (Walking)，"2" がランニング (Running)，"3" が不明 (Unknown) を表している．

5.2.4 購買履歴データ

実験に参加した学生は，2013年1月から5月までのダートマスカードの購買履歴を提出している．ダートマスカードは，食事，娯楽（カヌー，キャビンのレンタル，スキー，コンサートのチケット等），サービス（印刷，駐車，ランドリー等）などのすべての大学のサービスで使用できる．

Chen らは論文の中で，StudentLife の研究に必要となる購買履歴のみを使用する方針とし，ランドリー，印刷，メールなどの関係が薄いと思われる 8.65% のデータを削除して，残りのデータを使用する方針としている [20]．dinning ディレクトリにはこれらの加工済みのデータが格納されている．このデータには，時刻，店舗，購入品の3項目が記録されている．

以上で説明したデータのフォーマットは，5.4節でデータの加工を行う際に示しているので，参照してほしい．

5.3 分析計画の立案

5.3.1 予測問題の設定

ここでは，Chen らによる研究 [20] に従って，学生の飲食品の購買行動を予測するモデルを構築してみよう．学生の飲食品の購買行動を予測する目的として，Chen らは，学生の食習慣を把握して注意，勧告を行い，健康的な生活を促すことなどを挙げている [20]．StudentLife Study は実証

的な学術研究であるが，実務においては，予測を行う必要性，行った後の施策の実行可能性なども考慮したうえで分析計画を立案する必要がある．たとえば，このケースでは，学生に健康的な生活を送ってもらうために，不摂生な飲食行動を避けるような施策を講じたいというモチベーションが考えられる．そのための施策としてはいくつも考えられるかもしれないが，その1つの例として，昼食後すぐにスナックフードを購入する学生にスマートフォンのポップアップに注意を促す施策が考えられる．そのためには学生が購入する前にその行動を予測する必要があるという判断が導かれる．その要素技術の1つとして予測モデルを構築し，精度を評価するというプロセスの必要性が位置付けられる．

ただし，以上の例では，学生のスマートフォンにポップアップを表示することが本当に実現可能であるかどうかについて考えておかなければならない．学生は本当にそういうサービスを望んでいるのか，プライバシーの問題はクリアできているのかなどについて考える必要がある．もし，これらが非現実的である場合，いくら予測精度を向上させたところで使い道はなく，「分析のための分析」で終わってしまうだろう．ここでは，StudentLife Studyの例で説明したが，実務におけるデータ分析でもこのような視点をもって取り組むことは非常に重要である．

さて，4.1.3節で説明した予測問題設定の考え方のフレームワークにあてはめると，ここでは以下のような設定条件で予測を行うことになる．

- 予測対象
  学生
- 予測のタイミング
  学生が建物に入館した時点
- 予測期間
  学生が建物に入館してから退館するまでの間
- 予測する事象
  学生が飲食品を購入するかどうか
- 要因とする事象
  学生が直前にいた建物とそこで行われた会話

5.3.2 飲食品の購買を予測するために使用する特徴量の検討

StudentLifeデータセットに限った話ではないが，予測を行うために使用する特徴量としてどのようなものを用いるかについては十分な検討と試行錯誤が必要である．4.1.4節で説明したように，いかに予測に有効な特徴量を生成するかが予測モデルを構築するうえでの最大の鍵を握っているといっても過言ではない．

学生の飲食品の購買行動を予測するにあたっては，直感的には，位置（カフェ等），時間（朝食，昼食，夕食等）が有力な指標になると考えられる．しかし，これらの指標を単純に用いるだけでは以下の2つの理由により飲食品の購入を予測するためには不十分であることをChenらは指摘している[20]．

まず，キャンパス内の多くの建物は多目的であり，1つの建物の中にレストラン，教室，その他の施設（芸術，エンターテイメント，スポーツ等）が含まれていることも珍しくはない．学生は，

飲食品の購買を行うことなくそれらの施設にいるか，たとえば研究や交流のために長時間滞在しているだけかもしれない．Chen らは，食事の時間に学生がこれらの多目的施設にいるときにどのくらいの確度で飲食品を購入するかについて調べている [20]．ダートマス大学の食堂では，平日の朝食時間を 7 時 30 分から 10 時 30 分，昼食時間を 11 時から 15 時，夕食時間を 17 時から 20 時 30 分と定めている．Chen らは，学生が食事の時間にこれらの多目的施設にいるときに飲食品を購買する割合は 26.7% にしかすぎないことを明らかにしている [20]．

2 点目に，大半の学生は，食事のスケジュールが不規則である．学生は食事の時間内に飲食品を購入したり，カフェテリアで食事をしたりすることがないケースが多い．食事の時間に飲食品を購入する学生の割合は 24.9% にしかすぎない．

こうした背景の下，Chen らは，学生の飲食品の購買を予測するために以下の 8 個の特徴量

1. $bld(c)$:　　　　　現在の建物の ID
2. $bld(p)$:　　　　　最後に訪れた建物の ID
3. $time(c)_{arr}$:　　　現在の建物に到着した時間
4. $time(p)_{arr}$:　　　最後に訪れた建物に到着した時間
5. $time(p)_{dept}$:　　　最後に訪れた建物を出発した時間
6. $dur(p)_{conv}$:　　　最後に訪れた建物での会話の合計時間
7. $freq(p)_{conv}$:　　　最後に訪れた建物での会話の回数
8. $ratio(p)_{act}$:　　　最後に訪れた建物での静止以外の時間の割合

を定義している [20].

以上の特徴量は，Chen らが飲食品の購買行動と関連があると考えて定義したものである．学生の行動やキャンパスの飲食店などに関するドメイン知識を駆使して定義したものであると考えられるが，同様に実際のデータ分析においてもドメイン知識を活用して特徴量を構築することに注意されたい．論文の中で Chen らは，直前の行動が飲食品の選択に因果的な影響を与えると仮定したと述べている [20]．たとえば，ジムで運動した後は飲料を購入する確度がより高くなるといった具合である．Chen らはまた，公衆衛生の研究者が指摘した身体的な行動と社会的な行動が飲食品の選択に及ぼす影響についても，考慮している [20]．学生の身体的な行動を捉えるために，学生が最後の建物に訪れたときに非静止と判定されたラベルの割合を算出している．また，社交性を推測するために，$dur(p)_{conv}$ と $freq(p)_{conv}$ の 2 つの特徴量を用いている．これらは，最後に訪れた建物での会話の時間や会話の回数を表している．

予測モデルは，学生ごとに構築する方針とする．これは，学生ごとに購買行動や時間によっている場所が異なるためである．たとえば，学生ごとに受講している授業が異なる．授業ごとに使用する教室や時間割は異なる．また，学生ごとにキャンパス内の違う店舗で飲料を購入するかもしれない．そのため，位置の特徴量はすべての学生に対して汎用的ではない．個人ごとのモデルを構築することにより，各学生の購買行動の特徴を正確に捉えることができる．

5.3.3　構築した予測モデルの活用方法の検討

さて，構築した予測モデルはどのように活用していけばよいだろうか．1 つには，ブラックボックスでもよいから，とにかく母集団全体の予測精度を高めて精度が一定の水準に達したら実際に使えるという判断を下すこともできるだろう．またもう 1 つの考え方として，精度も重要ではある

が，予測モデルがいつ，どんなときに，誰に対してあたりやすいかについての要因を明確にし，効果の高いセグメントの同定に予測モデルを用いることもできるだろう．

以上で例に挙げた2つの考え方は共通する部分ももちろんあるが，そもそも活用方法が異なるため分析の作業が変わってくる．たとえば，前者であれば予測精度を向上させるために有効な特徴量を探したり，ハイパーパラメータのチューニングを丹念に行うのがよいだろう．一方で，後者の場合は，構築した予測モデルがあたりやすい条件（対象ユーザ，時間，場所等）を明確にする作業に重きをおいたほうがよい．実施する分析が無駄にならないよう，用途をある程度想定したうえで分析の計画を立案しておく必要がある．

5.4 データの加工

データの加工とは，ここでは5.3節で定義した学生の飲食品の購買予測モデルを構築するために必要な特徴量や目的変数を構築することである．

5.3.2項で列挙した8個の特徴量のうち，現在の建物のID $bld(c)$，最後に訪れた建物のID $bld(p)$，現在の建物に到着した時間 $time(c)_{arr}$，最後に訪れた建物に到着した時間 $time(p)_{arr}$，最後に訪れた建物を出発した時間 $time(p)_{dept}$ の5個については，建物への入館および退館した時刻と建物名を推定できれば特徴量を構築することは容易である．また，残りの最後に訪れた建物での会話の合計時間 $dur(p)_{conv}$，最後に訪れた建物での会話の回数 $freq(p)_{conv}$，最後に訪れた建物での静止以外の時間の割合 $ratio(p)_{act}$ の3個の特徴量についても，まずは建物への入館時刻と退館時刻が推定されていることが前提で，そのうえで入館時刻と退館時刻の間に行われた会話の合計時間や回数を算出したり，活動履歴から学生が活動していた時間の割合を算出することにより推定できる．

以上の特徴量の関係性を考慮すると，まずは建物への入館時刻および退館時刻の推定が必要であり，その後，会話履歴と組み合わせて会話の合計時間や回数の算出，活動履歴と組み合わせて学生の活動時間の割合の算出を実行する方針で，データの処理を進めればよいことがわかる．そこで，図5.2に示すフローに従って，データを加工する．

図5.2に示すフローはやや複雑であるため，順を追って説明しよう．

1. 入退館時刻の推定（5.4.1節）
   Wi-Fiの位置情報データから，学生が建物に入館した時刻と退館した時刻を推定する．
2. 建物内での購買有無の判定（5.4.2節）
   建物への入館ごとに，飲食品の購買が行われたかどうかを判定する．飲食品の購買履歴データを用いて1.で推定した入退館時刻の間に購買行動が行われたかどうかを判定する．購買があった場合は"1"を，なかった場合は"0"をそれぞれフラグとして生成する．ここで生成したフラグが予測モデルを構築するときの目的変数として使用される．
3. 建物内の会話時間・回数の算出（5.4.3節）
   学生の会話履歴を用いて，建物内の会話時間および回数を算出する．ここで算出した会話時間および回数は，予測モデルを構築するときの説明変数の一部として使用される．

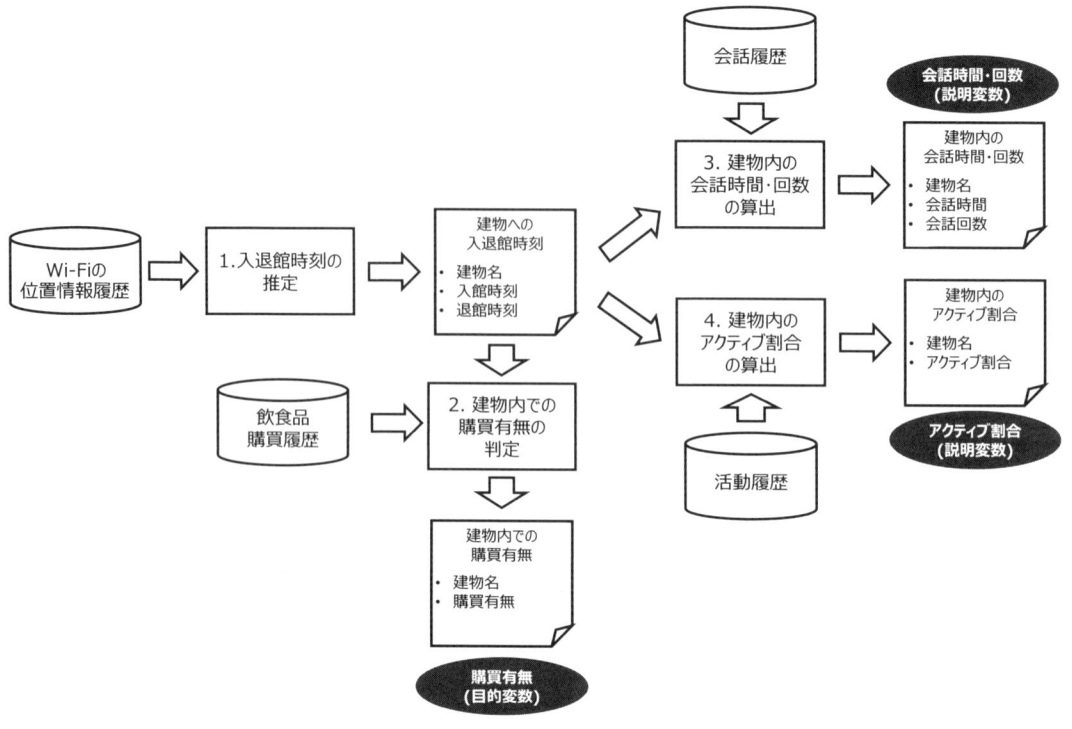

図5.2 データ加工のフロー

4. 建物内のアクティブ割合の算出（5.4.4節）

学生の活動履歴を用いて，建物内で生徒がアクティブに活動していた時間の割合を算出する．ここでは，この割合のことを「アクティブ割合」と呼ぶことにする．ここで算出したアクティブ割合は，予測モデルを構築するときの説明変数の一部として使用される．

以下では，それぞれの処理について説明する．なお，StudentLifeデータセットは基本的にユーザごとにファイルが分割されて提供されているため，1つ1つのファイルがそれほど大きなサイズになることはない．そのため，ファイルから1レコードずつ読み込んで，レコード間の関係に基づいた判定を行う処理をRで実行することもそれほど難しくない．しかし，一般的にはユーザの行動ログやセンサーデータはデータサイズが膨大になるので，SQLなどのクエリ言語やPythonなどのスクリプト言語，Apache HadoopやApache Sparkなどの大規模並列分散処理のツールを用いて処理を実行するほうが効率的だと思われる．StudentLifeデータセットは基本的にcsvファイルが提供されていることもあり，本書ではRのコードを示すが，サポートページではPythonのプログラムも提供する．

また，以下の処理は基本的にはChenらの研究[20]に従いながら実行するものの，建物の入退館時刻の定義など，いくつか原論文の研究と相違が生じている可能性がある．本章の目的は冒頭でも説明したように，データ分析の流れをStudentLifeデータセットを用いて例示することにあり，Chenらの研究[20]を忠実に再現することではないため，この点については特に注意されたい．

5.4.1 入退館時刻の推定

入退館時刻の推定とは，Wi-Fi の位置情報データから，学生が建物に入館した時刻と退館した時刻を推定することである．

Wi-Fi の位置に関するデータのフォーマットは，以下のようになっている．これは，元々は Wi-Fi のスポットの送受信データから，測定時点で近くの建物の位置を推定したものである．1 行目はヘッダであり，2 行目以降が推定結果である．時刻は東部標準時 (EST) のエポック秒で記録されている．

data/StudentLife/dataset/sensing/wifi_location/wifi_location_u01.csv

```
time,location
1364357009,near[north-main; cutter-north; kemeny; ],
1364358209,in[kemeny],
1364359102,in[kemeny],
1364359163,in[kemeny],
1364359223,in[kemeny],
1364359409,in[kemeny],
1364359508,near[kemeny; cutter-north; north-main; ],
1364359793,near[kemeny; cutter-north; north-main; ],
1364360078,near[kemeny; cutter-north; north-main; ],
```

この Wi-Fi の位置に関するデータから，学生が建物に入館した時刻，退館した時刻を推定する．本書では，建物に入館した時刻は Wi-Fi の位置に関するデータで当該建物に初めて "in" になった時刻，退館した時刻は，当該建物で最後に "in" になった時刻と定義する．たとえば，上記のデータの範囲では，ユーザ u01 は時刻 1364358209 に建物 kemeny に入館し，建物 kemeny に最後に滞在した時刻は 1364359409 であるため，「建物=kemeny，入館時刻=1364358209，退館時刻=1364359409」と推定する．

以上の入館時刻，退館時刻の定義に従って，学生ごとに「建物，入館時刻，退館時刻」の形式で入退館時刻の推定結果を出力する．そのためには，データをレコード順に読んで，建物の内部または周辺 (in/near)，建物名を抽出し，建物内の場合は，

- 前にいた建物が記録されている場合
  - 当該時刻にいる建物と同じ場合は，退館時刻のみを更新する
  - 当該時刻にいる建物と異なる場合は，記録されている入館時刻，退館時刻，建物名を出力し，これらに現在の時刻と建物名を入力する．
- 前にいた建物が記録されていない場合は，初めて建物に入館したと判断して，現在の情報を入館時刻，退館時刻，建物名に代入する．

とする．一方で，建物周辺の場合は，

- 前にいた建物が記録されている場合は入館時刻，退館時刻，建物名をリセットする
- 前にいた建物が記録されていない場合は何もせずに次の行へ行く

とする．以上の処理を実装すると，以下のようになる．

第5章 データ分析の例

```
> library(readr)
> library(dplyr)
> library(tidyr)
> # データの読み込み
> wifi.loc <- read_csv("data/StudentLife/dataset/sensing/wifi_location/wifi_location_u01.csv",
+     col_names = c("time", "location", "EMPTY"), skip = 1)
> wifi.loc <- wifi.loc %>% select(-EMPTY)
>
> # 建物の周辺・内部と建物名の分割
> wifi.loc.processed <- wifi.loc %>% separate(location, c("in_near", "building"),
+     sep = "\\[")
> wifi.loc.processed <- wifi.loc.processed %>% mutate(building=gsub("\\s?\\]",
+     "", building))
> wifi.loc.processed
Source: local data frame [20,149 x 3]

         time in_near                              building
1  1364357009    near north-main; cutter-north; kemeny;
2  1364358209      in                                kemeny
3  1364359102      in                                kemeny
4  1364359163      in                                kemeny
5  1364359223      in                                kemeny
6  1364359409      in                                kemeny
7  1364359508    near kemeny; cutter-north; north-main;
8  1364359793    near kemeny; cutter-north; north-main;
9  1364360078    near kemeny; cutter-north; north-main;
10 1364360363    near kemeny; cutter-north; north-main;
..         ...     ...                                   ...
> # 出力ファイル名
> dir.create("data/StudentLife/procdata")
> ofile <- "data/StudentLife/procdata/bldg_inout_u01.csv"
> # ヘッダの出力
> write("building,intime,outtime", ofile)
>
> # 最後に滞在した建物の入館時刻
> in.time <- NULL
> # 最後に滞在した建物の退館時刻
> out.time <- NULL
> # 最後に滞在した建物名
> in.bldg <- NULL
>
> # Wi-Fiの位置情報の各行を読み込んで，建物の入退館を判断する
> for (i in 1:nrow(wifi.loc.processed)) {
+     # 時刻，建物内/周辺，位置の抽出
+     time <- wifi.loc.processed[i, "time"]
+     in.near <- wifi.loc.processed[i, "in_near"]
+
+     # 建物内の場合
+     if (in.near == "in") {
+         bldg <- wifi.loc.processed[i, "building"]
+         # 前にいた建物が記録されている場合
+         if (!is.null(in.bldg)) {
+             if (bldg == in.bldg) {
+                 # 当該時刻の建物と同じ場合は退館時刻を更新
+                 out.time <- time
+                 next()
+             } else {
+                 # 当該時刻の建物と異なる場合は以前にいた建物の入退館情報を出力し，
```

```
+            # 新たな入館情報を記録
+            write(paste(c(in.bldg, in.time, out.time), collapse = ","),
+              ofile, append = TRUE)
+            in.bldg <- bldg
+            in.time <- time
+            out.time <- time
+          }
+      } else {
+          # 以前にいた建物が記録されていない場合は新たに記録
+          in.bldg <- bldg
+          in.time <- time
+          out.time <- time
+      }
+  } else {
+      if (!is.null(in.bldg)) {
+          # 記録されている建物があれば入退館情報を出力し，リセット
+          write(paste(c(in.bldg, in.time, out.time), collapse=","),
+            ofile, append = TRUE)
+          in.bldg <- NULL
+          in.time <- NULL
+          out.time <- NULL
+      }
+  }
+  # 最終行で建物内にいる場合はデータを出力
+  if (i == nrow(wifi.loc.processed) && in.near == "in") {
+      out.time <- time
+      write(paste(c(in.bldg, in.time, out.time), collapse = ","), ofile,
+        append = TRUE)
+  }
+ }
```

本書のサポートページに Python のプログラムやより効率的な R のプログラムを提供しているので，参考にしてほしい．

R や Python のコードを実行した結果，以下のフォーマットのデータが出力される．この例では，ユーザ ID が u01 の学生の入退館時刻のデータの先頭部分を示している．たとえば，kemeny に時刻 1364358209 に入館し，時刻 1364359409 に退館したと推定したことを表している．

```
building,intime,outtime
kemeny,1364358209,1364359409
kemeny,1364365865,1364365865
kemeny,1364380398,1364381009
kemeny,1364384609,1364384609
kemeny,1364387810,1364387873
butterfield,1364387966,1364387981
fahey-mclane,1364388028,1364388028
cummings,1364388188,1364392349
fahey-mclane,1364392417,1364392448
```

5.4.2 建物内での購買有無の判定

建物内での購買有無の判定とは，学生の建物への入館ごとに，飲食品の購買が行われたかどうかを判定することである．

飲食品の購買を記録したデータのフォーマットは，以下のようになっている．ヘッダはなく，1列目が購入時刻，2列目が購入が行われた建物名である．

180 第5章 データ分析の例

data/StudentLife/dataset/dinning/u01.txt

```
2013-01-06 17:42:49,53 Commons,Supper
2013-01-07 09:32:57,Novack Cafe,Breakfast
2013-01-07 14:16:07,Courtyard Cafe,Lunch
2013-01-08 12:51:22,Courtyard Cafe,Lunch
2013-01-09 13:46:44,King Arthur Flour Coffee Bar,Lunch
2013-01-09 18:33:18,Collis Cafe,Supper
2013-01-10 17:57:07,53 Commons,Supper
2013-01-11 10:39:39,King Arthur Flour Coffee Bar,Snack
2013-01-11 14:01:56,Courtyard Cafe,Lunch
2013-01-15 11:58:29,Courtyard Cafe,Snack
```

5.4.1項で推定した建物の入退館時刻の間に，飲食品の購買履歴データの購入時刻が存在するかどうかを調べ，購買があった場合は"1"，なかった場合は"0"のフラグを生成する．ここで生成したフラグが予測モデルを構築するときの目的変数として使用される．

この処理を実装すると，次のようになる．ただし，Rでfor文などを用いた繰り返し計算は非常に遅くなるため，outer関数を駆使して建物への入館時刻，退館時刻と購入時刻の前後関係を判定する工夫を行っているため，陽には建物への入館ごとのループ計算は現れない．

```r
> # 建物への入退館情報
> inout <- read.csv("data/StudentLife/procdata/bldg_inout_u01.csv")
> # 飲食品の購入情報
> purchase <- read.csv("data/StudentLife/dataset/dinning/u01.txt", header = FALSE,
+     as.is = TRUE)
> # 購入時刻をエポック秒に変換
> purchase$V1 <- as.integer(as.POSIXct(purchase$V1, tz = "EST5EDT"), origin = "1970-01-01 00:00:00")
> # 建物への入館時刻が購入時刻よりも前にあるかどうかをすべての組合せについて判定
> is.intime.earlier <- outer(inout$intime, purchase$V1, function(i, p) {
+     i <= p
+ })
> # 建物からの退館時刻が購入時刻よりも後にあるかどうかをすべての組合せについて判定
> is.outtime.later <- outer(inout$outtime, purchase$V1, function(o, p) {
+     o >= p
+ })
> # 建物への入館から退館までの間に飲食品の購入が行われたかについて判定
> is.purchase.within <- is.intime.earlier & is.outtime.later
> # 少なくとも1回飲食品を購入した場合は購入があったと判定
> purchased <- apply(is.purchase.within, 1, any)
> # ファイルに出力
> res <- data.frame(inout, purchased = as.integer(purchased))
> ofile <- "data/StudentLife/procdata/purchase_u01.csv"
> write.csv(res, ofile, quote = FALSE, row.names = FALSE)
```

以上のプログラムを実行すると，以下の結果が得られる．この例は，ユーザIDがu01の学生の購買有無を表すデータである．4列目の"purchased"が購入の有無（1：購入した，0：購入していない）を表している．

```
building,intime,outtime,purchased
kemeny,1364358209,1364359409,0
kemeny,1364365865,1364365865,0
kemeny,1364380398,1364381009,0
```

```
kemeny,1364384609,1364384609,0
kemeny,1364387810,1364387873,0
butterfield,1364387966,1364387981,0
fahey-mclane,1364388028,1364388028,0
cummings,1364388188,1364392349,0
fahey-mclane,1364392417,1364392448,0
```

5.4.3　建物内の会話時間・回数の算出

建物内の会話時間・回数の算出とは，学生の会話履歴を用いて，建物内の会話時間および回数を算出することである．

5.4.1項で推定した建物の入退館時刻の間に，ユーザの会話履歴データで学生が会話していると判断された時間の合計や回数を求める．この処理を実装すると以下のようになる．ただし，ここでも for ループなどの繰り返し計算を極力避けている．建物の入館時刻と会話の開始時刻の組合せごとに遅い時刻を選択し，建物からの退館時刻と会話の終了時刻の組合せごとに早い時刻を選択し，前者が後者よりも以後の時刻にある件数とその長さを集計することにより会話回数と会話時間を算出している．

```
> # 建物の入退館履歴
> inout <- read.csv("data/StudentLife/procdata/bldg_inout_u01.csv")
> # 会話履歴
> conv <- read.csv("data/StudentLife/dataset/sensing/conversation/conversation_u01.csv")
> # 建物の入館時刻と会話の開始時刻の組合せごとに遅い時刻を選択
> # (入館時刻 × 会話の開始時刻の行列)
> max.start <- outer(inout$intime, conv$start_timestamp, pmax)
> # 建物の退館時刻と会話の終了時刻の組合せごとに早い時刻を選択
> # (退館時刻 × 会話の終了時刻の行列)
> min.end <- outer(inout$outtime, conv$end_timestamp, pmin)
> # 建物の退館時刻と会話の終了時刻の早い時刻から入館時刻と会話の開始時刻の遅い時間を減算
> conv.len <- min.end - max.start
> # 会話回数
> conv.count <- rowSums(conv.len >= 0)
> # 会話時間
> conv.len[conv.len < 0] <- 0
> conv.time <- rowSums(conv.len)
> # ファイルに出力
> ofile <- "data/StudentLife/procdata/conv_u01.csv"
> res <- data.frame(inout, convtime = conv.time, convcount = conv.count)
> write.csv(res, ofile, quote = FALSE, row.names = FALSE)
```

ここで算出した会話時間および回数は，予測モデルを構築するときの説明変数の一部として使用される．

5.4.4　建物内のアクティブ割合の算出

建物内のアクティブ割合の算出とは，学生の活動履歴を用いて，建物内で生徒がアクティブに活動していた時間の割合を算出することである．ここでは，この割合のことを「アクティブ割合」と呼ぶことにする．

第5章 データ分析の例

5.4.1項で推定した建物の入退館時刻の間に，ユーザの活動履歴データで学生が活動していると判断された時間の割合を求める．以下のコードにより実行する．

```r
> # 建物の入退館履歴
> inout <- read.csv("data/StudentLife/procdata/bldg_inout_u01.csv")
> # 活動履歴
> act <- read.csv("data/StudentLife/dataset/sensing/activity/activity_u01.csv",
+     col.names = c("timestamp", "activity_inference"))
> # 建物への入館と活動の開始時刻のペアごとに時刻の前後関係を判定(入館時刻
> # × 活動の開始時刻の行列)
> act.after.in <- outer(inout$intime, act$timestamp, function(x, y) {
+     x <= y
+ })
> # 建物からの退館と活動の終了時刻のペアごとに時刻の前後関係を判定(退館時刻
> # × 活動の終了時刻の行列)
> act.before.out <- outer(inout$outtime, act$timestamp, function(x, y) {
+     x >= y
+ })
> # 活動時刻が建物の入退館の間にあるかどうかの判定
> within.inout <- act.after.in & act.before.out
> # 入退館の間にある活動履歴の記録回数
> act.measured <- rowSums(within.inout)
> # 活動していた回数
> act.count <- apply(within.inout, 1, function(o) {
+     sum(act[o, "activity.inference"] %in% 1:2)
+ })
> # 活動履歴がない場合もアクティブ割合を0にするために回数を調整
> act.measured[act.measured == 0] <- 1
> # アクティブ割合
> act.ratio <- act.count/act.measured
> # ファイルに出力
> res <- data.frame(inout, actratio = act.ratio)
> ofile <- "data/StudentLife/procdata/actratio_u01.csv"
> write.csv(res, ofile, quote = FALSE, row.names = FALSE)
```

ここで算出したアクティブ割合は，予測モデルを構築するときの説明変数の一部として使用される．

5.5 予測モデルの構築・評価

以上のように作成した説明変数，および目的変数を用いて，予測モデルを構築してみよう．ここでは，ユーザIDがu01の生徒に対して予測モデルを構築する例を示す．

5.5.1 特徴量の作成

特徴量を作成するにあたって，まずは前節でデータを加工して作成したファイルを読み込もう．

```r
> library(dplyr)
> # 建物への入退館時刻
> inout <- read.csv("data/StudentLife/procdata/bldg_inout_u01.csv")
```

```
> # 建物内での飲食品の購入有無を表すフラグ
> purchased <- read.csv("data/StudentLife/procdata/purchase_u01.csv")
> purchased <- purchased %>% mutate(purchased = factor(purchased, levels = c(1, 0)))
> # 建物内での会話時間・回数
> conv <- read.csv("data/StudentLife/procdata/conv_u01.csv")
> # 建物内でのアクティブ割合
> act.ratio <- read.csv("data/StudentLife/procdata/actratio_u01.csv")
> # 建物への入退館単位での特徴量
> feature <- data.frame(inout, purchased = purchased$purchased, conv %>%
+   select(convtime, convcount), actratio = act.ratio$actratio)
> # データサイズ
> feature %>% dim
[1] 2119    7
> # データの先頭
> feature %>% head(3)
  building    intime    outtime purchased convtime convcount
1   kemeny 1364358209 1364359409         0      413         1
2   kemeny 1364365865 1364365865         0        0         0
3   kemeny 1364380398 1364381009         0        0         0
  actratio
1        0
2        0
3        0
```

さて，このデータをもとに，5.3.2項で定義した特徴量をどのように構築していけばよいかについて考えてみよう．

1. bld(c): 現在の建物のID
   既に項目buildingに現れている．

2. bld(p): 最後に訪れた建物のID
   1レコード前の項目buildingを抽出すれば構築できる．

3. time(c)_{arr}: 現在の建物に到着した時間
   エポック秒で入力されているものの，ほぼ項目intimeに現れているといってよい．ただ，時間をどのように表すかについて検討が必要で，ここでは，同日の0時0分0秒からの経過時間を秒単位で表す方針とする．そのためのデータ加工が必要である．

4. time(p)_{arr}: 最後に訪れた建物に到着した時間
   「現在の建物に到着した時間」が算出できれば，1レコード前の値を抽出すれば構築できる．

5. time(p)_{dept}: 最後に訪れた建物を出発した時間
   項目outtimeを同日の0時0分0秒からの経過した時間を秒単位に換算し，1レコード前の値を抽出することにより構築できる．

6. dur(p)_{conv}: 最後に訪れた建物での会話の合計時間
   1レコード前の項目convtimeを抽出すれば構築できる．

7. freq(p)_{conv}: 最後に訪れた建物での会話の回数
   1レコード前の項目convcountを抽出すれば構築できる．

8. ratio(p)_{act}: 最後に訪れた建物での静止以外の時間の割合
   1レコード前の項目actratioを抽出すれば構築できる．

以上より，3, 4, 5 の特徴量は時刻を同日の 0 時 0 分 0 秒からの経過秒に換算してから算出する必要があるが，その他の特徴量については既に求められているか，1 レコード前の値を抽出するだけで十分であることがわかる．

まずは，上記の 3, 4, 5 の特徴量を算出するために項目 intime と項目 outtime を同日の 0 時 0 分 0 秒からの経過秒に換算してみよう．以下では，dplyr パッケージの mutate 関数を 2 回用いてエポック秒から POSIXct 型への変換と経過秒の算出をチェインで連結して一度に実行している．

```
> library(lubridate)
> # 建物への入退館時刻のエポック秒からPOSIXct型への変換・経過秒の算出
> feature <- feature %>% mutate(intime = as.POSIXct(intime, tz = "EST5EDT",
+     origin = "1970-01-01 00:00:00"), outtime = as.POSIXct(outtime, tz = "EST5EDT",
+     origin = "1970-01-01 00:00:00")) %>% mutate(in_elapsed_time = 3600 *
+     hour(intime) + 60 * minute(intime) + second(intime), out_elapsed_time = 3600 *
+     hour(outtime) + 60 * minute(outtime) + second(outtime))
> feature %>% head(3)
  building              intime             outtime purchased convtime
1   kemeny 2013-03-27 00:23:29 2013-03-27 00:43:29         0      413
2   kemeny 2013-03-27 02:31:05 2013-03-27 02:31:05         0        0
3   kemeny 2013-03-27 06:33:18 2013-03-27 06:43:29         0        0
  convcount actratio in_elapsed_time out_elapsed_time
1         1        0            1409             2609
2         0        0            9065             9065
3         0        0           23598            24209
```

続いて，次の 5 個の特徴量「2. bld(p): 最後に訪れた建物の ID」，「4. 最後に訪れた建物に到着した時刻」，「5. 最後に訪れた建物を出発した時刻」，「6. 最後に訪れた建物での会話の合計時間」，「7. 最後に訪れた建物での会話の回数」，「8. 最後に訪れた建物での静止以外の時間の割合」を算出する．それぞれ，building_pre, in_elapsed_time_pre, out_elapsed_time_pre, convtime_pre, convcount_pre, actratio_pre という名前の項目とする．また，1 レコード目は前にいた建物名と到着・出発時刻，会話時間や回数，アクティブ割合を算出することができないので，filter 関数を用いて行名が 1 以外のレコードを抽出することにより削除している．

```
> # レコード数
> nr <- feature %>% nrow
> # 特徴量の生成
> feature <- feature %>% select(building, purchased, intime, in_elapsed_time,
+     outtime, out_elapsed_time, convtime, convcount, actratio) %>% mutate(building_pre = c("",
+     as.character(building[-nr])), in_elapsed_time_pre = c(NA, in_elapsed_time[-nr]),
+     out_elapsed_time_pre = c(NA, out_elapsed_time[-nr]), convtime_pre = c(NA,
+         convtime[-nr]), convcount_pre = c(NA, convcount[-nr]), actratio_pre = c(NA,
+         actratio[-nr])) %>% filter(rownames(.) != 1)
> # 前にいた建物名の因子への変換
> feature <- feature %>% mutate(building_pre = factor(building_pre, levels = levels(building)))
> feature %>% head(3)
  building purchased              intime in_elapsed_time
1   kemeny         0 2013-03-27 02:31:05            9065
2   kemeny         0 2013-03-27 06:33:18           23598
3   kemeny         0 2013-03-27 07:43:29           27809
              outtime out_elapsed_time convtime convcount actratio
1 2013-03-27 02:31:05             9065        0         0        0
2 2013-03-27 06:43:29            24209        0         0        0
3 2013-03-27 07:43:29            27809        0         0        0
```

```
  building_pre in_elapsed_time_pre out_elapsed_time_pre convtime_pre
1       kemeny                1409                 2609          413
2       kemeny                9065                 9065            0
3       kemeny               23598                24209            0
  convcount_pre actratio_pre
1             1            0
2             0            0
3             0            0
```

以上で，予測に用いる特徴量をすべて構築できたことになる．feature オブジェクトの列の順番は，5.3.2 項で定義した特徴量の順番と異なっているので，念のため対応について確認する．

1. bld(c): 現在の建物の ID ⇔ 1 列目 building
2. bld(p): 最後に訪れた建物の ID ⇔ 10 列目 building_pre
3. time(c)$_{arr}$: 現在の建物に到着した時間 ⇔ 4 列目 in_elapsed_time
4. time(p)$_{arr}$: 最後に訪れた建物に到着した時間 ⇔ 11 列目 in_elapsed_time_pre
5. time(p)$_{dept}$: 最後に訪れた建物を出発した時間 ⇔ 12 列目 out_elapsed_time_pre
6. dur(p)$_{conv}$: 最後に訪れた建物での会話の合計時間 ⇔ 13 列目 convtime_pre
7. freq(p)$_{conv}$: 最後に訪れた建物での会話の回数 ⇔ 14 列目 convcount_pre
8. ratio(p)$_{act}$: 最後に訪れた建物での静止以外の時間の割合 ⇔ 15 列目 actratio_pre

また，目的変数である飲食品の購買の有無を表すのは 2 列目の purchased である．

5.5.2 訓練期間とテスト期間の定義

以上により構築した特徴量を用いて，予測モデルを構築し評価する．そのためには，データを訓練用とテスト用に分割する必要がある．分割の目処をつけるために，月ごとのレコード件数を集計してみよう．dplyr パッケージの group_by 関数と summarise 関数をチェイン関数で連結することにより集計を実施できる．また，group_by 関数の中で，POSIXct 型のオブジェクトである項目 intime に対して format 関数により件数を集計している．

```
> # 月ごとのレコード件数の集計
> count.by.M <- feature %>% group_by(YM = format(intime, "%Y-%m")) %>% summarise(N = n())
> count.by.M
Source: local data frame [3 x 2]

       YM   N
1 2013-03 244
2 2013-04 959
3 2013-05 915
```

以上を見ると，3 月は 244 レコード，4 月は 959 レコード，5 月は 915 レコードとなっている．この結果を受けて，3 月，4 月は訓練用，5 月はテスト用とする．

```
> # 説明変数・目的変数の抽出
> feature <- feature %>% select(building, building_pre, in_elapsed_time,
+     in_elapsed_time_pre, out_elapsed_time_pre, convtime_pre, convcount_pre,
+     actratio_pre, purchased, intime)
> # 訓練データの作成
> feature.train <- feature %>% filter(difftime(as.POSIXct("2013-04-30 23:59:59",
+     tz = "EST5EDT"), intime) >= 0) %>% select(-intime)
```

```
> feature.train %>% head(3)
  building building_pre in_elapsed_time in_elapsed_time_pre
1  kemeny       kemeny            9065                1409
2  kemeny       kemeny           23598                9065
3  kemeny       kemeny           27809               23598
  out_elapsed_time_pre convtime_pre convcount_pre actratio_pre
1                 2609          413             1            0
2                 9065            0             0            0
3                24209            0             0            0
  purchased
1         0
2         0
3         0
> # テストデータの作成
> feature.test <- feature %>% filter(difftime(intime, as.POSIXct("2013-05-01 00:00:00"),
+     tz = "EST5EDT") >= 0) %>% select(-intime)
> feature.test %>% head(3)
      building building_pre in_elapsed_time in_elapsed_time_pre
1       kemeny       kemeny           40795               37446
2       kemeny       kemeny           43195               40795
3 cutter-north       kemeny           45196               43195
  out_elapsed_time_pre convtime_pre convcount_pre actratio_pre
1                38395            0             0            0
2                40795            0             0            0
3                43365            0             0            0
  purchased
1         0
2         0
3         0
```

5.5.3 予測モデルの構築

ここでは決定木を使用して，訓練データに対して予測モデルを構築してみよう．4.1 節で説明した caret パッケージの train 関数を使用する．

```
> library(caret)
> set.seed(123)
> trControl <- trainControl(method = "cv", number = 10, summaryFunction = twoClassSummary,
+     classProbs = TRUE)
> # 訓練データに対する決定木の予測モデルの構築
> fit.rp <- train(purchased ~., data = feature.train, method = "rpart", trControl = trControl)
> # テストデータに対する予測
> pred <- predict(fit.rp, feature.test)
> # 混合行列の算出
> table(pred, feature.test$purchased)

pred   1   0
   1   9   8
   0  18 908
```

以上の結果を確認すると，正例と予測した件数は 17 件あり，そのうちの 9 件が正解しており，適合率は $9/17 = 0.529$ となる．また，正例の実績 27 件のうち，9 件を正解しているため，再現率は $9/27 = 0.333$ となる．これらの予測精度が十分なものであるかどうかは，実務においては実現したいことに対して十分かどうかという観点で評価する．上記の例では，適合率が 50% 強のため，約 2 回に 1 回は予測が外れることを意味している．たとえば，上記の例では学生のスマートフォンに食生活に関するアドバイスをポップアップに出して 2 回に 1 回は的外れなことが起きるときにサー

ビスとして成立しうるのかどうかを検討する必要がある．

　また，実務においては必ずしも予測精度が高いだけでなく，わかりやすい形で予測モデルの特性について説明することも重要である．たとえば，どのようなときに予測があたり，どのようなときに予測が外れるのかについて要因分析を行うことも重要である．ここでのケースでは，たとえば，平日の午後はあたりやすいが夜はあたりにくい，直前にいた建物で活発に活動しているとあたりやすい，などといった具合でモデルが，いつ，誰に対してどの程度あたるのかについて説明できるようにしておく．そうしておくことで，その後の活用を見据えたときにユースケースを考える足がかりとなることも著者の経験上は多いように感じられる．

付録 A
主な予測アルゴリズムの概要

　ここでは，機械学習の主な予測アルゴリズムである決定木，サポートベクタマシン，ランダムフォレストの概要を説明する．4.1 節でも説明したが，機械学習の予測アルゴリズムの詳細については，Bishop[24]，Hastie[95]，Murphy[57]，高村 [106]，杉山 [108] などが詳しい．また，R で機械学習の予測アルゴリズムを実行する方法については，共立出版の「R で学ぶデータサイエンス」シリーズの「パターン認識」[110]，「マシンラーニング　第 2 版」[118]，「樹木構造接近法」[109] などが詳しいので参考にしてほしい．

A.1　決定木

A.1.1　アルゴリズムの概要

　決定木では，与えられた M 個の特徴量 $X_1, \ldots, X_M$ に対して，以下の手続きにより，特徴量の空間を複数の矩形領域に分割する．

　特徴量 X_j を定数 c で分割したときに，あらかじめ設定されたコストに対してコストが最小になる領域を決定する．この手続きで決定された分割によって決まる 2 つの領域を

$$R_1 = \{\boldsymbol{X} \mid X_j \leq c\}, R_2 = \{\boldsymbol{X} \mid X_j > c\} \tag{A.1}$$

とする．分割に対する停止条件が満たされるまで，R_1 および R_2 を再帰的に 2 分割する．

　このように作成した決定木に対して，クラス分類では，クラスを予測するときは予測対象のデータが存在する特徴量の空間の領域に含まれるデータのクラスで多数決をとって予測する．また，回帰では，同様にデータの目的変数の平均値により予測する．

　決定木を構築する際のコストは，誤り率，Gini 係数，負のエントロピーなどが用いられる．

A.1.2　R での実行

　R で決定木を実行するパッケージとして rpart が代表的である．次の例は，churn データセットに対して，最大の木の深さを 3(maxdepth=3) として，決定木を構築している．構築した決定木は，図 A.1 にプロットされている．

A.1 決定木

```
> library(rpart)
> library(C50)
> data(churn)
> # 決定木の構築
> fit.rp <- rpart(churn ~ ., data = churnTrain, maxdepth = 3)
> # 決定木のプロット
> plot(fit.rp)
> text(fit.rp)
> # 予測
> pred <- predict(fit.rp, churnTest, type = "class")
> # 混合行列
> table(pred, churnTest$churn)

pred  yes   no
 yes   80    6
 no   144 1437
```

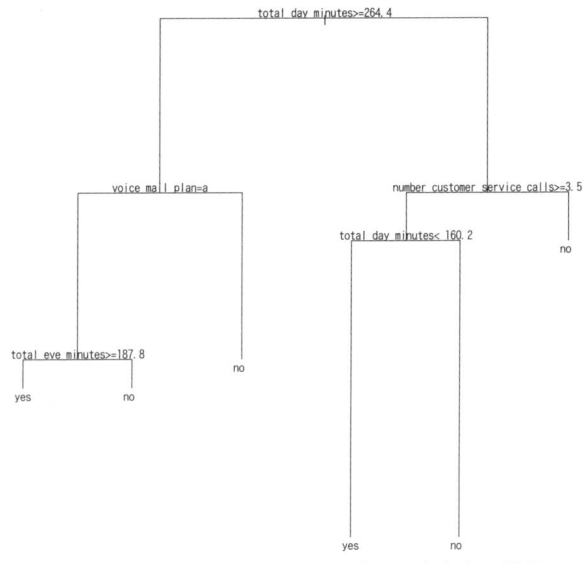

図 A.1　churn データセットに対する決定木の構築

以上では rpart パッケージにデフォルトで提供されている決定木のプロットを行った．rpart.plot パッケージの描画機能を用いるともう少し見栄えの良いプロットを行える．rpart.plot パッケージは，CRAN からインストールできる．

```
> # rpart.plotパッケージのインストール
> install.packages("rpart.plot", quiet = TRUE)
> # rattleパッケージのインストール
> install.packages("rattle", quiet = TRUE)
```

次の例は，rpart.plot パッケージの fancyRpartPlot 関数を用いて先に構築した決定木をプロットしている．

```
> library(rattle)
> library(rpart.plot)
> fancyRpartPlot(fit.rp)
```

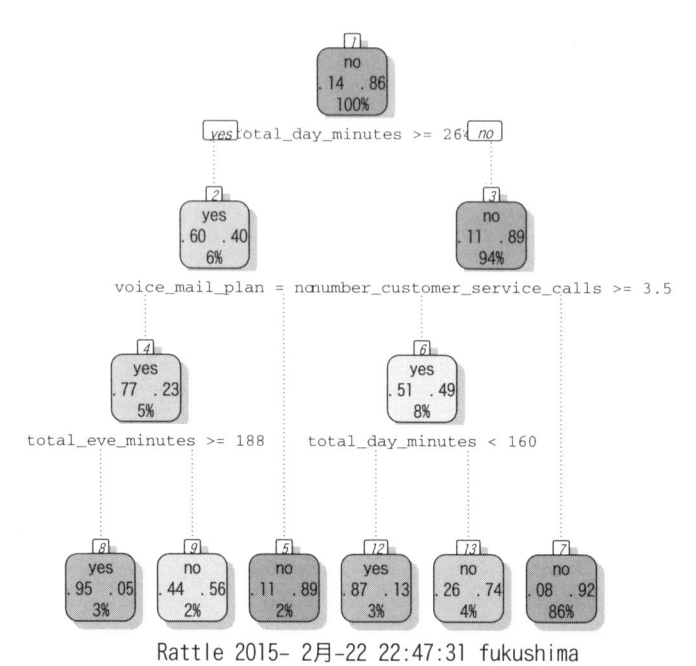

図 A.2 rpart.plot パッケージを用いた決定木の描画

条件付き推測木は，party パッケージに実装されている．party パッケージは，CRAN からインストールできる．

```
> # partyパッケージのインストール
> install.packages("party", quiet = TRUE)
```

以下のように ctree 関数を用いて条件付き推測木を構築できる．

```
> library(party)
> library(C50)
> data(churn)
> # 条件付き推測木の構築
> fit.ctree <- ctree(churn ~ ., data = churnTrain, controls = ctree_control(maxdepth = 2))
> plot(fit.ctree)
```

条件付き推測木については，下川ら [109] が詳しいので参照してほしい．

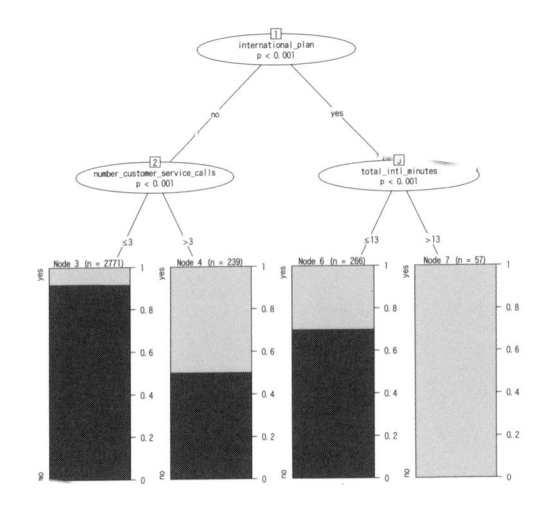

図A.3 churnデータセットに対する条件付き推測木

A.2 ランダムフォレスト

ランダムフォレストは，クラス分類および回帰を行うための集団学習のアルゴリズムの1つである [60]．

以下では，共立出版の「Rで学ぶデータサイエンス」シリーズの「樹木構造接近法」[109] を参考にしながら，ランダムフォレストの定式化を行う．

ランダムフォレストは，K 個の分類木または回帰木の集合 $\{\mathcal{R}^{(1)}, \ldots, \mathcal{R}^{(K)}\}$ から構成される．それぞれの木により推定されたクラスや値を用いて，クラス分類の場合は最も多くの木で推定されたクラスを，回帰の場合はそれぞれの木の推定値の平均をランダムフォレストの推定値とする．すなわち，データ $\boldsymbol{x}$ が与えられたときに，木 $\mathcal{R}^{(k)}$ による予測値を $h(\boldsymbol{x}; \mathcal{R}^{(k)})$ と表すことにして，ランダムフォレストが出力する結果は，クラス分類の場合は次式

$$\underset{c \in C}{\operatorname{argmax}} \{h(\boldsymbol{x}; \mathcal{R}^{(k)})\} \tag{A.2}$$

により，回帰の場合は次式

$$\frac{1}{K} \sum_{k=1}^{K} h(\boldsymbol{x}; \mathcal{R}^{(k)}) \tag{A.3}$$

により推定する．

ランダムフォレストは，それぞれの木 $\mathcal{R}^{(k)}$ を構築する際に，サンプルの選択，分岐に用いる変数の選択，区分点の選択においてランダム性を導入している [109]．そのため，木の構築に用いられなかったサンプルに対して予測を行うことが可能である．このような予測を行って算出される誤差のことを Out-of-Bag 誤差と呼ぶ．

A.2.1 不均衡データ

不均衡データに対してランダムフォレストを適用する方法として，Chao らは次の 2 つを示している [18].

- Balanced Random Forest(BRF)
  ランダムフォレストを構成する各木を学習する際に，データ数の少ないほうのクラスのデータ数と同じ個数分，データ数の多いほうのクラスのデータをサンプリングして学習する．
- Weighted Random Forest(WRF)
  ランダムフォレストのアルゴリズムの中で，2 カ所に対してクラスごとの誤判別のコストを織り込む．1 つは Gini 係数により枝を構築するときに，もう 1 つは葉における重み付き多数決を行うときである．

R の randomForest パッケージに実装されているランダムフォレストは，Weighted Random Forest は classwt 引数を調整することで実現できる．一方で，Balanced Random Forest は，sampsize 引数を調整することで実行できる．

ランダムフォレストは，本家のウェブページに情報がまとまっている [61].

A.2.2 R での実行

R では randomForest パッケージを使用することにより，ランダムフォレストを実行できる．randomForest パッケージは，CRAN からインストールできる．

以下の例は，churn データセットに対して，ランダムフォレストを実行している．

```
> library(randomForest)
> library(C50)
> set.seed(123)
> data(churn)
> # ランダムフォレストの構築
> fit.rf <- randomForest(churn ~ ., data = churnTrain)
> # 予測
> pred <- predict(fit.rf, churnTest)
> # 混合行列
> table(pred, churnTest$churn)

pred  yes   no
 yes  185   41
 no    39 1402
```

A.3 サポートベクタマシン

A.3.1 アルゴリズムの定式化

サポートベクタマシンは，クラス分類および回帰の両方に適用可能である．

クラス分類

クラス分類のサポートベクタマシンは，次の最適化問題として定式化される．

$$\underset{\boldsymbol{w},b}{\text{maximize}} \quad \frac{1}{2}\boldsymbol{w}^\top K \boldsymbol{w} + C \sum_{i=1}^{n} \xi_i$$

$$\text{subject to} \quad \xi_i \geq 0, \tag{A.4}$$

$$\xi_i \geq 1 - y_i \left(\sum_{j=1}^{n} w_j K_{j,i} + b \right), \quad i = 1, \ldots, n$$

ここで，$K = (K_{i,j})$ はカーネル行列であり，$K_{i,j} = \phi(\boldsymbol{x}_i)^\top \phi(\boldsymbol{x}_j)$．また，ただし，$\phi$ はデータの空間から高次元空間への写像である．C は誤判別のペナルティ強さを決定するパラメータである．これらのパラメータを与えたときに，(A.4) 式により最適なパラメータ $\boldsymbol{w}, b$ を求める．

求められたパラメータ $\boldsymbol{w}, b$ を用いて，次式

$$f(\boldsymbol{x}) = \sum_{i=1}^{n} w_i k(\boldsymbol{x}_i, \boldsymbol{x}) + b \tag{A.5}$$

で算出される $f(\boldsymbol{x})$ の符号を判定することにより，データ $\boldsymbol{x}$ のクラスを予測する．

回帰

回帰のサポートベクタマシンは，次の最適化問題として定式化できる．

$$\underset{\boldsymbol{w},b}{\text{minimize}} \quad C \sum_{i=1}^{n} \left(\xi_n + \hat{\xi}_n \right)$$

$$\begin{aligned}
\text{subject to} \quad & \xi_i > 0 \\
& t_n \leq y(\boldsymbol{x}_n) + \epsilon + \xi_n \\
& \hat{\xi}_n > 0 \\
& t_n \geq y(\boldsymbol{x}_n) - \epsilon - \hat{\xi}_n
\end{aligned} \tag{A.6}$$

この最適化問題は，次のラグランジュ関数の停留点を求めることにより解くことができる．

$$L = C \sum_{n=1}^{N} (\xi_n + \hat{\xi}_n) + \frac{1}{2} \|\boldsymbol{w}\|^2 - \sum_{n=1}^{N} \left(\mu_n \xi_n + \hat{\mu}_n \hat{\xi}_n \right) - \sum_{n=1}^{N} a_n (\epsilon + \xi_n + y_n - t_n)$$

$$- \sum_{n=1}^{N} \hat{a}_n \left(\epsilon + \hat{\xi}_n - y_n + t_n \right) \tag{A.7}$$

すなわち，L の $\boldsymbol{w}, b, \xi_n, \hat{\xi}_n$ に関する偏微分を 0 として，次式

$$\frac{\partial L}{\partial \boldsymbol{w}} = 0 \Rightarrow \boldsymbol{w} = \sum_{n=1}^{N} (a_n - \hat{a}_n) \phi(\boldsymbol{x}_n)$$

$$\frac{\partial L}{\partial b} = 0 \Rightarrow \sum_{n=1}^{N} (a_n - \hat{a}_n) = 0$$

$$\frac{\partial L}{\partial \xi_n} = 0 \Rightarrow a_n + \mu_n = C$$

$$\frac{\partial L}{\partial \hat{\xi}_n} = 0 \Rightarrow \hat{a}_n + \hat{\mu}_n = C$$

(A.8)

を $\boldsymbol{w}, b, \xi_n, \hat{\xi}_n$ について解けばよい．これらの式を元のラグランジュ関数に代入すると，

$$L(\boldsymbol{a}, \hat{\boldsymbol{a}}) = -\frac{1}{2} \sum_{n=1}^{N} \sum_{m=1}^{N} (a_n - \hat{a}_n)(a_m - \hat{a}_m) k(\boldsymbol{x}_n, \boldsymbol{x}_m) - \epsilon \sum_{n=1}^{N} (a_n + \hat{a}_n) + \sum_{n=1}^{N} (a_n - \hat{a}_n) t_n$$

(A.9)

を得る．

以上で，カーネル関数は，

- 線形カーネル

$$K(\boldsymbol{x}_i, \boldsymbol{x}_j) = \boldsymbol{x}_i^\top \boldsymbol{x}_j \tag{A.10}$$

- 多項式カーネル

$$K(\boldsymbol{x}_i, \boldsymbol{x}_j) = (\gamma \boldsymbol{x}_i^\top \boldsymbol{x}_j + c)^d, \gamma > 0 \tag{A.11}$$

- RBF カーネル

$$K(\boldsymbol{x}_i, \boldsymbol{x}_j) = \exp\left(-\frac{\|\boldsymbol{x}_i - \boldsymbol{x}_j\|^2}{\sigma^2}\right), \sigma > 0 \tag{A.12}$$

である．

A.3.2 クラスウェイトの調整

ラグランジュ関数の第2項は，各データに対する誤判別のコストを表している．単一のペナルティパラメータ C を用いる場合は，すべてのクラスに対して誤判別を同じ重みで考慮していることになる．

一方で，不均衡データに対しては，正例と負例に対して同じ誤判別のコストを仮定するのではなく，正例の誤判別に対しては相対的にペナルティを大きくする工夫が必要である．正例の添字の集合を I_+，負例の添字の集合を I_- として，次式

$$\begin{aligned}
\underset{\boldsymbol{w}, b}{\text{maximize}} \quad & \frac{1}{2} \boldsymbol{w}^\top K \boldsymbol{w} + C_+ \sum_{i \in I_+} \xi_i + C_- \sum_{i \in I_-} \xi_i \\
\text{subject to} \quad & \xi_i \geq 0, \\
& \xi_i \geq 1 - y_i \left(\sum_{j=1}^{n} w_j K_{j,i} + b \right), \qquad i = 1, \ldots, n
\end{aligned}$$

(A.13)

の最適化問題を解くことに帰着する.

Rでは, kernlabパッケージのksvm関数, e1071パッケージのsvm関数で以上で説明したクラスウェイトの調整が可能である.

不均衡データに対してサポートベクタマシンを適用する際のチューニング方法については, [82]がまとまっているので, 興味のある読者は参照されたい.

A.3.3 クラス確率の推定

サポートベクタマシンは, データをクラスに分類するものの, 各クラスに分類される確率を出力するモデルではない. サポートベクタマシンでクラスに分類する確率を計算する方法がいくつか提案されているが, 有名なものにPlattの確率[51]がある. この方法のアイディアは, 訓練済みのロジスティックシグモイド関数をサポートベクタマシンに適用して, データ $\bm{x}$ に対してクラス C に分類される確率を推定するというものである.

サポートベクタマシンにより推定された (A.5) 式の $f(\bm{x})$ をここでは f と表すことにする. f が与えられたときにデータが属するクラスに関する事後確率

$$p(y = \pm 1 \mid f) = \frac{p(f \mid y = \pm 1)p(y = \pm 1)}{p(f \mid y = \pm 1)p(y = \pm 1) + p(f \mid y \mp 1)p(y = \mp 1)} \quad \text{(A.14)}$$

を求める. サポートベクタマシンの推定値 $f(\bm{x})$ が対数オッズ比 $\ln\left\{\frac{p(y = \pm 1 \mid f)}{1 - p(y = \pm 1 \mid f)}\right\}$ に比例すると仮定すると,

$$f(\bm{x}) = \frac{1}{c} \ln \left\{ \frac{p(y = \pm 1 \mid f)}{1 - p(y = \pm 1 \mid f)} \right\} \quad \text{(A.15)}$$

となり (c は定数), $p(y = \pm 1 \mid f(\bm{x}))$ について整理すると,

$$p(y = \pm 1 \mid f(\bm{x})) = \frac{1}{1 + \exp(-cf(\bm{x}))} \quad \text{(A.16)}$$

を得る. ここで,

$$p(y = \pm 1 \mid f(\bm{x})) = \frac{1}{1 + \exp(Af(\bm{x}) + B)} \quad \text{(A.17)}$$

とすると, パラメータ A と B は, 訓練データ上で $y(\bm{x}_n)$ と C_n のクロスエントロピー誤差関数が最小となるように定める. すなわち,

$$\underset{A,B}{\text{minimize}} \quad F(z) = -\sum_{i=1}^{\ell} (t_i \log(p_i) + (1 - t_i) \log(1 - p_i))$$

$$\text{subject to} \quad p_i = p(f_i),$$

$$t_i = \begin{cases} \frac{N_+ + 1}{N_+ + 2} & y_i = 1 \\ \frac{1}{N_- + 2} & y_i = -1 \end{cases}$$

が最小となる A, B を求める.

サポートベクタマシンのチューニング方法については，[14] が LIBSVM の実行方法も含めて丁寧に解説している．また，[63] は R や Weka での操作も含めてサポートベクタマシンについて丁寧に解説している．サポートベクタマシンやカーネル法の理論的な背景については，[13, 111] が詳しい．

A.3.4　Rでの実行

R では kernlab パッケージや e1071 パッケージを使用することにより，サポートベクタマシンを実行できる．kernlab パッケージは，CRAN からインストールできる．

```
> # kernlabパッケージのインストール
> install.packages("kernlab", quiet = TRUE)
```

以下の例は，churn データセットに対して，RBF カーネルのサポートベクタマシンを実行している．

```
> library(kernlab)
> library(C50)
> set.seed(123)
> data(churn)
> # サポートベクタマシンの構築
> fit.ksvm <- ksvm(churn ~ ., data = churnTrain)
Using automatic sigma estimation (sigest) for RBF or laplace kernel
> # 予測
> pred <- predict(fit.ksvm, churnTest)
> # 混合行列
> table(pred, churnTest$churn)

pred  yes   no
  yes  85    7
  no  139 1436
```

付録 B

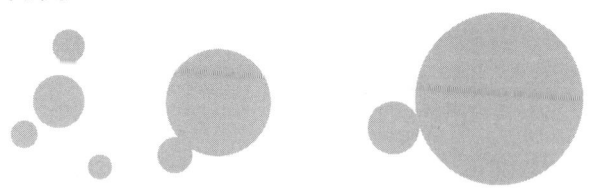

caret パッケージで利用できるアルゴリズム

ここでは，caret パッケージで利用できるアルゴリズムについてまとめる．caret のバージョンは本書執筆時点で最新版の 6.0-41 である．以下では，「モデル」は caret パッケージの train 関数の method 引数に与えるモデル名の文字列，「パッケージ」は呼び出しているパッケージ，「パラメータ」はチューニングするハイパーパラメータの名称，「説明」はモデルの概要，「回帰」，「クラス分類」，「クラス確率の出力」はそれぞれ回帰モデル，クラス分類モデル，クラス確率を出力するかどうかを示すフラグを表している．パラメータはスペース区切りで指定可能なものを列挙している．

表 B.1 caret パッケージで使用可能なモデルのリスト

	モデル	パッケージ	説明	パラメータ	回帰	クラス分類	クラス確率の出力
1	ANFIS	frbs	Adaptive-Network-Based Fuzzy Inference System	num.labels max.iter	○		
2	AdaBag	adabag	Bagged AdaBoost	mfinal maxdepth		○	○
3	AdaBoost.M1	adabag	AdaBoost.M1	mfinal maxdepth coeflearn		○	○
4	C5.0Rules	C50	Single C5.0 Ruleset	parameter		○	○
5	C5.0Tree	C50	Single C5.0 Tree	parameter		○	○
6	CSimca	rrcovHD	SIMCA	parameter		○	
7	DENFIS	frbs	Dynamic Evolving Neural-Fuzzy Inference System	Dthr max.iter	○		
8	FH.GBML	frbs	Fuzzy Rules Using Genetic Cooperative-Competitive Learning and Pittsburgh	max.num.rule popu.size max.gen		○	
9	FIR.DM	frbs	Fuzzy Inference Rules by Descent Method	num.labels max.iter	○		
10	FRBCS.CHI	frbs	Fuzzy Rules Using Chi's Method	num.labels type.mf		○	
11	FRBCS.W	frbs	Fuzzy Rules with Weight Factor	num.labels type.mf		○	
12	FS.HGD	frbs	Simplied TSK Fuzzy Rules	num.labels max.iter	○		

	モデル	パッケージ	説明	パラメータ	回帰	クラス分類	クラス確率の出力
13	GFS.FR.MOGAL	frbs	Fuzzy Rules via MOGUL	max.gen max.iter max.tune	○		
14	GFS.GCCL	frbs	Fuzzy Rules Using Genetic Cooperative-Competitive Learning	num.labels popu.size max.gen		○	
15	GFS.LT.RS	frbs	Genetic Lateral Tuning and Rule Selection of Linguistic Fuzzy Systems	popu.size num.labels max.gen	○		
16	GFS.THRIFT	frbs	Fuzzy Rules via Thrift	popu.size num.labels max.gen	○		
17	HYFIS	frbs	Hybrid Neural Fuzzy Inference System	num.labels max.iter	○		
18	J48	RWeka	C4.5-like Trees	C		○	○
19	JRip	RWeka	Rule-Based Classier	NumOpt		○	○
20	LMT	RWeka	Logistic Model Trees	iter		○	○
21	Linda	rrcov	Robust Linear Discriminant Analysis	parameter		○	○
22	LogitBoost	caTools	Boosted Logistic Regression	nIter		○	○
23	M5	RWeka	Model Tree	pruned smoothed rules	○		
24	M5Rules	RWeka	Model Rules	pruned smoothed	○		
25	Mlda	HiDimDA	Maximum Uncertainty Linear Discriminant Analysis	parameter		○	
26	ORFlog	obliqueRF	Oblique Random Forest	mtry		○	○
27	ORFpls	obliqueRF	Oblique Random Forest	mtry		○	○
28	ORFridge	obliqueRF	Oblique Random Forest	mtry		○	○
29	ORFsvm	obliqueRF	Oblique Random Forest	mtry		○	○
30	OneR	RWeka	Single Rule Classication	parameter		○	○
31	PART	RWeka	Rule-Based Classier	threshold pruned		○	○
32	QdaCov	rrcov	Robust Quadratic Discriminant Analysis	parameter		○	○
33	RFlda	HiDimDA	Factor-Based Linear Discriminant Analysis	q		○	
34	RRFglobal	RRF	Regularized Random Forest	mtry coefReg	○	○	○
35	RSimca	rrcovHD	Robust SIMCA	parameter		○	
36	SBC	frbs	Subtractive Clustering and Fuzzy c-Means Rules	r.a eps.high eps.low	○		
37	SLAVE	frbs	Fuzzy Rules Using the Structural Learning Algorithm on Vague Environment	num.labels max.iter max.gen		○	
38	WM	frbs	Wang and Mendel Fuzzy Rules	num.labels type.mf	○		
39	ada	ada	Boosted Classication Trees	iter maxdepth nu		○	○

	モデル	パッケージ	説明	パラメータ	回帰	クラス分類	クラス確率の出力
40	amdai	adaptDA	Adaptive Mixture Discriminant Analysis	model		◯	◯
41	avNNet	nnet	Model Averaged Neural Network	size decay bag	◯	◯	◯
42	bag	caret	Bagged Model	vars	◯	◯	◯
43	bagEarth	earth	Bagged MARS	nprune degree	◯	◯	◯
44	bagEarthGCV	earth	Bagged MARS using gCV Pruning	degree	◯	◯	◯
45	bagFDAGCV	earth	Bagged FDA using gCV Pruning	degree		◯	◯
46	bayesglm	arm	Bayesian Generalized Linear Model	parameter	◯	◯	◯
47	bdk	kohonen	Self-Organizing Map	xdim ydim xweight topo	◯	◯	◯
48	binda	binda	Binary Discriminant Analysis	lambda.freqs		◯	◯
49	brnn	brnn	Bayesian Regularized Neural Networks	neurons	◯		
50	cforest	party	Conditional Inference Random Forest	mtry	◯	◯	◯
51	ctree	party	Conditional Inference Tree	mincriterion	◯	◯	◯
52	ctree2	party	Conditional Inference Tree	maxdepth	◯	◯	◯
53	cubist	Cubist	Cubist	committees neighbors	◯		
54	dnn	deepnet	Stacked AutoEncoder Deep Neural Network	layer1 layer2 layer3 hidden_dropout visible_dropout	◯	◯	◯
55	earth	earth	Multivariate Adaptive Regression Spline	nprune degree	◯	◯	◯
56	elm	elmNN	Extreme Learning Machine	nhid actfun	◯	◯	
57	enet	elasticnet	Elasticnet	fraction lambda	◯		
58	enpls	enpls	Ensemble Partial Least Squares Regression	maxcomp	◯		
59	enpls.fs	enpls	Ensemble Partial Least Squares Regression with Feature Selection	maxcomp threshold	◯		
60	evtree	evtree	Tree Models from Genetic Algorithms	alpha	◯	◯	◯
61	extraTrees	extraTrees	Random Forest by Randomization	mtry numRandomCuts	◯	◯	
62	foba	foba	Ridge Regression with Variable Selection	k lambda	◯		
63	gam	mgcv	Generalized Additive Model using Splines	select method	◯	◯	◯
64	gamLoess	gam	Generalized Additive Model using LOESS	span degree	◯	◯	◯

	モデル	パッケージ	説明	パラメータ	回帰	クラス分類	クラス確率の出力
65	gamSpline	gam	Generalized Additive Model using Splines	df	○	○	○
66	gamboost	mboost	Boosted Generalized Additive Model	mstop prune	○	○	○
67	gaussprLinear	kernlab	Gaussian Process	parameter	○	○	○
68	gaussprPoly	kernlab	Gaussian Process with Polynomial Kernel	degree scale	○	○	○
69	gaussprRadial	kernlab	Gaussian Process with Radial Basis Function Kernel	sigma	○	○	○
70	gcvEarth	earth	Multivariate Adaptive Regression Splines	degree	○	○	○
71	glmStepAIC	MASS	Generalized Linear Model with Stepwise Feature Selection	parameter	○	○	○
72	glmboost	mboost	Boosted Generalized Linear Model	mstop prune	○	○	○
73	glmnet	glmnet	glmnet	alpha lambda	○	○	○
74	gpls	gpls	Generalized Partial Least Squares	K.prov		○	○
75	hda	hda	Heteroscedastic Discriminant Analysis	gamma lambda newdim		○	○
76	hdda	HDclassif	High Dimensional Discriminant Analysis	threshold model		○	○
77	icr	fastICA	Independent Component Regression	n.comp	○		
78	kernelpls	pls	Partial Least Squares	ncomp	○	○	○
79	kknn	kknn	k-Nearest Neighbors	kmax distance kernel	○	○	
80	krlsPoly	KRLS	Polynomial Kernel Regularized Least Squares	lambda degree	○		
81	lars	lars	Least Angle Regression	fraction	○		
82	lars2	lars	Least Angle Regression	step	○		
83	lasso	elasticnet	The lasso	fraction	○		
84	lda	MASS	Linear Discriminant Analysis	parameter		○	○
85	lda2	MASS	Linear Discriminant Analysis	dimen		○	○
86	leapBackward	leaps	Linear Regression with Backwards Selection	nvmax	○		
87	leapForward	leaps	Linear Regression with Forward Selection	nvmax	○		
88	leapSeq	leaps	Linear Regression with Stepwise Selection	nvmax	○		
89	lmStepAIC	MASS	Linear Regression with Stepwise Selection	parameter	○		
90	logicBag	logicFS	Bagged Logic Regression	nleaves ntrees	○	○	○
91	logreg	LogicReg	Logic Regression	treesize ntrees	○	○	○

	モデル	パッケージ	説明	パラメータ	回帰	クラス分類	クラス確率の出力
92	lssvmLinear	kernlab	Least Squares Support Vector Machine	parameter		○	
93	lssvmPoly	kernlab	Least Squares Support Vector Machine with Polynomial Kernel	degree scale		○	
94	lssvmRadial	kernlab	Least Squares Support Vector Machine with Radial Basis Function Kernel	sigma		○	
95	lvq	class	Learning Vector Quantization	size k		○	
96	mda	mda	Mixture Discriminant Analysis	subclasses		○	○
97	mlp	RSNNS	Multi-Layer Perceptron	size	○	○	○
98	mlpWeightDecay	RSNNS	Multi-Layer Perceptron	size decay	○	○	○
99	multinom	nnet	Penalized Multinomial Regression	decay		○	○
100	nb	klaR	Naive Bayes	fL usekernel		○	○
101	neuralnet	neuralnet	Neural Network	layer1 layer2 layer3	○		
102	nnet	nnet	Neural Network	size decay	○	○	○
103	nodeHarvest	nodeHarvest	Tree-Based Ensembles	maxinter mode	○	○	○
104	oblique.tree	oblique.tree	Oblique Trees	oblique.splits variable.selection		○	○
105	pam	pamr	Nearest Shrunken Centroids	threshold		○	○
106	parRF	randomForest	Parallel Random Forest	mtry	○	○	○
107	partDSA	partDSA	partDSA	cut.off.growth MPD	○	○	
108	pcaNNet	nnet	Neural Networks with Feature Extraction	size decay	○	○	○
109	pcr	pls	Principal Component Analysis	ncomp	○		
110	pda	mda	Penalized Discriminant Analysis	lambda		○	○
111	pda2	mda	Penalized Discriminant Analysis	df		○	○
112	penalized	penalized	Penalized Linear Regression	lambda1 lambda2	○		
113	plr	stepPlr	Penalized Logistic Regression	lambda cp		○	○
114	pls	pls	Partial Least Squares	ncomp	○	○	○
115	plsRglm	plsRglm	Partial Least Squares Generalized Linear Models	nt alpha.pvals.expli	○	○	○
116	polr	MASS	Ordered Logistic or Probit Regression	parameter		○	○
117	qda	MASS	Quadratic Discriminant Analysis	parameter		○	○
118	qrf	quantregForest	Quantile Random Forest	mtry	○		

	モデル	パッケージ	説明	パラメータ	回帰	クラス分類	クラス確率の出力
119	qrnn	qrnn	Quantile Regression Neural Network	n.hidden penalty bag	○		
120	rFerns	rFerns	Random Ferns	depth		○	
121	rbf	RSNNS	Radial Basis Function Network	size		○	○
122	rbfDDA	RSNNS	Radial Basis Function Network	negativeThreshold	○	○	○
123	rda	klaR	Regularized Discriminant Analysis	gamma lambda		○	○
124	rf	randomForest	Random Forest	mtry	○	○	○
125	ridge	elasticnet	Ridge Regression	lambda	○		
126	rknn	rknn	Random k-Nearest Neighbors	k mtry		○	
127	rlm	MASS	Robust Linear Model	parameter	○		
128	rmda	robustDA	Robust Mixture Discriminant Analysis	K model		○	○
129	rocc	rocc	ROC-Based Classier	xgenes		○	
130	rpart	rpart	CART	cp	○	○	○
131	rpart2	rpart	CART	maxdepth	○	○	○
132	rpartCost	rpart	Cost-Sensitive CART	cp Cost		○	○
133	rrlda	rrlda	Robust Regularized Linear Discriminant Analysis	lambda hp penalty		○	
134	rvmLinear	kernlab	Relevance Vector Machines with Linear Kernel	parameter	○		
135	rvmPoly	kernlab	Relevance Vector Machines with Polynomial Kernel	scale degree	○		
136	rvmRadial	kernlab	Relevance Vector Machines with Radial Basis Function Kernel	sigma	○		
137	sda	sda	Shrinkage Discriminant Analysis	diagonal lambda		○	○
138	sddaLDA	SDDA	Stepwise Diagonal Linear Discriminant Analysis	parameter		○	○
139	sddaQDA	SDDA	Stepwise Diagonal Quadratic Discriminant Analysis	parameter		○	○
140	simpls	pls	Partial Least Squares	ncomp	○	○	○
141	slda	ipred	Stabilized Linear Discriminant Analysis	parameter		○	○
142	smda	sparseLDA	Sparse Mixture Discriminant Analysis	NumVars lambda R		○	
143	sparseLDA	sparseLDA	Sparse Linear Discriminant Analysis	NumVars lambda		○	○
144	spls	spls	Sparse Partial Least Squares	K eta kappa	○	○	○
145	superpc	superpc	Supervised Principal Component Analysis	threshold n.components	○		

	モデル	パッケージ	説明	パラメータ	回帰	クラス分類	クラス確率の出力
146	svmBoundrange-String	kernlab	Support Vector Machines with Boundrange String Kernel	length C	○	○	○
147	svmExpoString	kernlab	Support Vector Machines with Exponential String Kernel	lambda C	○	○	○
148	svmLinear	kernlab	Support Vector Machines with Linear Kernel	C	○	○	○
149	svmPoly	kernlab	Support Vector Machines with Polynomial Kernel	degree scale C	○	○	○
150	svmRadial	kernlab	Support Vector Machines with Radial Basis Function Kernel	sigma C	○	○	○
151	svmRadialCost	kernlab	Support Vector Machines with Radial Basis Function Kernel	C	○	○	○
152	svmRadial-Weights	kernlab	Support Vector Machines with Class Weights	sigma C Weight		○	
153	svmSpectrum-String	kernlab	Support Vector Machines with Spectrum String Kernel	length C	○	○	○
154	vbmpRadial	vbmp	Variational Bayesian Multinomial Probit Regression	estimateTheta		○	○
155	widekernelpls	pls	Partial Least Squares	ncomp	○	○	○
156	wsrf	wsrf	Weighted Subspace Random Forest	mtry		○	○
157	xyf	kohonen	Self-Organizing Maps	xdim ydim xweight topo	○	○	○

付録 C

ELKI の使用方法

ELKI(Environment for Developing KDD-Applications Supported by Index-Structures) は，高度なデータマイニングのアルゴリズムの開発や評価，アルゴリズムとデータベースのインデックス構造とのかかわりを行うことを目的としたデータマイニングのソフトウェアのフレームワークである．ルートヴィヒ・マクシミリアン大学ミュンヘンのHans-Preter Kriegel教授らによって開発されている．

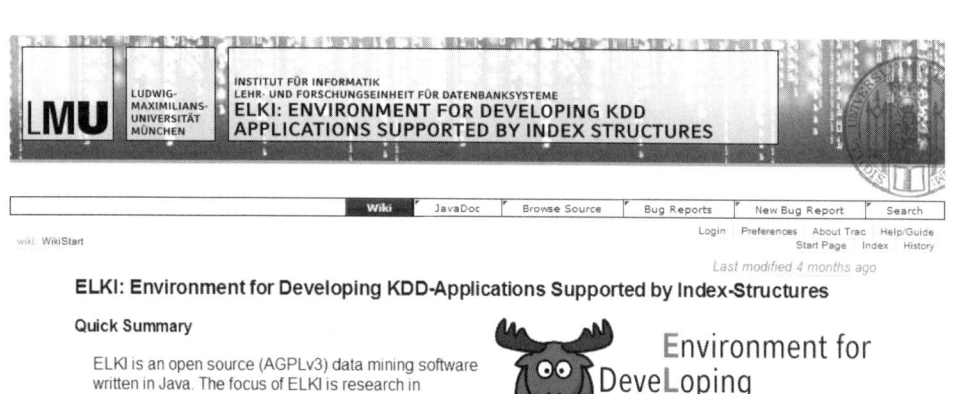

図 C.1 ELKI のウェブサイト

本書では，3.3.4項でDB-外れ値 $(\mathrm{DB}(\epsilon, \pi)\text{-outlier})$ を，3.3.5項でABOD(Angle-Based Outlier Degree) を実行するためにELKIを用いた．ここでは，ELKIの基本的な使用方法について説明する．

ELKIのウェブページから，Javaで実装されたソースコードまたは実行ファイルを入手できる．

ここでは実行ファイルを使用してみよう．ELKI のリリースページ (http://elki.dbs.ifi.lmu.de/wiki/Releases) から，jar ファイルをダウンロードする．本書執筆時点での最新版は，2014 年 10 月 30 日にリリースされた "elki-bundle-0.6.5 20141030.jar" である．

jar ファイルは，コマンドラインから実行できる．KDDCLIApplication オプションを付与すると，アルゴリズムの一覧を表示できる．

```
$ java -jar elki-bundle-0.6.5~20141030.jar KDDCLIApplication
The following configuration errors prevented execution:
No value given for parameter "dbc.in":
Expected: The name of the input file to be parsed.
No value given for parameter "algorithm":
Expected: Algorithm to run.
Implementing de.lmu.ifi.dbs.elki.algorithm.Algorithm
Known classes (default package de.lmu.ifi.dbs.elki.algorithm.):
-> NullAlgorithm
-> clustering.CanopyPreClustering
-> clustering.DBSCAN
-> clustering.affinitypropagation.AffinityPropagationClusteringAlgorithm
-> clustering.em.EM
-> clustering.gdbscan.GeneralizedDBSCAN
-> clustering.gdbscan.LSDBC
-> clustering.hierarchical.ExtractFlatClusteringFromHierarchy
-> clustering.hierarchical.NaiveAgglomerativeHierarchicalClustering
-> clustering.hierarchical.SLINK
-> clustering.kmeans.KMeansLloyd
-> clustering.kmeans.parallel.ParallelLloydKMeans
-> clustering.kmeans.KMeansMacQueen
-> clustering.kmeans.KMediansLloyd
-> clustering.kmeans.KMedoidsPAM
-> clustering.kmeans.KMedoidsEM
-> clustering.kmeans.CLARA
-> clustering.kmeans.BestOfMultipleKMeans
-> clustering.kmeans.KMeansBisecting
-> clustering.kmeans.KMeansBatchedLloyd
-> clustering.kmeans.KMeansHybridLloydMacQueen
-> clustering.kmeans.SingleAssignmentKMeans
-> clustering.kmeans.XMeans
-> clustering.NaiveMeanShiftClustering
-> clustering.optics.DeLiClu
-> clustering.optics.OPTICSXi
-> clustering.optics.OPTICS
-> clustering.SNNClustering
-> clustering.biclustering.ChengAndChurch
-> clustering.correlation.CASH
-> clustering.correlation.COPAC
-> clustering.correlation.ERiC
-> clustering.correlation.FourC
-> clustering.correlation.HiCO
-> clustering.correlation.LMCLUS
-> clustering.correlation.ORCLUS
-> clustering.onedimensional.KNNKernelDensityMinimaClustering
-> clustering.subspace.CLIQUE
-> clustering.subspace.DiSH
-> clustering.subspace.DOC
-> clustering.subspace.HiSC
-> clustering.subspace.P3C
-> clustering.subspace.PreDeCon
-> clustering.subspace.PROCLUS
-> clustering.subspace.SUBCLU
-> clustering.trivial.ByLabelClustering
-> clustering.trivial.ByLabelHierarchicalClustering
```

```
-> clustering.trivial.ByModelClustering
-> clustering.trivial.TrivialAllInOne
-> clustering.trivial.TrivialAllNoise
-> clustering.trivial.ByLabelOrAllInOneClustering
-> itemsetmining.APRIORI
-> outlier.anglebased.ABOD
-> outlier.anglebased.FastABOD
-> outlier.anglebased.LBABOD
-> outlier.clustering.EMOutlier
-> outlier.clustering.KMeansOutlierDetection
-> outlier.clustering.SilhouetteOutlierDetection
-> outlier.COP
-> outlier.distance.DBOutlierDetection
-> outlier.distance.DBOutlierScore
-> outlier.distance.HilOut
-> outlier.distance.KNNOutlier
-> outlier.distance.KNNWeightOutlier
-> outlier.distance.ODIN
-> outlier.distance.parallel.ParallelKNNOutlier
-> outlier.distance.parallel.ParallelKNNWeightOutlier
-> outlier.distance.ReferenceBasedOutlierDetection
-> outlier.DWOF
-> outlier.GaussianModel
-> outlier.GaussianUniformMixture
-> outlier.OPTICSOF
-> outlier.SimpleCOP
-> outlier.lof.LOF
-> outlier.lof.parallel.ParallelLOF
-> outlier.lof.ALOCI
-> outlier.lof.COF
-> outlier.lof.FlexibleLOF
-> outlier.lof.INFLO
-> outlier.lof.KDEOS
-> outlier.lof.LDF
-> outlier.lof.LDOF
-> outlier.lof.LOCI
-> outlier.lof.LoOP
-> outlier.lof.OnlineLOF
-> outlier.lof.SimplifiedLOF
-> outlier.lof.parallel.ParallelSimplifiedLOF
-> outlier.lof.SimpleKernelDensityLOF
-> outlier.subspace.AggarwalYuEvolutionary
-> outlier.subspace.AggarwalYuNaive
-> outlier.subspace.OUTRES
-> outlier.subspace.OutRankS1
-> outlier.subspace.SOD
-> outlier.spatial.CTLuGLSBackwardSearchAlgorithm
-> outlier.spatial.CTLuMeanMultipleAttributes
-> outlier.spatial.CTLuMedianAlgorithm
-> outlier.spatial.CTLuMedianMultipleAttributes
-> outlier.spatial.CTLuMoranScatterplotOutlier
-> outlier.spatial.CTLuRandomWalkEC
-> outlier.spatial.CTLuScatterplotOutlier
-> outlier.spatial.CTLuZTestOutlier
-> outlier.spatial.SLOM
-> outlier.spatial.SOF
-> outlier.spatial.TrimmedMeanApproach
-> outlier.meta.ExternalDoubleOutlierScore
-> outlier.meta.FeatureBagging
-> outlier.meta.HiCS
-> outlier.meta.RescaleMetaOutlierAlgorithm
-> outlier.meta.SimpleOutlierEnsemble
-> outlier.trivial.ByLabelOutlier
-> outlier.trivial.TrivialAllOutlier
```

```
-> outlier.trivial.TrivialNoOutlier
-> outlier.trivial.TrivialGeneratedOutlier
-> outlier.trivial.TrivialAverageCoordinateOutlier
-> statistics.AddSingleScale
-> statistics.AveragePrecisionAtK
-> statistics.DistanceStatisticsWithClasses
-> statistics.EvaluateRankingQuality
-> statistics.HopkinsStatisticClusteringTendency
-> statistics.MeanAveragePrecisionForDistance
-> statistics.RankingQualityHistogram
-> DependencyDerivator
-> KNNDistancesSampler
-> KNNJoin
-> MaterializeDistances
-> benchmark.KNNBenchmarkAlgorithm
-> benchmark.RangeQueryBenchmarkAlgorithm
-> benchmark.ValidateApproximativeKNNIndex
-> tutorial.clustering.NaiveAgglomerativeHierarchicalClustering1
-> tutorial.clustering.NaiveAgglomerativeHierarchicalClustering2
-> tutorial.clustering.NaiveAgglomerativeHierarchicalClustering3
-> tutorial.clustering.NaiveAgglomerativeHierarchicalClustering4
-> tutorial.clustering.SameSizeKMeansAlgorithm
-> tutorial.outlier.DistanceStddevOutlier
-> tutorial.outlier.ODIN
-> outlier.svm.LibSVMOneClassOutlierDetection

Stopping execution because of configuration errors.
```

さまざまなアルゴリズムが表示されるが，先頭の単語ごとにタスクが分かれている．この中で主要な clustering, outlier, statistics は以下のようになっている．

- clustering

  クラスタリングを実行する．本書では紙面の関係上，クラスタリングを取り上げなかったが，k-means, OPTICS, CLIQUE, PROCLUS, HiSC など，主要なアルゴリズムが実装されている．

- outlier

  外れ値を検出する．以下のように，外れ値を検出するアプローチによって単語が分かれている．

    - anglebased

      角度に基づく外れ値の検出アルゴリズムを実行する．ABOD(Angle-Based Outlier Detection) やそれを高速化した手法などが実装されている．

    - distance

      距離に基づく外れ値の検出アルゴリズムを実行する．DB 外れ値, HilOut, k 近傍法に基づくアルゴリズム等が実装されている．

    - lof

      LOF(Local Outlier Factor) に関連したさまざまなアルゴリズムが実装されている．

    - subspace

      部分空間を用いるアルゴリズムが実装されている．Aggarwal and Yu, OUTRES, OutRank, SOD が実装されている．

    - spatial

      空間的な手法を実装している．

- meta

  集合学習のアルゴリズムが実装されている．Feature Bagging, HiCS などが実装されている．

- trivial

  比較的シンプルな方法を用いたアルゴリズムが実装されている．

• statistics

各種の統計量を計算するアルゴリズムが実装されている．

本書では3.3節，3.5節で外れ値を検出するためにELKIを使用したため，ここでは外れ値の検出に限定して説明する．

たとえばHiCS[32]であれば，以下のようにしてalgorithmオプションに"outlier.meta.HiCS"を指定すると以下のようなメッセージが表示される．

```
$ java -jar elki-bundle-0.6.5~20141030.jar KDDCLIApplication -algorithm outlier.meta.HiCS
The following configuration errors prevented execution:
No value given for parameter "dbc.in":
Expected: The name of the input file to be parsed.
No value given for parameter "lof.k":
Expected: The number of nearest neighbors of an object to be considered for computing its LOF score.
Constraint: lof.k >= 1.

Stopping execution because of configuration errors.
```

HiCSの内部ではLOFが実行されているため，計算に使用する近傍点の個数 k を lof.k オプションに指定しなければならないことが確認できる．また，HiCSに限ったことではないが，入力ファイルを dbc.in オプションに指定しなければならないこともわかる．

指定するオプションがわかったら，コマンドライン上からアルゴリズムを実行する．ここでは，ELKIのホームページでサンプルデータとして提供されているmouseデータセット(http://elki.dbs.ifi.lmu.de/datasets/mouse.csv)を使用して，HiCSを実行する方法について説明しよう．mouseデータセットは，「x座標 y座標 データが属するカテゴリ」の3つのフィールドがスペースで区切られた人工データである．

HiCSを適用して外れ値スコアを算出するだけならば，3フィールド目の「データが属するカテゴリ」は必ずしも必要ではなく，各点の座標の値をスペース区切りで指定すればよい．mouseデータセットカテゴリは"Head"，"Ear_left"，"Ear_right"，"Noise"の4種類あり，"Noise"のカテゴリが割り当てられた点が，外れ値を意図して生成されていると思われる．

mouseデータセットに対して，以下のコマンドによりHiCSを実行する．

```
$ java -jar elki-bundle-0.6.5~20141030.jar KDDCLIApplication -algorithm outlier.meta.HiCS \
-dbc.in data/ELKI/mouse.csv -out output/ELKI/HiCS/mouse -lof.k 10 -hics.limit 10
```

algorithmオプションにHiCSのアルゴリズム名，dbc.inオプションに入力データのファイル名，outオプションに結果を格納するディレクトリを指定している．それ以降は，HiCSのパラメータである．上記のコマンドを実行した結果，出力先のディレクトリには以下のファイルが生成されている．

• 外れ値スコアのランキング (HiCS-outlier_order.txt)

- カテゴリごとの外れ値スコアのランキング (ear_left.txt, ear_right.txt, head.txt, noise.txt)
- 外れ値検出の精度評価結果 (pr-curve.txt, precision-at-k.txt, roc-curve.txt)
- 外れ値スコアのヒストグラムのテーブル (outlier-histogram.txt)
- 外れ値検出実行時の条件 (settings.txt)

入力データにカテゴリが指定されなかった場合は，「カテゴリごとの外れ値スコアのランキング」，「外れ値検出の精度評価結果」，「外れ値スコアのヒストグラムのテーブル」の各ファイルは出力されない．

中核となるのは，1番目の外れ値スコアのランキングである．このランキングは，以下のように「ID=XXX X座標 Y座標 カテゴリ HiCS-outlier=外れ値スコア」というフォーマットで出力されている．外れ値スコアの上位10件は，すべてNoiseというカテゴリが付与された点であることがわかる．

```
ID=493 0.040554927744786196 0.5072400792452862 Noise HiCS-outlier=4.990745232367167
ID=494 0.8351619113805846 0.13894038814840037 Noise HiCS-outlier=4.54623152237365
ID=499 0.9160298083819269 0.523390593285425 Noise HiCS-outlier=2.9713913373033023
ID=496 0.15150612475114178 0.8765856628207388 Noise HiCS-outlier=2.676335528483546
ID=498 0.8620825903226392 0.5918053842487218 Noise HiCS-outlier=2.4841215287717135
ID=492 0.7500676018742642 0.897027660749859 Noise HiCS-outlier=2.478742342093093
ID=500 0.42732547274373656 0.8337665738193867 Noise HiCS-outlier=2.3224593385443324
ID=495 0.174740331642278335 0.3636861115238198 Noise HiCS-outlier=2.2063046357373977
ID=497 0.8603082847506063 0.6338333996208041 Noise HiCS-outlier=2.0582792064801536
ID=491 0.290949977617754 0.8557666871174766 Noise HiCS-outlier=1.7418386083077688
```

algorithmオプションの引数を変更することにより，他のアルゴリズムも実行できる．アルゴリズムと引数の対応は表C.1のとおりである．

表C.1　ELKIの主要な外れ値検出のアルゴリズムのオプション

アルゴリズム	オプション
ABOD[37]	outlier.ABOD/outlier.FastABOD/outlier.LBABOD
Aggarwal and Yu[17]	outlier.AggarwalYuNaive/outlier.AggarwalYuEvolutionary
Feature Bagging[10]	outlier.meta.FeatureBagging
HiCS[32]	outlier.meta.HiCS
COP[40]	outlier.COP
OUTRES	outlier.subspace.OUTRES
OutRank	outlier.subspace.OutRankS1

参考文献

[1] The caret Package. Home page http://caret.r-forge.r-project.org/

[2] Object management group business process model and notation. http://www.bpmn.org/

[3] Data expo 2009, http://stat-computing.org/dataexpo/2009/

[4] KDD Cup 2009: Customer relationship prediction, http://www.sigkdd.org/kdd-cup-2009-customer-relationship-prediction 2009.

[5] Kaggle, 2015. https://www.kaggle.com/

[6] UCI Machine Learning Repository, 2015. http://archive.ics.uci.edu/ml/

[7] ggplot2, 2015. http://ggplot2.org/

[8] A.Arning, R.Agrawal, and P.Raghavan. A linear method for deviation detection in large databases. 1996.

[9] A.Azevedo and M.F.Santos. Kdd, semma and crisp-dm: a prallel overview. In *Proceedings of the IADIS European Conference on Data Mining 2008*, pages 182–185.

[10] A.Lazarevic and V.Kumar. Feature bagging for outlier detection. In *ACM KDD Conference*. 2005, pages. 157–166.

[11] A.Zimek, E.Schubert, and H.-P.Kriegel. A survey on unsupervised outlier detection in high-dimensional numerical data. *Statistical Analysis and Data Mining*, 5(5):363–387, 2012.

[12] A.Zimek, E.Schubert, and H.-P.Kriegel. Outlier detection in high-dimensinal data. In *PAKDD* 2013.

[13] B.Schöelkopf and A.J.Smola. *Learning with Kernels: Support Vector Machines, Regularization, Optimization, and Beyond(Adaptive Computation and Machine Learning series)*. The MIT Press, 2001.

[14] C.-W.Hsu, C.-C.Chang, and C.-J.Lin. A practical guide to support vector classification. 2003.

[15] C.Ambroise and G.J.McLachlan. Selection bias in gene extraction on the basis of microarray gene-expression data. 99(10):6562–6566, 2002.

[16] C.C.Aggarwal. *Outlier analysis*. Springer, 2013.

[17] C.C.Aggarwal and P.S.Yu. Finding generalized projected clusters in high dimensional spaces. In *ACM SIGMOD Conference*, 2000, pages. 70–81.

[18] C.Chen, A.Liaw, and L.Breiman. Using random forest to learn imbalanced data. *UCB Tech. Rep.*, 2004.

[19] C.Faloutsos, T.G.Kolda, and J.Sun. Mining large time evolving data using matrix and tensor tools. In *ICML '07 Proceedings of the 23rd international conference on Machine learning*, 2007.

[20] F.Chen, R.Wang, X.Zhou, and A.T. Campbell. My smartphone knows I am hungry. In *Proceedings of the 2014 Workshop on Physical Analytics*, WPA '14, pages 9–14, New York, NY, USA, 2014. ACM.

[21] C.H.Mooney and J.F.Roddick. Sequential pattern mining – approaches and algorithms. *ACM*

Computing Surveys (CSUR), 45(2), 2013.

[22] C.J.Tsai C.I.Lee, and W.P.Yang. A discretization algorithm based on class-attribute contingency coefficient. *Information Sciences*, 178:714–731, 2008.

[23] C.K.Enders. *Applied missing data analysis*. Guilford Press, 2010.

[24] C.M.Bishop. パターン認識と機械学習 上, 下. 丸善出版, 2012. 元田浩・栗田多喜夫・樋口知之・松本裕治・村田昇監訳（原著：Pattern Recognition and Machine Learning）.

[25] C.Shearer. The crisp-dm model: the new blueprint for data mining. *Journal of Data Warehousing*, 5(4):13–22, 2000.

[26] D.H.Wolpert. Stacked generalization. *Neural Networks*, 5(2):241–259, 1992.

[27] D.Xin, H.Cheng, X.Yan, and J.Han. Extracting redundancy-aware top-k patterns. *KDD*, 2006.

[28] E.Alpaydin. *Introduction to machine learning (Adaptive computation and machine learning series)*. The MIT Press, 2009.

[29] E.M.Knorr and R.T.Ng. A unified approach for mining outliers, In *Proc. KDD*, pages. 219–222, 1997.

[30] F.E.Grubbs. Sample criteria for testing outlying observations. 21(1):27–58, 1950.

[31] F.E.Grubbs. Procedures for detecting outlying observations in samples. *Technometrics*, 11(1):1–21, 1969.

[32] F.Keller, E.Muller, and K.Bohm. Hics: High contrast subspaces for density-based outlier ranking. In *IEEE ICDE Conference* 2012, pages. 1037–1048.

[33] P. F. Viger, A. Gomariz, T. Gueniche, A. Soltani, C.W. Wu., and V. S. Tseng. Spmf: a java opensource pattern mining library. *Journal of Machine Learning Research (JMLR)*, 15:3389–3393, 2014.

[34] F.Provost and T.Fawcett. 戦略的データサイエンス入門. オライリー・ジャパン, 2014. 竹田正和監訳, 古畠敦, 瀬戸山雅人, 大木嘉人, 藤野賢祐, 宗定洋平, 西谷雅史, 砂子一徳, 市川正和, 佐藤正士訳（原著：Data Science for Business）.

[35] G.Dror, M.Boulle, and I.Guyon, editors. *The 2009 Knowledge Discovery and Data Mining Competition (KDD Cup 2009): Challenges in Machine Learning*, volume 3. 2011.

[36] G.Menardi and N.Torelli. Training and assessing classification rules with imbalanced data. *Data Mining and Knowledge Discovery*, 28(1):92–122, 2014.

[37] H.-P.Kriegel, M.Schubert, and A.Zimek. Angle-based outlier detection in high-dimensional data. In *ACM KDD Conference*, 2008.

[38] H.-P.Kriegel, M.Schubert, and A.Zimek. Angle-based outlier detection in high-dimensional data. *Proc. of the 14th ACM SIGKDD International Conference on Knowledge Discovery & Data Mining (KDD08)*, 2008.

[39] H.-P.Kriegel, P.Kröger, and A.Zimek. Outlier detection techniques. In *The 2010 SIAM International Conference on Data Mining*, 2010.

[40] H.-P.Kriegel, P.Kröger, E.Schubert, and A.Zimek. Outlier detection in arbitrarily oriented subspaces. In *Proceedings of the 12th IEEE International Conference on Data Mining (ICDM)*, pages. 379–388, 2012.

[41] H.-P.Kriegel, P.Kröger, E.Schubert, and A.Zimek. Outlier detection in axis-parallel subspaces of high dimensional data. In *PAKDD Conference* 2009, pages. 831–838.

[42] H.He and E.A.Garcia. Learning from imbalanced data. *IEEE Transactions on Knowledge and Data Engineering*, 21(9): 1263-1284, 2009.

[43] H.Wickham. Reshaping data with the reshape package. *The Journal of statistical software*, 21(12), 2007.

[44] H.Wickham. グラフィックスのためのRプログラミング——ggplot2入門. 丸善出版, 2012. 石田基広, 石田和枝訳（原著：ggplot2: Elegant Graphics for Data Analysis）.

[45] H.Wickham. Tidy data. *The Journal of statistical software*, 59(10), 2014.

[46] I.Guyon and A.Elisseeff. An introduction to variable and feature selection. *The Journal of machine learning research*, 3:1157–1182, 2003.

[47] I.Guyon, S.Gunn, M.Nikravesh, and L.A.Zadeh, editors. *Feature extraction: foundations and applications*. Springer, 2006.

[48] I.Kononenko, E.Simec, and M.R.-Sikonja. Overcoming the myopia of inductive learning algorithms with relieff. *Applied Intelligence*, 7(1):39–55, 1997.

[49] I.Ruts and P.J.Rousseeuw. Computing depth contours of bivariate point clouds. 23(1):153–168, 1996.

[50] N. Japkowicz. Learning from imbalanced data sets: A comparison of various strategies. In *AAAI2000 Workhop Thechnical Report WS-00-05*, pages 10–15, 2000.

[51] J.C.Platt. Probabilistic outputs for support vector machines and comparisons to regularized likelihood methods. MIT Press, Cambridge, 2000.

[52] J.Pei, J.Han, B.Mortazavi-Asl, H.Pinto, Q.Chen, U.Dayal, and M-C.Hsu. Prefixspan: Mining sequential patterns efficiently by prefix-projected pattern growth. In Proc. 2001, pages 215–224, 2001.

[53] J.Tang, Z.Chen, A.W.-C.Fu, and D.W.Cheung. Enhancing effectiveness of outlier detections for low density patterns. In *Proc. Pacific-Asia Conf. on Knowledge Discovery and Data Mining (PAKDD)*, 2002.

[54] J.W.Tukey. *Exploratory Data Analysis*. Addison-Wesley, 1977.

[55] K.Kira and L.A.Rendell. The feature selection problem: Traditional methods and a new algorithm. *Proc. Tenth Natl. Conf. Artificial Intelligence*, pages 129–134, 1992.

[56] K.L.Wagstaff. Machine learning that matters. In *Proceedings of the Twenty-Ninth International Conference on Machine Learning (ICML)*, pages 529–536, 2012.

[57] K.P.Murphy. *Machine Learning: A Probabilistic Perspective* (Adaptive computation and Machine Learning Series). The MIT Press, 2012.

[58] L.A.Kurgan and K.J.Cios. Caim: Discretization algorithm. *IEEE Transactions on Knowledge and Data Engineering*, 16(2):145–153, 2004.

[59] L.A.Kurgan and P.Musilek. A survey of knowledge discovery and data mining process models. *The Knowledge Engineering Review*, 21(1):1–24, 2006.

[60] L.Breiman. Random forests. *Machine Learning*, 45(1):5–32, 2001.

[61] L.Breiman and A.Cutler. Random forests, 2010. http://www.stat.berkeley.edu/~breiman/RandomForests/cc_home.htm

[62] L.G.Abril, F.J.Cuberos, F.Velasco, and J.A.Ortega. Ameva: An autonomous discretizaiton algorithm. *Expert Systems with Applications*, 36(3):5327–5332, 2009.

[63] L.H.Hamel. *Knowledge Discovery with Support Vector Machines* (*Wiley Series on Methods and Applications in Data Mining*). Wiley-Interscience, 2009.

[64] R.J.A. Little. A test of missing completely at random for multivariate data with missing values. *Journal of the American Statistical Association*, 83(404):1198–1202, 1988.

[65] M.J.Zaki. Spade: An efficient algorithm for mining frequent sequences. *Machine Learning*, 42:31–60, 2001.

[66] M.Kuhn. Building predictive models in R using the caret package. *Journal of Statistical Software*, 28(5), 2008.

[67] M.Kuhn. Predictive modeling with R and the caret package. In *useR! 2013*, 2013.

[68] M.Kuhn and K.Johnson. *Applied predictive modeling*. Springer, 2013.

[69] M.M.Breunig, H.-P.Kriegel, R.T.Ng, and J.Sander. Optics-of: identifying local outliers. 1999.

[70] M.M.Breunig, H.-P.Kriegel, R.T.Ng, and J.Sander. Lof: identifying density-based local outliers.

In Proceedings of the 2000 ACM SIGMOD conference of management of data, pages. 93–104, 2000.

[71] M.Shah and N.Japkowicz. Performance evaluation of machine learning algorithms. In *Proc. IEEE Int. Conf. on Data Engineering (ICDE)*, 2013.

[72] N.Japkowicz and M.Shah. *Evaluating learning algorithms: a classification perspective*. Cambridge University Press, 2011.

[73] N.Japkowicz and M.Shah. Performance evaluation for learning algorithms: Techniques, applications and issues. In *ICML 2012*, 2012.

[74] N.V.Chawla, K.W.Bowyer, L.O.Hall, and W.P.Kegelmeyer. Smote: Synthetic minority oversampling technique. *Journal of Artificial Intelligence Research*, 16, pages, 321–357, 2002.

[75] N.Zumel and J.Mount. *Practical Data Science with R*. Manning Publications, 2014.

[76] P.D.Allison. *Missing data*. SAGE Publications, Inc., 2001.

[77] P.Domingos. A few useful things to know about machine learning. *Communications of the ACM*, 55(10):78–87, 2012.

[78] P.Spector. Rデータ自由自在. 丸善出版, 2012. 石田基広, 石田和枝訳, (原著：Data Manipulation with R).

[79] D. Pyle. *Data preparation for data mining*. Morgan Kaufmann, 1999.

[80] R.Agrawal and R.Srikant. Fast algorithms for mining association rules. pages 487–499, 1994.

[81] R.Agrawal, T.Imielinski, and A.Swami. Mining association rules between sets of items in large databases. pages 207–216, 1993.

[82] R.Batuwita and V.Palade. *Imbalanced learning: Foundations, algorithms, and applications*, chapter Class imbalance learning methods for support vector machines. Wiley-IEEE Press, 2013.

[83] R.J.A.Little and D.B.Rubin. *Statistical analysis with missing data*. Wiley-Interscience, 2002.

[84] R.Kabacoff. *R in Action: Data Analysis and Graphics with R*. Manning Publications, 2011.

[85] R.Kerber. Chimerge: Discretization of numeric attributes. *Proc. 10th Natl. Conf. Artificial Intelligence (AAAI)*, pages 123–128, 1992.

[86] D.B. Rubin. Inference and missing data. 63(3): 581–592, Biometrika, 1976.

[87] S.Garcia, J.Luengo, J.A.Saez, V.Lopez, and F.Herrera. A survey of discretization techniques: Taxonomy and empirical analysis in supervised learning. *IEEE Transactions on Knowledge and Data Mining*, 25(4), 2013.

[88] F.Herrera S.Garcia, J.Luengo. *Data Preprocessing in Data Mining*. Springer, 2014.

[89] S.Kotsiantis and D.Kanellopoulos. Discretization techniques: A recent survey. *GESTS International Transactions on Computer Science and Engineering*, 32(1):47–58, 2006.

[90] S.Papadimitriou, H.Kitagawa, P.B.Gibbons, and C.Faloutsos. Loci: Fast outlier detection using the local correlation integral. In *Proc. IEEE Int. Conf. on Data Engineering (ICDE)*, 2003.

[91] S.Sapp, M.J.Laan, and J.Canny. Subsemble: An ensemble method for combining subset-specific algorithm fits. *Journal of Applied Statistics*, 2013.

[92] S.v.Buuren. *Flexible imputation of missing data*. Chapman and Hall/CRC, 2012.

[93] S.v.Buuren and K.G-Oudshoorn. Mice: Multivariate imputation by chained equations in R. *Journal of statistical software*, 45(3):1–67, 2011.

[94] T.Fawcett. An introduction to ROC analysis. *Pattern Recognition Letters*, 27(8):861–874, 2006.

[95] T.Hastie, R.Tibshirani, and J.Friedman. *The Elements of Statistical Learning: Data Mining, Inference, and Prediction*. Springer, 2009.

[96] T.Johnson, I.Kwok, and R.Ng. Fast computation of 2-dimensional depth contours. 1998.

[97] U.M.Fayyad, G.Piatesky-Shapiro, and P.Smyth. From data mining to knowledge discovery: An overview. 1996.

[98] U.M.Fayyad and K.B.Irani. Multi-interval discretization of continuous-valued attributes for clas-

sification learning. *Artificial intelligence*, 13:1022–1027, 1993.

[99] V.Svetnik, A.Liaw, C.Tong, and T.Wang. Application of Breiman's random forest to modeling structure-activity relationships of pharmaceutical molecules. 3077:334–343, 2004.

[100] W.Chang. R グラフィックスクックブック ―― ggplot2 によるグラフ作成のレシピ集．オライリージャパン，2013. 石井弓美子，河内崇，瀬戸山雅人，古畠敦訳（原著：R Graphics Cookbook）．

[101] W.Jin, A.Tung, and J.Han. Mining top-n local outliers in large databases. In *Conf.on Knowledge Discovery and Data Mining (KDD)* 2001, pages. 293–298.

[102] W.Jin, A.Tung, J.Han, and W.Wang. Ranking outliers using symmetric neighborhood relationship. In *Proc. Pacific-Asia Conf. on Knowledge Discovery and Data Mining (PAKDD)* 2006, pages. 577–593.

[103] R.Wang, F.Chen, Z.Chen, T.Li, G.Harari, S.Tignor, X.Zhou, D.B-Zeev, and A.T.Campbell. Studentlife: Assessing mental health, academic performance and behavioral trends of college students using smartphones. In Proceedings of the ACM Conference on Ubiquitous Computing, pages. 3–14, 2014.

[104] 人工知能学会編．人工知能学辞典．共立出版，2005.

[105] 株式会社 ALBERT 巣山剛，データ分析部，システム開発・コンサルティング部．データ集計・分析のための SQL 入門．マイナビ，2014.

[106] 高村大也．言語処理のための機械学習入門．コロナ社，2010.

[107] 岩崎学．不完全データの統計解析．エコノミスト社，2010.

[108] 杉山将．イラストで学ぶ機械学習．講談社，2013.

[109] 下川敏雄，杉本知之，後藤昌司．樹木構造接近法（R で学ぶデータサイエンス 9）．共立出版，2013.

[110] 金森敬文，竹之内高志，村田昇．パターン認識（R で学ぶデータサイエンス 5）．共立出版，2009.

[111] 赤穂昭太郎．カーネル多変量解析．岩波書店，2008.

[112] 本橋信也，河野達也，鶴見利章．NOSQL の基礎知識．リックテレコム，2012.

[113] 酒巻隆治，里洋平，市川太祐，福島真太朗，安部晃生，和田計也，久本空海，西薗良太．データサイエンティスト養成読本 R 活用編．技術評論社，2014.

[114] 佐藤洋行，原田博植，下田倫大，大成弘子，奥野晃裕，中川帝人，橋本武彦，里洋平，和田計也，早川敦士，倉橋一成．データサイエンティスト養成読本．技術評論社，2013.

[115] 元田浩，津本周作，山口高平，沼尾正行．データマイニングの基礎．オーム社，2006.

[116] 福島真太朗．R によるハイパフォーマンスコンピューティング．ソシム，2014.

[117] 青木繁伸．R による統計解析．オーム社，2009.

[118] 辻谷將明・竹澤邦夫．マシンラーニング 第 2 版（R で学ぶデータサイエンス 6）．共立出版，2015.

[119] 里洋平．戦略的データマイニング（シリーズ Useful R 4）．共立出版，2014.

索 引

記号／数字
%>%   22

A
ABOD(Angle-Based Outlier Degree)   73
aggr 関数   47, 48
airports データセット   25
Ameva   80
apriori 関数   146
arrange 関数   21
arulesSequences パッケージ   162
arulesViz パッケージ   147
arules パッケージ   146
AUC (Area Under the Curve)   98, 104, 123

B
boxplot 関数   61

C
C50 パッケージ   87
CACC(Class-Attribute Contingency Coefficient)   80
CAIM(Class-Attribute Interdependence Maximization)   80
Caravan データセット   5, 36, 112
caretEnsemble パッケージ   120
caretList 関数   120
caretStack 関数   123
caret パッケージ   87, 95, 100
chiM 関数   79
churnTest データセット   87
churnTrain データセット   87
churn データセット   87
confusionMatrix 関数   106
COARElearn パッケージ   82
CRISP-DM   5
cspade 関数   163

D
data.table パッケージ   29
DB-外れ値   68
dbConnect 関数   15, 16
dbDriver 関数   15, 16
dbGetQuery 関数   15, 16
DBI パッケージ   15
dcast 関数   27
depth パッケージ   66
detectCores 関数   119
diff 関数   107
disc.Topdown 関数   80
discretization パッケージ   77, 79–81
discretize 関数   78
DMwR パッケージ   70, 114
doParallel パッケージ   119
dplyr パッケージ   17

E
e1071 パッケージ   88
ELKI   68

F
F 値   98
FDC   67
filter 関数   19
flights データセット   17
foreach パッケージ   118
FP-Growth   150
fread 関数   29
FSelector パッケージ   82–84

G
gather 関数   28
gbm パッケージ   120

geom_boxplot 関数	62	mi パッケージ	59
getModelInfo 関数	108	mlest 関数	58
GGally パッケージ	37	MNAR	40, 44
ggpairs 関数	37	MongoDB	17
ggplot2 パッケージ	40, 62	month 関数	141
Gini 関数	84	mutate 関数	21
Gini 係数	83, 84, 188	mvnmle パッケージ	58
Groceries データセット	146		
group_by 関数	22		

H
HBase	17

N
na.omit 関数	51
nhanes データセット	44
NoSQL	17
nycflights13 パッケージ	17

I
information.gain 関数	84
infotheo パッケージ	77, 78
inner_join 関数	26
ISLR パッケージ	112
パッケージ	36
ISODEPTH	66

O
Out-of-Bag 誤差	191

P
pairs 関数	37
parallel パッケージ	118
pbox 関数	49
pool 関数	59
PrefixSpan	161
pROC パッケージ	102, 103

K
Kaggle	120
KDD Cup 2009	124
KDD プロセス	7
kernlab パッケージ	88
ksvm 関数	88

R
randomForest 関数	89
randomForest パッケージ	89
RDB	14
read.csv 関数	10
read.table 関数	10
read.transactions 関数	153
read.xlsx2 関数	14
read.xlsx 関数	14
read_csv 関数	12
read_delim 関数	13
read_fwf 関数	13
read_table 関数	13
read_tsv 関数	13
read_baskets 関数	163
readr パッケージ	12
readWorksheetFromFile 関数	14
readWorksheet 関数	13
Recursive feature elimination	110
Redundancy-Aware Top-K Patterns	156
registerDoParallel 関数	119
registerDoSEQ 関数	119
Relief	84
relief 関数	84

L
left_join 関数	26
lift	146
linear.correlation 関数	83
loadWorkbook 関数	13
LOF	69
lofactor 関数	70
long 形式	26
lubridate パッケージ	141

M
makeCluster 関数	119
MAR	40, 42
marginplot 関数	46, 49
MCAR	40, 42, 50, 52
md.pairs 関数	46
md.pattern 関数	46
mdlp 関数	81
melt 関数	27
mice 関数	52, 53, 56, 59
mice パッケージ	44, 52, 56

resamples 関数	106
reshape2 パッケージ	26, 28
rfe 関数	110
rhbase パッケージ	17
rmongodb パッケージ	17
RMySQL パッケージ	15
robustbase パッケージ	66
roc 関数	103
ROC 曲線	98, 103, 123
RODBC パッケージ	15
ROSE	116
ROSE パッケージ	116
RPostgreSQL パッケージ	16

S

select 関数	20
separate 関数	28
setkey 関数	31
Smirnov-Grubbs 検定	64
SMOTE	114
SMOTE 関数	114, 115
snow パッケージ	118
SPADE	161
SPMF	164
starsCYG データセット	66
stopCluster 関数	119
StudentLife Study	169
StudentLife データセット	169
Subsemble	124
subsemble パッケージ	124
summarise 関数	22
summary 関数	35
supportingTransactions 関数	155
svm 関数	88

T

tableplot 関数	38
tables 関数	30
tabplot パッケージ	38
Tafeng データセット	140, 166
tbl-df 関数	18
tidyr パッケージ	28
train 関数	100
twoClassSummary 関数	102

U

ubSMOTE 関数	114
UCI Machine Learning Repository	5, 73, 112

unbalanced パッケージ	114
unite 関数	29

V

VIM パッケージ	49

W

wide 形式	26
write.csv 関数	11
write.table 関数	11
write.xlsx2 関数	14
write.xlsx 関数	14
writeWorksheetToFile 関数	14
writeWorksheet 関数	14

X

XLConnect パッケージ	13
xlsx パッケージ	14

Y

year 関数	141

あ

アイテムセット	145
アソシエーションルール	145
アップサンプリング	114
誤り率	188
アンダーサンプリング	114
異常値	61
ABOD	73
オーバーサンプリング	114

か

回帰	87
回帰代入法	55
外部結合	26, 32
カイマージ	79
確信度	145
確率的回帰代入法	56
カスケード	120
カッパ係数	99
完全ケース法	50
完全情報最尤推定法	57
感度	98
機械学習	86
キーを設定	31
偽陽性率	98
行の抽出	18, 19, 30
行の並び替え	19, 21

極大集合	156
距離に基づくアプローチ	63
クラス分類	87
グループ化処理	19, 22
クロスバリデーション	92
系列パターンマイニング	145, 161
欠損値	2, 34, 40
交差検証法	92
高次元の外れ値	71
勾配ブースティング	120
コスト考慮型学習	114, 117

さ

再現率	98
最小記述長原理	81
最小記述長原理を用いた離散化	81
サポートベクタマシン	88
次元の呪い	72
支持度	145
情報利得	83
情報利得を用いた属性選択	84
情報量に基づく属性選択	83
スタッキング	120
正解率	98
説明変数	86
相関係数	36, 83
相関に基づく属性選択	83
相関ルール	145
属性	81, 86
属性選択	34, 81, 110

た

ダウンサンプリング	114
多重代入法	59
多変量連関図	37
チェイン	22
適合率	98
データ間の距離に基づくアプローチ	68
データテーブル	29
データの空間的な近さに基づくモデル	63, 67
データの集約	19, 22
等間隔区間による離散化	78
統計的検定	64
統計モデル	63, 64
等頻度区間による離散化	78
特異度	98
特徴量	2, 81, 86
トップダウンアプローチ	77

な

内部結合	26, 32

は

ハイパーパラメータ	90, 97
箱ひげ図	61
外れ値	3, 34, 61
パターンマイニング	145
頻出パターンマイニング	145
フィルタ法	82
深さに基づくアプローチ	65
不均衡データ	5, 111
ペアワイズ法	51
平均値代入法	52
並列計算	118
偏差に基づくアプローチ	67
飽和集合	156
ボトムアップアプローチ	77

ま

密度にもとづくアプローチ	69
密度に基づくアプローチ	63
メタ学習	120
目的変数	86

や

要約統計量	35

ら

ラッパ法	82
ランダムフォレスト	89
リストワイズ法	50
リフト	146
リレーショナルデータベース	14
列の抽出	18, 20, 30
列の追加	19, 21
連続データの離散化	34

著者略歴

福島 真太朗（ふくしま しんたろう）

[略歴]　1981年生まれ
　　　　2004年　東京大学理学部物理学科卒業
　　　　2006年　東京大学大学院新領域創成科学研究科修士課程修了
[専攻]　物理学・応用数学
[現職]　株式会社トヨタIT開発センター　リサーチャー
[著書]　Rパッケージガイドブック（共著，東京図書，2011）
　　　　Rによるハイパフォーマンスコンピューティング（ソシム，2014）
　　　　データサイエンティスト養成読本　R活用編（共著，技術評論社，2014）

シリーズ Useful R ②
データ分析プロセス
Data Analysis Process with R

2015年6月30日　初版1刷発行

著　者　福島真太朗　© 2015
発行者　南條光章
発行所　共立出版株式会社
　　　　東京都文京区小日向 4-6-19（〒112-0006）
　　　　電話　03-3947-2511（代表）
　　　　振替口座　00110-2-57035
　　　　http://www.kyoritsu-pub.co.jp/

印　刷　啓文堂
製　本　ブロケード

検印廃止
NDC 007.6
ISBN 978-4-320-12365-6

一般社団法人
自然科学書協会
会員

Printed in Japan

JCOPY ＜出版者著作権管理機構委託出版物＞
本書の無断複製は著作権法上での例外を除き禁じられています．複製される場合は，そのつど事前に，出版者著作権管理機構（TEL：03-3513-6969，FAX：03-3513-6979，e-mail：info@jcopy.or.jp）の許諾を得てください．

データ解析の数理的理論とRによる実践!

Rで学ぶデータサイエンス

金　明哲 [編]

本シリーズは、Rを用いたさまざまなデータ解析の理論と実践的手法を、読者の視点に立って
「データを解析するときはどうするのか?」
「その結果はどうなるのか?」
「結果からどのような情報が導き出されるのか?」
を具体的にわかりやすく解説。

【各巻:B5判・並製本・160〜288頁・税別価格】

全20巻

1 カテゴリカルデータ解析
藤井良宜著……………………本体3300円

2 多次元データ解析法
中村永友著……………………本体3500円

3 ベイズ統計データ解析
姜　興起著……………………本体3500円

4 ブートストラップ入門
汪　金芳・桜井裕仁著…………本体3500円

5 パターン認識
金森敬文・竹之内高志・村田　昇著…本体3700円

6 マシンラーニング 第2版
辻谷將明・竹澤邦夫著…………本体3700円

7 地理空間データ分析
谷村　晋著……………………本体3700円

8 ネットワーク分析
鈴木　努著……………………本体3300円

9 樹木構造接近法
下川敏雄・杉本知之・後藤昌司著…本体3500円

10 一般化線形モデル
粕谷英一著……………………本体3500円

11 デジタル画像処理
勝木健雄・蓬来祐一郎著………本体3700円

12 統計データの視覚化
山本義郎・飯塚誠也・藤野友和著…本体3500円

13 マーケティング・モデル 第2版
里村卓也著……………………本体3500円

14 計量政治分析
飯田　健著……………………本体3500円

15 経済データ分析
野田英雄・姜　興起・金　明哲著………続　刊

16 金融時系列解析
川﨑能典著……………………続　刊

17 社会調査データ解析
鄭　躍軍・金　明哲著…………本体3700円

18 生物資源解析
北門利英著……………………続　刊

19 経営と信用リスクのデータ科学
董　彦文著……………………本体3700円

20 シミュレーションで理解する回帰分析
竹澤邦夫著……………………本体3500円

http://www.kyoritsu-pub.co.jp/

共立出版

https://www.facebook.com/kyoritsu.pub

(価格は変更される場合がございます)